Electronic Circuit
電子電路

黃慶璋　編著

編 輯 大 意

一、本書係遵照教育部之「電子電路」課程標準編輯而成，適用於第三學年，一學期 3 學分，每週授課 3 節使用。

二、本書目標在使讀者認識各種電子電路，並熟悉各種電子電路的動作情形，進而培養檢測電子設備的能力。

三、本書所使用的專有名詞皆附有英文原名，且以教育部公布之電機工程名詞為準則。

四、本書於各章節之後，皆附靈活思考的習題，供讀者溫故而知新，以求融會貫通。

五、本書經多次校對，然疏漏謬誤之處在所難免，尚敬祈各方先進專家不吝指正是幸。

編者 謹識

目　錄

第一章　基本電子元件　　　　　　　　　　　　　*1*

　　1-1　二極體　　　　　　　　　　　　　　　　2
　　1-2　電晶體　　　　　　　　　　　　　　　　4
　　　　1-2.1　雙極性接面電晶體　　　　　　　　4
　　　　1-2.2　接面場效電晶體　　　　　　　　　7
　　　　1-2.3　金氧半場效電晶體　　　　　　　　10
　　　　1-2.4　互補金氧半場效電晶體　　　　　　15
　　1-3　運算放大器　　　　　　　　　　　　　　16
　　1-4　積體電路　　　　　　　　　　　　　　　18
　　重點整理　　　　　　　　　　　　　　　　　　22
　　習題一　　　　　　　　　　　　　　　　　　　23

第二章　基本電子電路　　　　　　　　　　　　　*25*

　　2-1　二極體電路　　　　　　　　　　　　　　26
　　2-2　電晶體電路　　　　　　　　　　　　　　28
　　　　2-2.1　放大器　　　　　　　　　　　　　28
　　　　2-2.2　電子開關　　　　　　　　　　　　30
　　2-3　運算放大器　　　　　　　　　　　　　　32
　　　　2-3.1　線性運算放大器　　　　　　　　　32
　　　　2-3.2　非線性運算放大器　　　　　　　　38
　　重點整理　　　　　　　　　　　　　　　　　　43
　　習題二　　　　　　　　　　　　　　　　　　　44

第三章　波形產生電路　　　　　　　　49

3-1　正弦波振盪器　　　　　　　　　50
3-1.1　振盪器的原理　　　　　　　50
3-1.2　韋恩電橋振盪器　　　　　　51
3-1.3　相移振盪器　　　　　　　　53
3-1.4　LC振盪器　　　　　　　　　56
3-2　石英晶體振盪器　　　　　　　　61
3-3　史密特觸發器　　　　　　　　　64
3-3.1　運算放大器的史密特觸發電路　64
3-3.2　史密特觸發閘　　　　　　　67
3-3.3　電晶體的史密特觸發電路　　68
3-4　多諧振盪器　　　　　　　　　　70
3-4.1　無穩態多諧振盪器　　　　　70
3-4.2　單穩態多諧振盪器　　　　　83
3-4.3　雙穩態多諧振盪器　　　　　86
3-5　函數波產生器　　　　　　　　　88
重點整理　　　　　　　　　　　　　91
習題三　　　　　　　　　　　　　　93

第四章　數位電路　　　　　　　　　101

4-1　二進位加法器　　　　　　　　　102
4-2　二進位減法器　　　　　　　　　107
4-3　BCD碼加減法器　　　　　　　　109
4-3.1　BCD碼加法器　　　　　　　110
4-3.2　BCD碼減法器　　　　　　　113
4-4　算術邏輯單元　　　　　　　　　113
4-5　累加器　　　　　　　　　　　　117
4-6　記憶體　　　　　　　　　　　　118
4-6.1　唯讀記憶體(ROM)　　　　　119
4-6.2　隨機存取記憶體(RAM)　　　121

4-7	可程式邏輯元件	124
4-8	順序邏輯	130
4-8.1	正反器	131
4-8.2	RS 正反器	132
4-8.3	JK 正反器	135
4-8.4	D 型正反器	135
4-8.5	T 型正反器	136
4-9	移位暫存器	137
4-9.1	左右移暫存器	138
4-9.2	串並列移位暫存器	140
4-10	計數器	143
4-10.1	漣波計數器	144
4-10.2	同步計數器	146
重點整理		148
習題四		150

第五章　訊號處理電路　　155

5-1	主動濾波器	156
5-1.1	主動低通濾波器	156
5-1.2	主動高通濾波器	159
5-1.3	主動帶通濾波器	162
5-1.4	主動帶拒濾波器	164
5-2	積分器和微分器	165
5-2.1	積分器	165
5-2.2	微分器	167
5-3	類比與數位轉換器	169
5-3.1	數位類比轉換器	170
5-3.2	類比數位轉換器	176
5-4	取樣和保持電路	183
5-5	顯示裝置	185
5-5.1	LED 顯示器	185
5-5.2	液晶顯示器	190

重點整理	194
習題五	195

第六章　直流電源供應器　　*203*

6-1　整流電路	204
6-1.1　精密半波整流電路	204
6-1.2　精密全波整流電路	209
6-2　穩壓	210
6-2.1　線性穩壓 IC	210
6-2.2　交換式穩壓器	213
重點整理	221
習題六	222

第七章　應用電路　　*225*

7-1　雙電源電路	226
7-2　動態變化的廣告燈	228
7-3　1Hz 的時脈	233
習題七	235

附　　錄

附錄一　公式證明	239
附錄二　BCD 碼的減法運算	247
附錄三　SRAM、DRAM 的動作原理	251
附錄四　IC 時序資料	253

第1章 基本電子元件

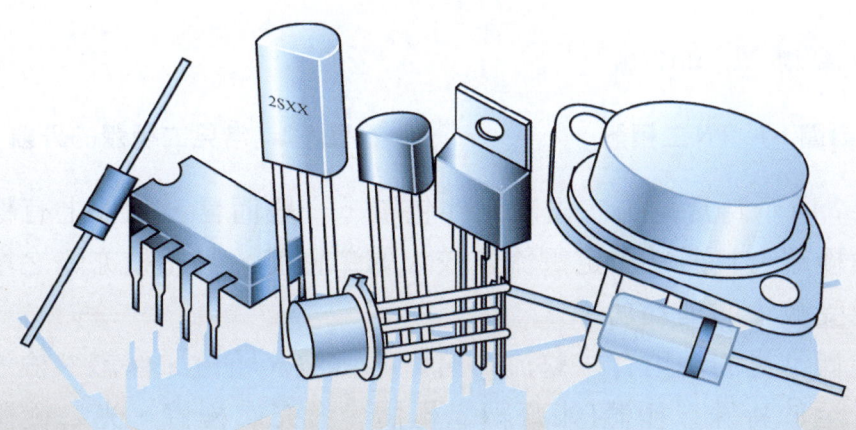

　　電子電路，顧名思義，當然就是由電子元件(或稱零件)所組成的電路；想瞭解電子電路的動作原理與功用，就必須對電路中的基本電子元件有所認識，例如：元件的符號、特性、編號、實體元件及應用範圍等，而這些也正是本章學習的重點。

2　電子電路

1-1　二極體

　　將 P 型半導體與 N 型半導體接合在一起，即成為 PN 接面二極體(D, diode)；其中，P 側端常稱為陽極(A, anode)，而 N 側端則稱為陰極(K, cathode)；如圖 1-1 所示為 PN 二極體的結構與符號，圖中箭頭所指為傳統電流(電洞流)的方向，由陽極流向陰極。

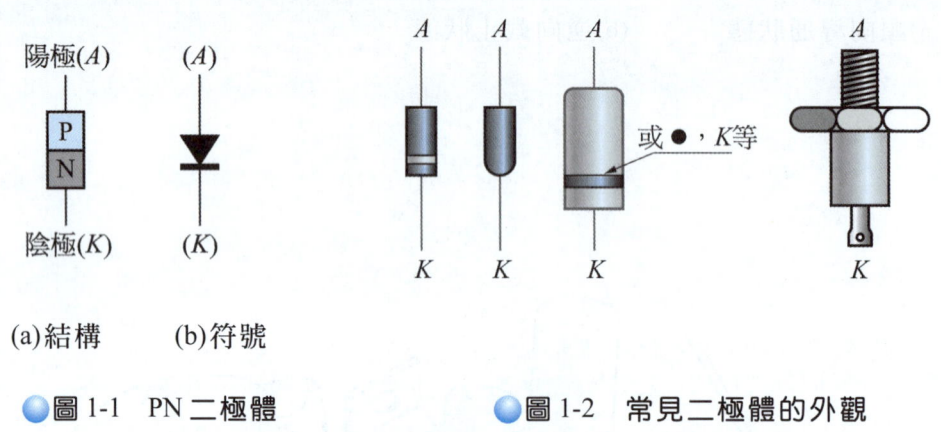

●圖 1-1　PN 二極體　　　　●圖 1-2　常見二極體的外觀

　　圖 1-2 所示為常見的二極體元件包裝，一般而言，元件上有標記的地方均為陰極端；且通常額定電流值較大的二極體，其體積亦隨之增大，以便能夠承受較大的消耗功率。

　　二極體常見的功用有：整流、倍壓、截波、箝位、保護、檢波及溫度補償等；至於特殊二極體(如齊納二極體、發光二極體、光二極體、變容二極體、透納二極體……)則依其特性，各有不同的功用，限於篇幅，故不多加敘述。

　　在整流、倍壓、截波、保護、檢波的電路中，二極體所扮演的角色就是一個開關(switch)，即當順向偏壓時，二極體導通，相當於開關短路(ON)狀態；當逆向偏壓時，二極體不導通(截止)，如同開關斷路(OFF)狀態，此時的二極體可視為一個理想二極體，如圖 1-3 所示為理想二極體的特性與其特性曲線。

第一章　基本電子元件　3

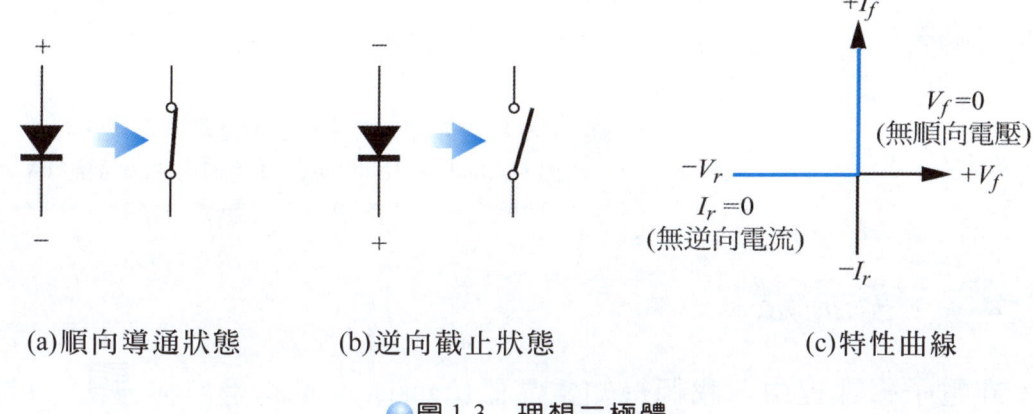

(a)順向導通狀態　　(b)逆向截止狀態　　(c)特性曲線

○圖 1-3　理想二極體

　　至於在溫度補償電路中，則是應用二極體順向電壓V_f的溫度效應，使電路中的電晶體在不同的溫度下，均能獲得適當的偏壓值；如圖 1-4 所示為實際二極體的特性曲線；對矽二極體而言，溫度每上升 1℃，其順向電壓V_f將下降 2.5mV，所以，當溫度愈高時，其曲線愈靠近縱軸(電流軸)。

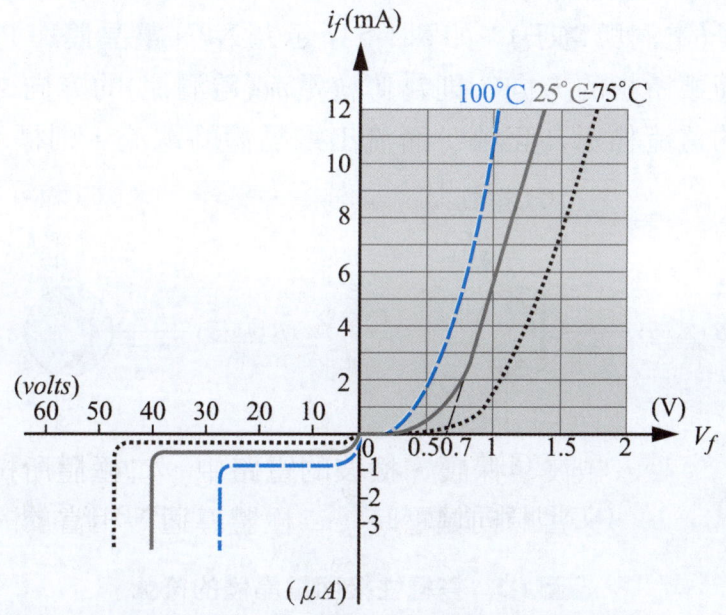

○圖 1-4　實際二極體特性曲線的溫度效應

　　國內常用的二極體編號，以美國聯合電工協會命名居多，即冠以 1N 字樣(1N 表示只有一個 PN 接面)，如編號 1N4001～1N4007 皆為常用的整流二極體(註)，而 1N60 則為鍺二極體，由於順向切入電壓(cut-in voltage)較小，故常用於檢波電路中。此外，編號 1N4148 的二極體則常用於溫度補償的電晶體偏壓電路中,所以其封裝的材質多採用玻璃,以利導熱(感受周圍的溫度)。

> 註 1. 數字愈大者,其逆向崩潰電壓愈高。
> 2. 1N4001 至 1N4007 的平均順向電流皆為 1A。

1-2 電晶體

在電子學課程中,我們得知電晶體(transistor)不論是何種方法、材質(BJT、JFET、MOSFET)所製造,在電子電路中的主要作用,不外乎線性放大(線性類比電路)與電子開關(數位邏輯電路)而已。

1-2.1 雙極性接面電晶體

雙極性接面電晶體(BJT,Bipolar Junction Transistor)係指電晶體的電流含有兩種載子(電洞與電子);如圖 1-5 所示為 NPN 電晶體與 PNP 電晶體的符號,其中箭頭所指的方向,則為傳統電流(電洞流)的方向;一般而言,流入電晶體的電流標示為正值,而流出電晶體的電流,則標示為負值。

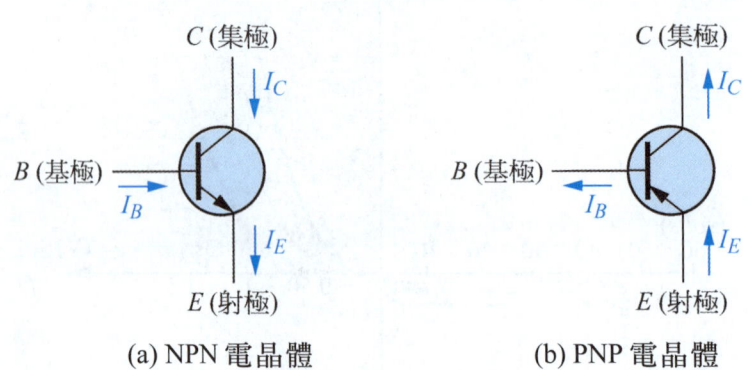

(a) NPN 電晶體　　　　(b) PNP 電晶體

● 圖 1-5　雙極性接面電晶體的符號

如圖 1-6 所示為 NPN 電晶體共射極放大組態之輸出特性曲線,依射極接面(J_E)與集極接面(J_C)的不同偏壓方式,電晶體可分別工作在活動區(active region),飽和區(saturation region)與截止區(cut-off region)(註);欲使電晶體能線性地放大電子訊號,必須將其工作點設計在活動區(有時亦稱在主動區、線性區……),而若欲使電晶體當作電子開關使用,則常將其偏壓設計於截止區,使其能工作在截止區或飽和區中。

> 註
> 1. 活動區：J_E為順向偏壓，J_C為逆向偏壓。
> 2. 飽和區：J_E為順向偏壓，J_C為順向偏壓。
> 3. 截止區：J_E為逆向偏壓，J_C為逆向偏壓。

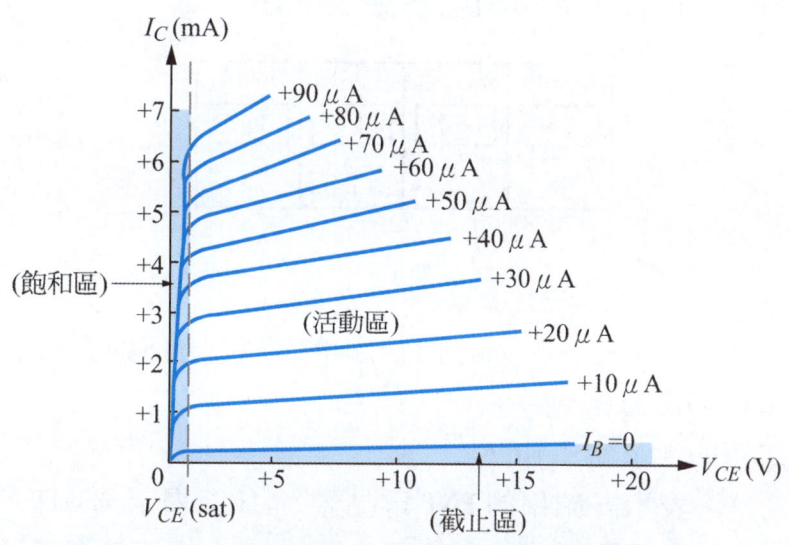

● 圖 1-6　NPN 電晶體共射極放大器之輸出特性曲線

如圖 1-7 所示為常見的 BJT 電晶體包裝外型，通常以塑膠或金屬(功率較大者)的包裝居多，而金屬包裝的電晶體，其集極通常與金屬的外殼相通，以利散熱作用。

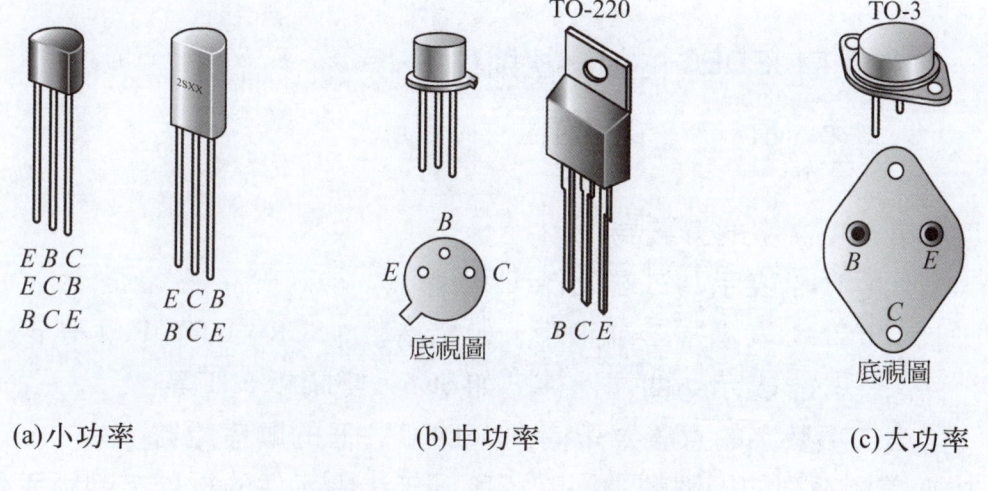

● 圖 1-7　常見的 BJT 包裝外型

在電晶體的編號上，大略可分為三種，分別為日本系列、美國系列及歐洲系列；而國內則以日本、美國系列混合使用居多，少部份則使用歐洲系列；故，以下僅簡略介紹國內常用的系列編號。

依據日本工業標準(JIS)的編號規則如下：

第一項	第二項	第三項	第四項
2S	文字	數字	文字
2S	A	684	A

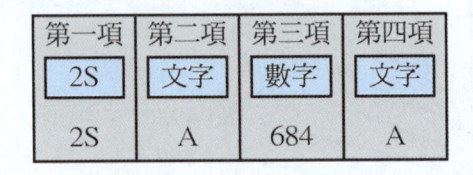

圖 1-8

第一項〝2〞表示為三端子(接腳)的元件，而S則表示半導體(Semi-conductor)之意。

第二項的〝文字〞中，

A：表示高頻用的PNP電晶體　　H：表示為UJT
B：表示低頻用的PNP電晶體　　J：表示為P通道FET
C：表示高頻用的NPN電晶體　　K：表示為N通道FET
D：表示低頻用的NPN電晶體　　M：表示為TRIAC
F：表示為SCR

第三項的數字為廠商向JIS註冊的順序編號。

第四項的文字意義為廠商將原編號產品改良後，自行添加的標註。

依據美國JEDEC的編號規則如下：

第一項　　第二項
　2N　　　3055

第一項文字的意義為

1N：表示為二端元件(二極體)
2N：表示為三端元件，如電晶體、SCR、UJT、PUT等。
3N：表示為四端元件，如SCS，雙閘極FET等。

第二項數字的意義為廠商向JEDEC註冊的順序編號。

由於美國系列的編號較為簡略，所以無法由元件的編號來判斷元作的種類與用途；例如編號2N3055為NPN型電晶體，而編號2N2955則為PNP

型電晶體，又如編號 2N2646 則為 UJT 等，通常只有多用多查資料手冊才能記住該元件編號的種類與用途。

例題 1-1 編號 2SA684 與 2SD1490 分別為何種用途(高頻或低頻用)與型式(NPN 或 PNP 型)？

解 (1) 2SA684 為高頻用 PNP 型電晶體
(2) 2SD1490 為低頻用 NPN 型電晶體

1-2.2 接面場效電晶體

前小節所述的雙極性接面電晶體(BJT)是由基極電流(I_B)去控制集極電流(I_C)的大小，所以 BJT 屬於電流控制元件；而場效電晶體(FET，Field Effect Transistor)則是利用閘源極電壓(V_{GS})去改變電場的大小，進而控制汲極電流(I_D)，所以 FET 屬於電壓控制元件。

若將 FET 與 BJT 作比較，則 FET 具有下列優點：
1. 極高的輸入阻抗(100MΩ 以上)，而 BJT 則只有 20Ω～30kΩ 左右。
2. 單載子工作，所以低雜訊，適合前置放大器。
3. 熱穩定性較佳，不會如 BJT 產生熱逃脫(thermal runway)現象。
4. 無抵補電壓(offset voltage)存在；即當輸入電壓為 0 時，其輸出電壓亦為 0，適合作為訊號截波器(chopper)。
5. 不易受輻射(光、熱、磁等)的影響。
6. 可當雙向對稱的類比開關使用，常應用於微電腦的匯流排(Bus)中。
7. 製造簡易、體積小，適合超大型積體電路。

而 FET 的最大缺點則是其增益頻寬積遠小於 BJT，且工作速度(或交換速度)也不如 BJT 來的快。

接面場效電晶體(JFET，Junction FET)可分為 N 通道(channel)JFET 與 P 通道 JFET 兩種，如圖 1-8 所示為 N 通道 JFET 的符號與結構；在 N 通道的兩端以歐姆接觸連接導線，形成汲極(D，drain)與源極(S，source)，中間部份再以擴散方式做成一環狀的 P 型半導體，以導線連接後，即形成閘極(G，gate)，由於有一環狀的 PN 接面，故稱為接面場效電晶體；而圖 1-9 所示則為 P 通道 JFET 的符號與結構。

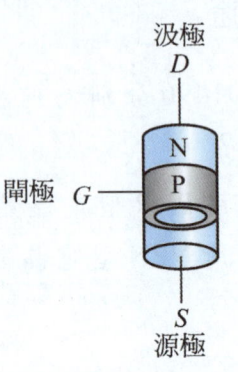

● 圖 1-8　N 通道 JFET

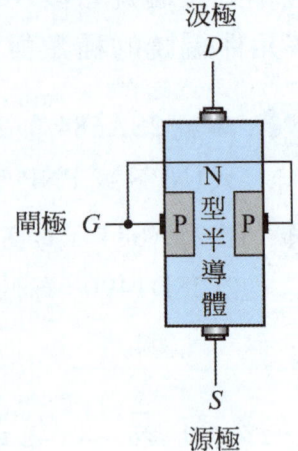

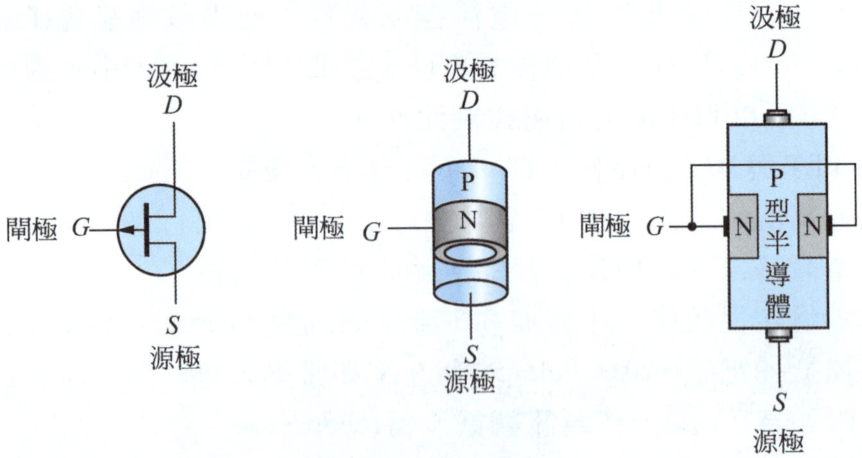

● 圖 1-9　P 通道 JFET

如圖 1-10 所示為 N 通道 JFET 的特性曲線與轉換特性曲線(註)，藉著改變閘源極的逆向偏壓(V_{GS})大小，影響通道空乏區(depletion region)的大小(亦即改變通道有效寬度)，進而控制汲極電流(I_D)的大小。另外，由轉換特性曲線中的蕭克力(Schockley)方程式 $I_D = I_{DSS}(1 - \dfrac{V_{GS}}{V_P})^2$ 可輕易求得某一 V_{GS} 電壓下的 I_D 電流值。

 註　轉換特性曲線是在某一定值的汲源極電壓(V_{DS})下，汲極電流(I_D)對閘源極電壓(V_{GS})的關係曲線。

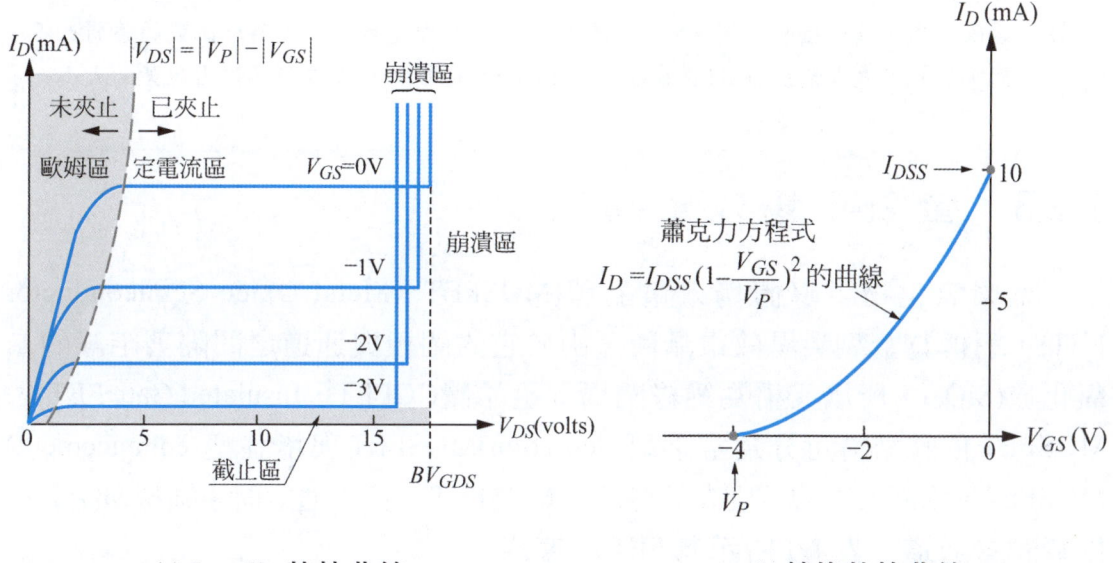

(a) $I_D - V_{DS}$ 特性曲線　　　　　(b) 轉換特性曲線

● 圖 1-10　N 通道接面場效電晶體

例題 1-2　設某一 N 通道接面場效電晶體的夾止 (pinch-off) 電壓 $V_P = -4V$，且汲源飽和電流 $I_{DSS} = 12\text{mA}$，試求在下列各閘源極電壓下的汲極電流　(1) $V_{GS} = 0V$　(2) $V_{GS} = -2V$。

解　依蕭克力方程式得

(1) $I_D = I_{DSS}(1 - \dfrac{V_{GS}}{V_P})^2 = 12(1 - \dfrac{0}{-4})^2 = 12$ (mA)

(2) $I_D = I_{DSS}(1 - \dfrac{V_{GS}}{V_P})^2 = 12(1 - \dfrac{-2}{-4})^2 = 3$ (mA)

　　在 $I_D - V_{DS}$ 特性曲線中，當 V_{DS} 很小時，通道有如一電阻，所以 I_D 隨著 V_{DS} 的增加而增加，此區域稱為通道歐姆區，FET 可作為電壓控制電阻器 (VVR，Voltage Variable Resistor 或 VCR，Voltage Control Resistor) 使用，常應用於自動增益控制 (AGC，Automatic Gain Control) 電路中 (**註**)。當 V_{DS} 增至某一數值後，I_D 固定不變不再隨之增加，此區域稱為飽和區或定電流區，常作為線性放大使用，由於大部分的 JFET 均以小訊號放大居多，故常以塑膠材質包裝，如 BJT 的小功率包裝方式。

> **註** 當收音機、電視接收不同電台的訊號時，由於距離遠近不一，所以訊號的強弱也不同，如此將造成輸出訊號(音量)大小不同，而 AGC 作用即在使其輸出訊號的大小一致，不因電台有所差別。

1-2.3 金氧半場效電晶體

金屬氧化物半導體場效電晶體(MOSFET，Metal Oxide Semiconductor FET)，簡稱為金氧半場效電晶體，由於它的閘極與通道之間隔著絕緣的二氧化矽(SiO_2)，所以又稱為絕緣閘場效電晶體(IGFET，Insulated Gate FET)；MOSFET 依其結構可分為空乏型(depletion)MOSFET 與增強型(enhancement)MOSFET，兩者最大的差別在於空乏型MOSFET有預置通道而增強型MOSFET則無預置通道，表 1-1 所示為 FET 的家族。

表 1-1 FET 家族

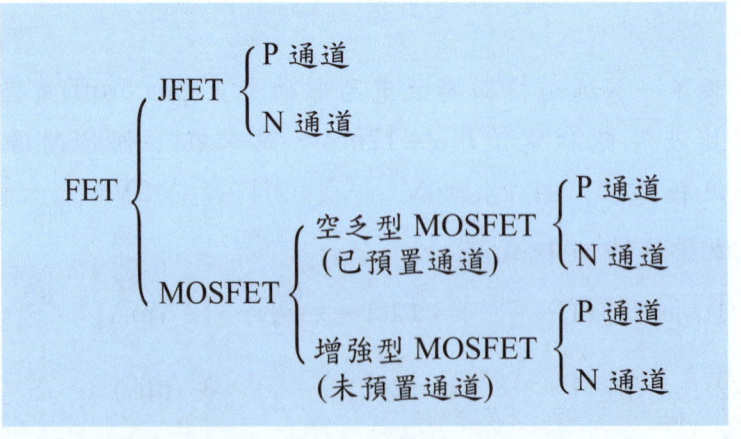

如圖 1-11 所示為 N 通道空乏型 MOSFET 的結構與符號，其中 N^+ 表示高摻雜濃度的 N 型半導體，而 P 型基體(substrate)的矽材料，則是用來製作 MOSFET 的基礎。P 通道空乏型 MOSFET 的結構與符號，則如圖 1-12 所示，其中 P^+、N 型基體的涵義則與 N 通道空乏型 MOSFET 的涵義類似，只是 P 或 N 型的不同而已。

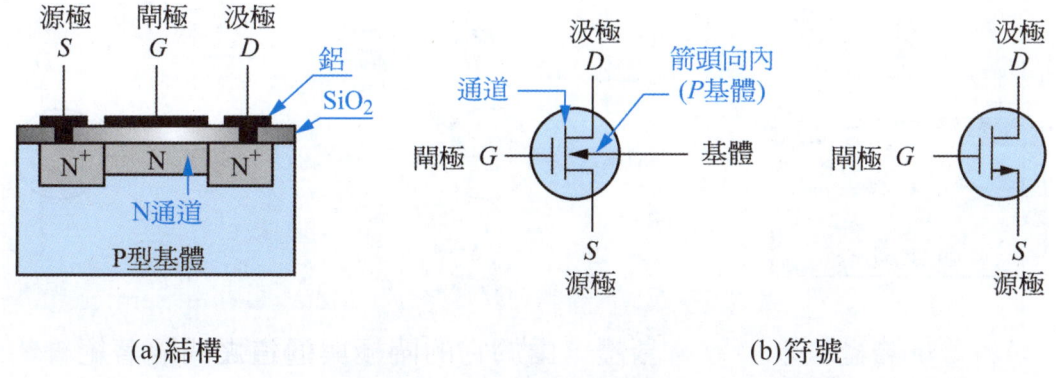

● 圖 1-11　N 通道空乏型 MOSFET

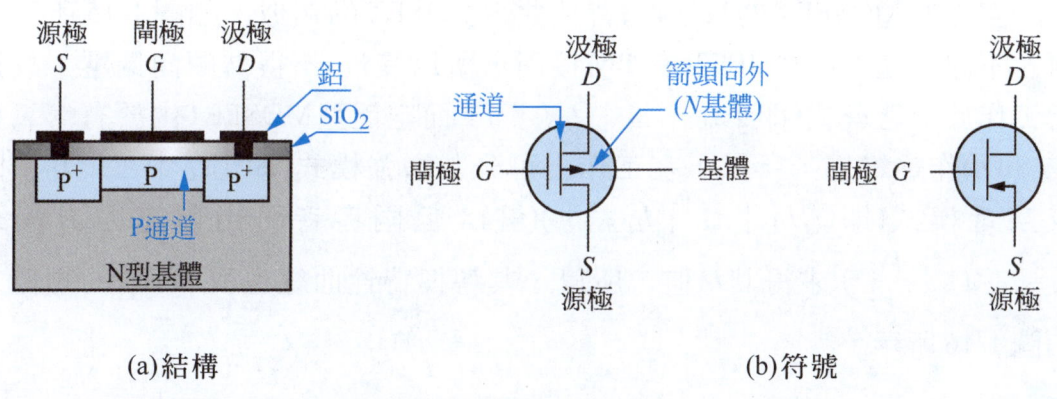

● 圖 1-12　P 通道空乏型 MOSFET

從圖 1-13 與圖 1-14 所示的增強型 MOSFET 結構與符號中，可以發現——汲極與源極並無通道相連(也就是未預置通道)。

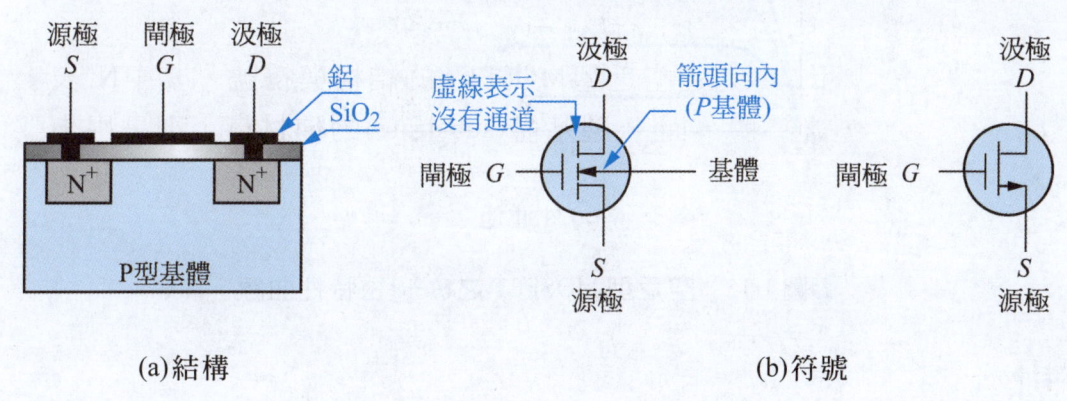

● 圖 1-13　N 通道增強型 MOSFET

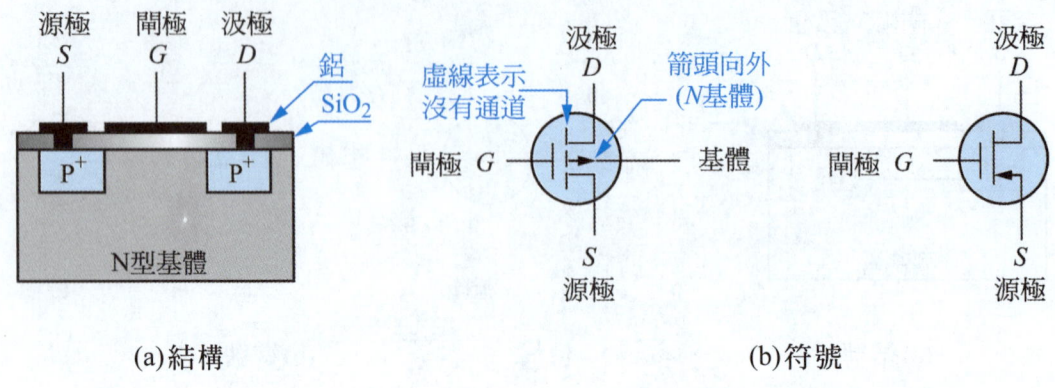

(a)結構　　　　　　　　　　　　(b)符號

●圖 1-14　P 通道增強型 MOSFET

空乏型 MOSFET 的 $I_D - V_{DS}$ 特性曲線與 JFET 的類似，如圖 1-15 所示，兩者不同之處，在於 JFET 有 PN 接面，所以其 V_{GS} 不得為順向偏壓，故只能工作於空乏模式(即 $|I_D| \leq |I_{DSS}|$)；而空乏型 MOSFET 由於有二氧化矽(SiO_2)作絕緣層，所以，在工作上可分為增強模式(即 $|I_D| \geq |I_{DSS}|$)或空乏模式(即 $|I_D| \leq |I_{DSSS}|$)(註)；但兩者皆可由蕭克力方程式 $I_D = I_{DSS}(1 - \frac{V_{GS}}{V_P})^2$ 求得其 I_D 值，所以，其轉換特性曲線也與 JFET 的類似，如圖 1-16 所示。

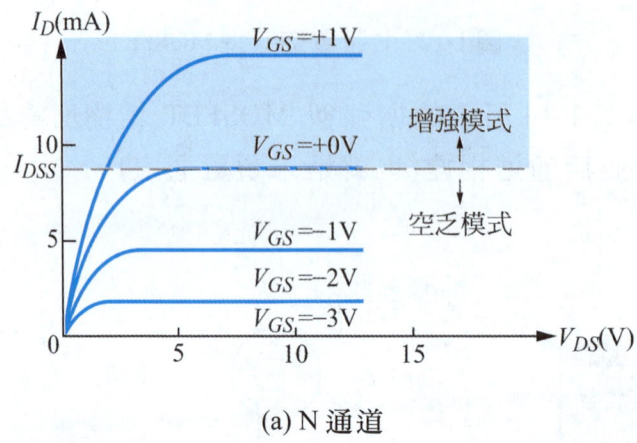

(a) N 通道

●圖 1-15　空乏型 MOSFET 之 $I_D - V_{DS}$ 特性曲線

第一章 基本電子元件 13

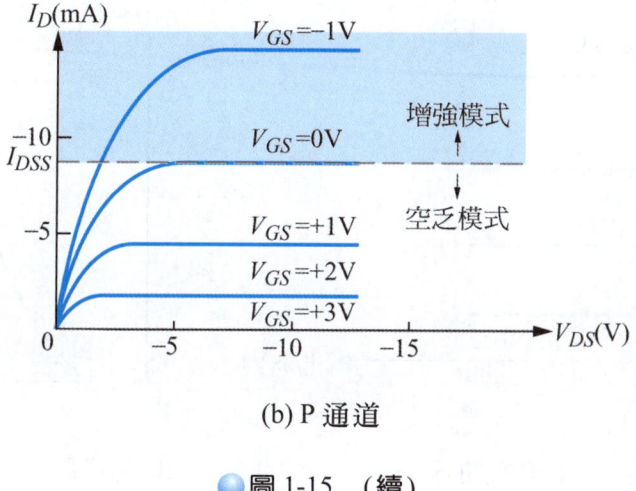

(b) P 通道

圖 1-15 （續）

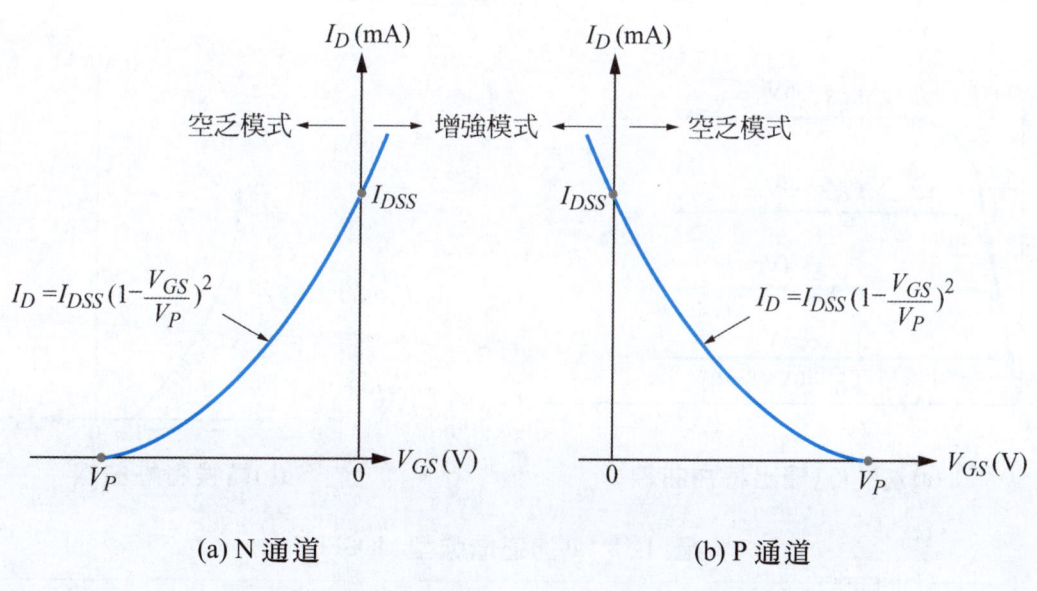

(a) N 通道　　　　　　　　(b) P 通道

圖 1-16 空乏型 MOSFET 之轉換特性曲線

註 1. JFET 利用 V_{GS} 的大小，改變 PN 接面空乏區的大小，進而改變 I_D 的大小。
2. 空乏型 MOSFET 則利用 V_{GS} 的大小，改變通道的導電性，進而改變 I_D 的大小。

另外，由於增強型 MOSFET 無預置通道，所以，只有當 $|V_{GS}| > |V_T|$ 時(**註**)，才有 I_D 電流的產生，如圖 1-17 與 1-18 分別為 N 通道與 P 通道增強型 MOSFET 的特性曲線與轉換特性曲線。

14 電子電路

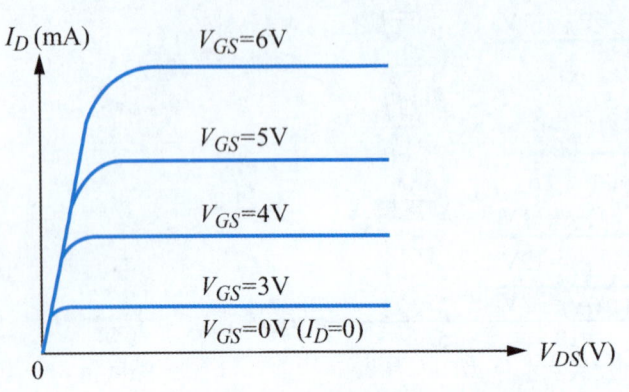
(a) $I_D - V_{DS}$ 特性曲線

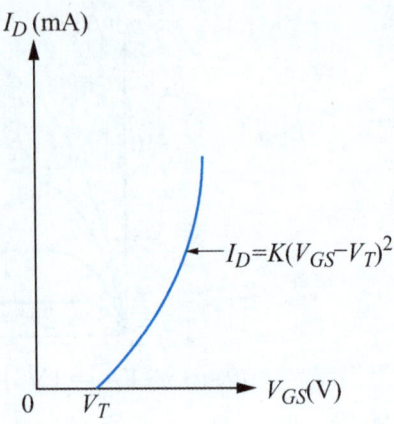
(b) 轉換特性曲線

● 圖 1-17 N 通道增強型 MOSFET

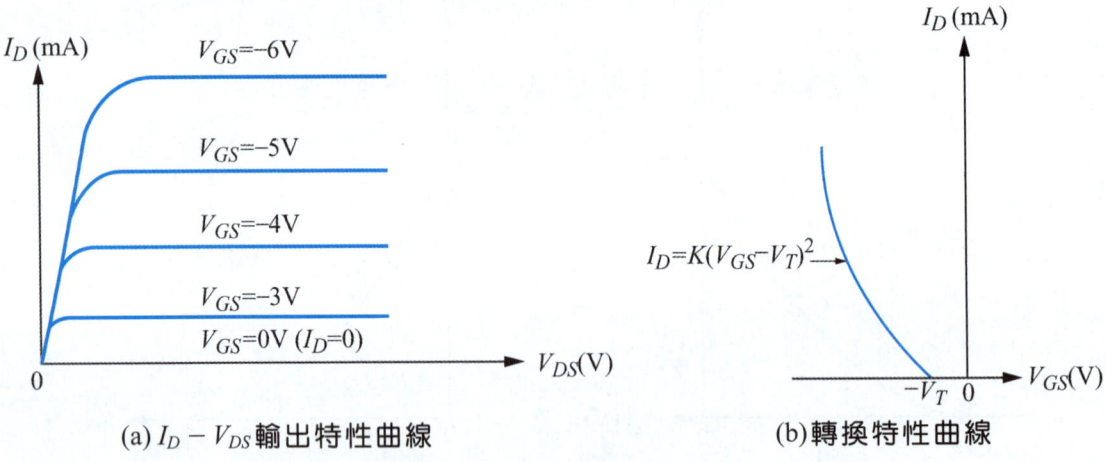
(a) $I_D - V_{DS}$ 輸出特性曲線 (b) 轉換特性曲線

● 圖 1-18 P 通道增強型 MOSFET

 註
1. V_T：threshold voltage，臨界電壓，使增強型 MOSFET 開始導通的閘源極電壓。
2. 由於V_T有正、負值(在 N 通道增強型 MOSFET 時為正值，而在 P 通道時則為負值)，故加上絕對值。

例題 1-3 有一空乏型 MOSFET 之 $I_{DSS} = 12\text{mA}$，$V_P = -4.8\text{V}$，試求$V_{GS} = -2.4\text{V}$ 時之I_D值？

解 $I_D = I_{DSS}(1 - \dfrac{V_{GS}}{V_P})^2 = 12\,(1 - \dfrac{-2.4}{-4.8})^2 = 3$ (mA)

例題 1-4 一增強型 MOSFET 的臨界電壓 $V_T = 2V$，當 $V_{GS} = 4V$ 時，其 $I_D = 2mA$，試求下列 V_{GS} 值時，其 I_D 值分別為何？(1) $V_{GS} = 3V$
(2) $V_{GS} = 1V$

解 $\because I_D = K(V_{GS} - V_T)^2$

$\therefore 2 = K(4-2)^2$，故 $K = \dfrac{2}{4} = \dfrac{1}{2}$ (mA/V²)

(1) $I_D = \dfrac{1}{2}(3-2)^2 = \dfrac{1}{2}$ (mA)

(2) 由於 $V_{GS} = 1V$ 小於 $V_T = 2V$，所以其 $I_D = 0mA$

MOSFET最大特點在於其極高的輸入阻抗特性，且增強型MOSFET的導通(ON)、截止(OFF)特性(**註**)，更是數位積體電路(IC)中的最佳元件，而其外型包裝，則大都如同BJT的包裝方式。一般而言，其額定的最大功率消耗可達150W以上。

 1. 當 $|V_{GS}| > |V_T|$ 時，有I_D電流的產生，可視為如同開關的 ON。
2. 當 $|V_{GS}| < |V_T|$ 時，無I_D電流的產生，可視為如同開關的 OFF。

1-2.4 互補金氧半場效電晶體

互補金氧半場效電晶體(CMOSFET，Complementary MOSFET)是將 P 通道與 N 通道增強型 MOSFET 一同做在一片基體上，如圖 1-19(a)所示為一CMOS反相器，其中Q_1為 PMOSFET，而Q_2為 NMOSFET；此種電路與(b)圖的 B 類推挽(push pull)放大器的功能相同，即當某一電晶體導通(ON)時，另一電晶體就截止(OFF)，反之則反。

在(a)圖中，當V_i為 "0" (低電位)輸入時，致使Q_1導通(ON)，Q_2截止(OFF)，所以V_o為"1"(高電位，等於V_{DD})輸出；當V_i為 "1" (高電位)輸入時，致使Q_1 OFF，Q_2 ON，所以V_o為 "0" (低電位，等於V_{SS})輸出；由於輸出恆為輸入的反相，故為 CMOS 反相器。

此外，由於兩個MOSFET相互串接，所以其導通電流僅為截止元件的漏電流，**因此其總消耗功率十分微小(約為數nW)，此為其最大的特點**；故十分適合用於低消耗功率的電路與超大型積體電路(VLSI)，如電子表、計算機、人造衛星、中央處理器(CPU)與高容量的記憶體等。

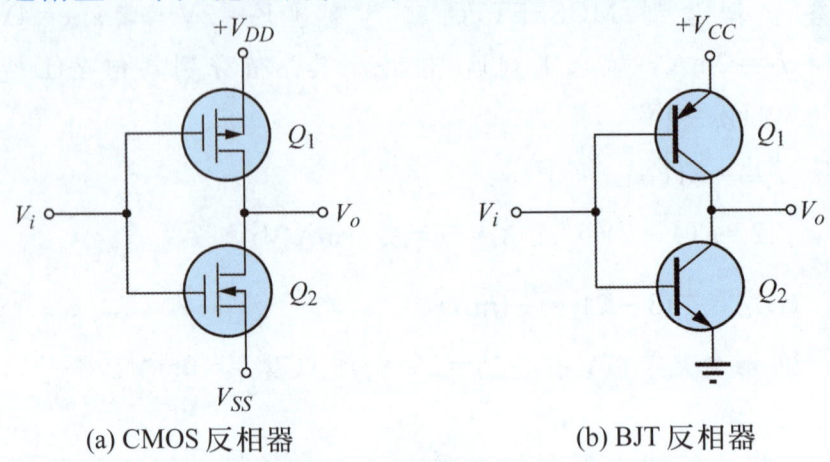

(a) CMOS 反相器　　　　　　(b) BJT 反相器

● 圖 1-19　互補式電路

1-3　運算放大器

　　運算放大器(OPA，Operational Amplifier)，顧名思義，它是一種可經由改變回授(feedback)元件的組合型態，即可用來執行各種不同線性函數運算(如加、減、乘、除、積分、微分等)的電路。

　　如圖 1-20 所示為運算放大器(OPA)常用的符號，具有反相輸入(inverting input)端及非反相輸入(noninverting input)端；由於典型的 OPA 常需要使用雙電源(兩組直流電源)，故有時會將電源畫出，不過在一般電路圖中常常省略，但實際使用時，卻不可忘記加上正、負電源，否則OPA是不會正常工作的。

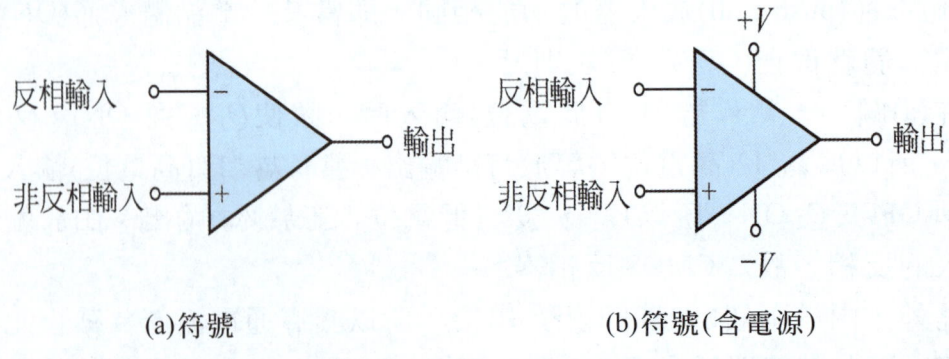

(a)符號　　　　　　　　　(b)符號(含電源)

● 圖 1-20　運算放大器之符號

如圖 1-21 所示為常見 OPA 積體電路(IC，Integrated Circuit)的外型包裝，以編號 741 的 OPA 為例，雙排並列(DIP，Dual In-line Packge)型包裝的接腳，如圖 1-22 所示，其中，各腳的功能如圖中所述(**註**)。

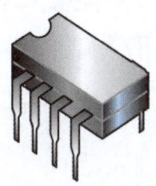 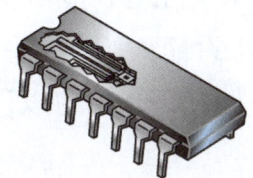  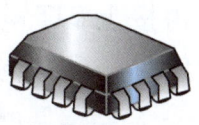

(a) DIP 包裝　　　　　　　　　　(b) PLCC 包裝

●圖 1-21　運算放大器 IC 的包裝

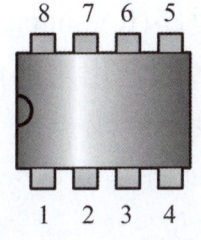

① 第 1、5 腳為抵補(offset)電壓調整　⑤ 第 7 腳為正電源
② 第 2 腳為反相輸入端　　　　　　⑥ 第 6 腳為輸出端
③ 第 3 腳為非反相輸入端　　　　　⑦ 第 8 腳為空腳
④ 第 4 腳為負電源

●圖 1-22　741 OPA IC

目前所用的 OPA 均以積體電路(IC)方式製造，所以其各項特性十分接近理想值，而理想中的 OPA，其特性如下：

1. 輸入阻抗為無限大($R_i \to \infty$)。
2. 輸出阻抗為零($R_o \to 0$)。
3. 開迴路增益(open loop gain)為無限大($A_{Vo} \to \infty$)。
4. 頻帶寬度為無限大(BW$\to \infty$)。
5. 共模拒斥比為無限大(CMRR$\to \infty$)。
6. 無輸入抵補電壓，即當 $V_i = 0$，($V_1 = V_2$)時，其 V_o 亦為 0。
7. 特性不受溫度變化而改變。
8. 響應時間為零，即無延遲時間。

註 西元 1965 年，美國飛捷公司(Fairchild Semiconductor)製造出 μA 709，此為第一個廣被應用的單石(monolithic) OPA，也就是將 OPA 內的所有電路均作在一塊半導體晶片上，後來經改進為 μA 741，由於便宜又好用，廣為其他公司所仿製，成為工業標準產品。

雖然 OPA 的 IC 已十分接近理想了，但總是還有一點差距，所以，當電路需要更高輸入阻抗的OPA時，BiFET(或BiMOSFET)的OPA就派上用場了；所謂 BiFET(或 BiMOSFET)係指將 BJT(雙極性接面電晶體)與 JFET(或 MOSFET)同時裝置在一片晶片(chip)上，利用JFET(或MOSFET)作輸入級，然後再接上BJT電路，如此既可獲得更高的輸入阻抗，亦可取得高電壓增益的優點；所以，一般應用於電子電路上的OPA，均以理想的OPA視之。

1-4 積體電路

近數拾年來，由於科技不斷創新，元件製造技術不斷改良，使得電子元件由早期的真空管、電晶體，發展至今的微電子積體電路(IC，integrated circuit)；所謂的積體電路(IC)就是在很小的矽(Si)晶片上，製造出電晶體、二極體、電阻及電容等元件，並將各元件做必要的連接，形成一電子電路。相較於傳統電子元件的電路而言，積體電路具有下列各項優點：

1. 體積小、耗電量低，消耗功率以 mW 或 μW 為單位。
2. 電路性能可靠，故障率低。
3. 可高速工作，其延遲時間以 nS 為單位。
4. 價格低廉。
5. 外部連接線少，使得應用電路簡單化。

積體電路在發展的過程中，經歷小型積體電路(SSI，Small Scale Integration)、中型積體電路(MSI，Medium Scale Integation)、大型積體電路(LSI，Large Scale Integration)，超大型積體電路(VLSI，Very Large Scale Integration)，以至新近的極大型積體電路(ULSI，Ultra large Scale Integration)，其內含元件的數目愈來愈多，電路更龐大，功能也愈趨複雜化，所以在設計與製造上都需藉助電腦幫忙，才得已完成。積體電路(IC)大致分類如表1-2所示。

表 1-2 IC 的分類

名　　稱	元件個數	邏輯閘數
小型積體電路(SSI)	100 個以下	12 個以下
中型積體電路(MSI)	100～1000 個	12～100 個
大型積體電路(LSI)	1000～10000 個	100～1000 個
超大型積體電路(VLSI)	10000～100000 個	1000～10000 個
極大型積體電路(ULSI)	100000 個以上	10000 個以上

　　積體電路（IC）依其處理訊號方式的不同，可分為線性(類比) IC 與數位(邏輯) IC；當處理的訊號是連續的類比訊號時，就稱為線性 IC，此型 IC 以運算放大器(OPA) IC 為最典型的代表。當處理的訊號只有〝1〞、〝0〞兩種階段性的數位訊號時，就稱為數位 IC，此型 IC 以電晶體電晶體邏輯(TTL)與互補式金氧半場效電晶體邏輯(CMOS)為主要代表。

目前常見 IC 的包裝有下列幾種：

1. **DIP (Dual In-line Package)型**

　　如圖 1-23 所示為兩排接腳並列的包裝，是早期 SSI、MSI 最常用的包裝型式，但由於使用在印刷電路板(PCB，Printed Circuit Board)上，必須將 PCB 打洞穿孔，方能連接其元件，如圖 1-24 所示；且只能應用於單層或雙層的 PCB 上，故在日趨複雜的電路上，已逐漸被淘汰了。

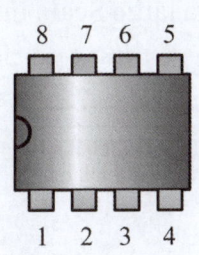
● 圖 1-23　DIP 型之 IC

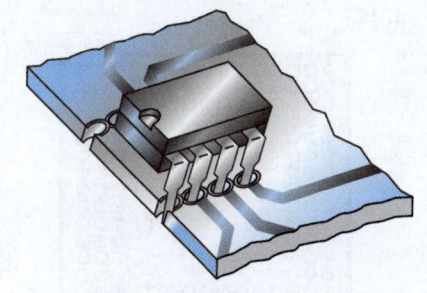
● 圖 1-24　DIP 型之 IC 應用於 PCB 上

2. PLCC (Plastic Leaded Chip Carrier)型

如圖1-25所示，此型IC的接腳導線(leads)向內彎，呈現"J"型為其最大特色；由於可應用於目前流行的表面黏著技術(SMT，Surface Mount Technology)，也就是只將IC銲於PCB的表面銅膜上，而不用將PCB打洞穿孔，故常使用於多層PCB上的複雜電路中。

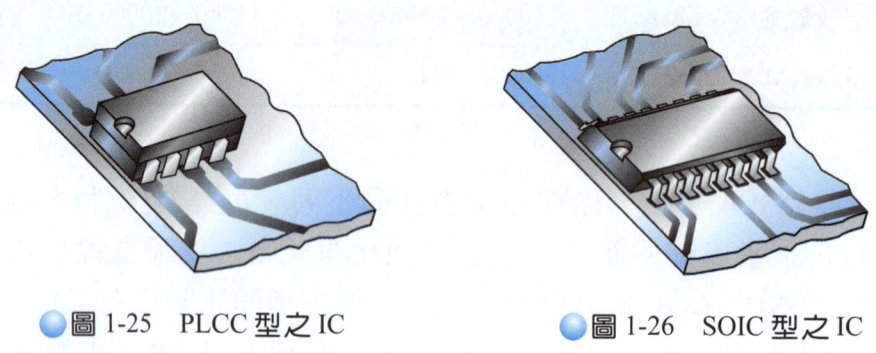

　●圖1-25　PLCC 型之IC　　　　　●圖1-26　SOIC 型之IC

3. SOIC (Small Outline Integrated Circuit)型

如圖1-26所示，此型IC亦應用於表面黏著技術；由於接腳導線間距可以更小，故應用於PCB時，可以使PCB的面積減少50%以上(相較於以DIP型IC為元件的印刷電路板)。

4. PGA (Pin Grid Array)型

如圖1-27所示，此型IC的接腳導線有如針狀的柵欄陣列般，常應用於眾多接腳的IC；如Intel的80386、80486、P3、P4及AMD的K6、K7系列的CPU均是此種包裝。

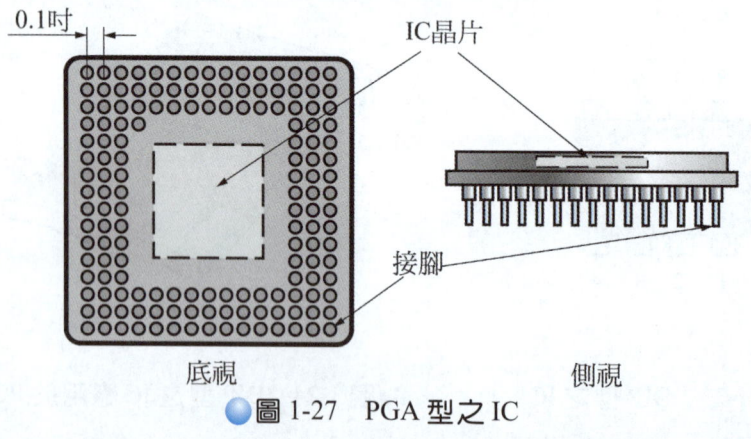

●圖1-27　PGA 型之IC

至於 IC 的接腳辨別，通常由 IC 的正面往下看(top view)，第一隻接腳附近都會有個容易辨別的記號，如 U 型切口、小圓圈或斜角等，視各製造廠家而定；由第一隻接腳開始，以反時鐘方向編排，即其各接腳的編號，如圖 1-28 所示；在 IC 上面通常除了 IC 編號外，尚有生產序號(Serial NO)與生產年代，生產序號依各廠家而異；而生產年代的標示則大都相同，例如 9738 即表示 1997 年第 38 個星期生產的。

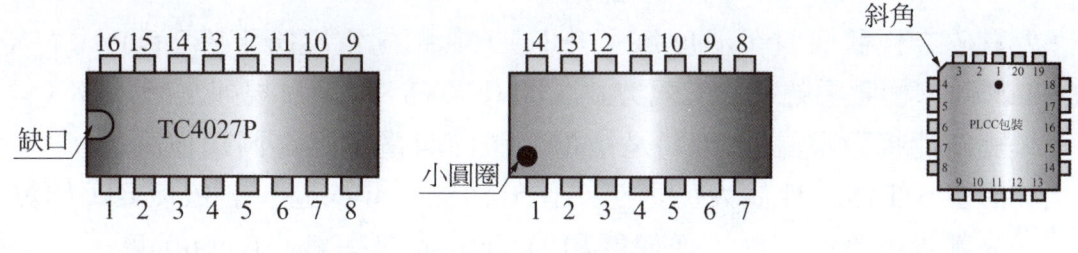

● 圖 1-28　IC 接腳辨識

重點整理

1. 二極體符號中的箭頭方向為傳統電流方向，即電洞流方向。
2. 一般二極體的功用有：整流、倍壓、截波、箝位、保護、檢波及溫度補償等。
3. 對矽二極體而言，溫度每上升1℃，其順向電壓將下降2.5mV。
4. 國內二極體編號常以美規方式，即1NXXXX；而日規則為1SXXXX。
5. 雙極性接面電晶體(BJT)是指電晶體內有電子與電洞兩種載子。
6. 欲使BJT作線性放大，則應工作於活動(active)區，若欲使BJT作數位邏輯電路，則應工作於飽和(saturation)區與截止(cut off)區。
7. 一般功率電晶體的金屬外殼均與集極相連，以利散熱作用。
8. 依日規(JIS)雙極性接面電晶體(BJT)的編號

   2SAXXXX　　表示高頻用PNP電晶體
   2SBXXXX　　表示低頻用PNP電晶體
   2SCXXXX　　表示高頻用NPN電晶體
   2SDXXXX　　表示低頻用NPN電晶體
   2SJXXXX　　表示P通道FET
   2SKXXXX　　表示N通道FET

9. 雙極性接面電晶體(BJT)屬於電流控制元件，而場效電晶體(FET)則屬於電壓控制元件。
10. FET最大的缺點為增益頻寬積遠小於BJT的，所以其工作頻率不如BJT的高。
11. 接面型場效電晶體(JFET)與空乏型金氧半場效電晶體(MOSFET)均可利用蕭克力方程式 $I_D = I_{DSSS}(1 - \frac{V_{GS}}{V_P})^2$ 輕易求得某一閘源極電壓(V_{GS})下的洩極電流(I_D)。
12. 互補金氧半場效電晶體(CMOSFET)十分適合用於超大型積體電路(VLSI)，乃因其消耗功率十分微小。
13. 理想運算放大器(OPA)的特性為：(1) $R_i \to \infty$　(2) $R_o \to 0$　(3) $A_{Vo} \to \infty$　(4) BW$\to \infty$　(5) CMRR$\to \infty$
14. 積體電路(IC)的分類如下：

第一章　基本電子元件　23

名　　稱	元件個數	邏輯閘數
小型積體電路(SSI)	100 個以下	12 個以下
中型積體電路(MSI)	100～1000 個	12～100 個
大型積體電路(LSI)	1000～10000 個	100～1000 個
超大型積體電路(VLSI)	10000～100000 個	1000～10000 個
極大型積體電路(ULSI)	100000 個以上	10000 個以上

習題一

(　) 1. 對一般的PN二極體而言，其元件有記號(或標註)的地方，通常為　(A)陽極　(B)陰極　(C)閘極　(D)集極。

(　) 2. 下列何者屬於二極體的編號？　(A)2N3055　(B)1N4148　(C)2SA684　(D)CS9013。

(　) 3. 下列電子零件編號中，何者為二極體？　(A)NE555　(B)1N4003　(C)CS9012　(D)7404　(E)2N2222。

(　) 4. 二極體不具下列何種功能？　(A)放大　(B)整流　(C)檢波　(D)截波。

(　) 5. 電晶體編號 2SB77A，其中B表示　(A)PNP高頻用電晶體　(B)NPN高頻用電晶體　(C)PNP低頻用電晶體　(D)NPN低頻用電晶體　(E)以上皆非。

(　) 6. 金屬包裝的雙極性電晶體，其金屬外殼通常為　(A)集極　(B)基極(C)射極　(D)閘極。

(　) 7. 下列何者不是場效電晶體的優點？　(A)高輸入阻抗　(B)低雜訊　(C)無抵補電壓　(D)適合工作於較高頻率。

(　) 8. 對接面場效電晶體(JFET)而言，當其工作在飽和區時之 I_D 電流為何？　(A)$I_D = K(V_{GS} - V_T)^2$　(B)$I_D = I_S \, e^{V_{BE}/V_T}$　(C)$I_D = I_{DSS}(1 - \frac{V_{GS}}{V_P})^2$　(D)$I_D = 2 \times (V_{GS} - V_T)$。

(　) 9. 有一 N 通道空乏型 MOSFET 的 I_{DSS} = 8mA，$V_{GS(OFF)}$ = －4V，則在 V_{GS} = 0V 的情況下，I_D 值為何？　(A)2mA　(B)4mA　(C)8mA　(D)16mA　(E)24mA。

(　) 10. 某一元件的編號為 2SK30A，則該元件為　(A)NPN之BJT　(B)PNP之BJT　(C)N 通道之 JFET　(D)P 通道之 JFET。

(　) 11. 某N通道空乏型MOSFET的I_{DSS} = 12mA，夾止電壓$V_{GS(OFF)}$ = －4.5V，當 V_{GS} = －4V時，其 I_D 之值為若干？
(A)12mA　(B)6mA　(C)3.7mA　(D)0.15mA。

(　) 12. 下列何種FET在製做時未預置通道？　(A)空乏型MOSFET　(B)增強型 MOSFET　(C)N 通道 JFET　(D)P 通道 JFET。

(　) 13. 下列何項不是理想運算放大器(OP Amp)所具有之特性？
(A)輸出阻抗為零　(B)頻寬(band width)無限大　(C)開環路電壓增益無限大　(D)共模拒斥比(CMRR)無限大　(E)輸入阻抗為零。

(　) 14. 編號 741 運算放大器的第 2 支接腳
(A)輸出　(B)反相輸入　(C)同相輸入　(D)正電源　(E)負電源。

(　) 15. μA741 運算放大器，其輸出是在第幾隻接腳？
(A)腳 2　(B)腳 3　(C)腳 6　(D)腳 7　(E)腳 8。

(　) 16. 電子材料中，積體電路一般簡稱為 (A)TTL　(B)CMOS　(C)IC　(D)DC。

(　) 17. 下列何者為運算放大器的編號？
(A)C106B　(B)μA741　(C)2SC1815　(D)1N4001。

(　) 18. 所謂的超大型積體電路(VLSI)，係指在一個半導體晶片上的零件數目為　(A)10 個以下　(B)10～100 個　(C)100～1000 個　(D)1000～10000 個　(E)10000 個以上。

(　) 19. 圖(1)所示 IC 之 CP 9012 表示　(A)1990 年 12 月製造　(B)1990 年第 12 週製造　(C)1990 年第 12 日製造　(D)1990 年 1 月 2 日製造。

圖(1)

(　) 20. 如圖(1)所示 IC 之第 8 支腳為　(A)A　(B)B　(C)C　(D)D。

第2章
基本電子電路

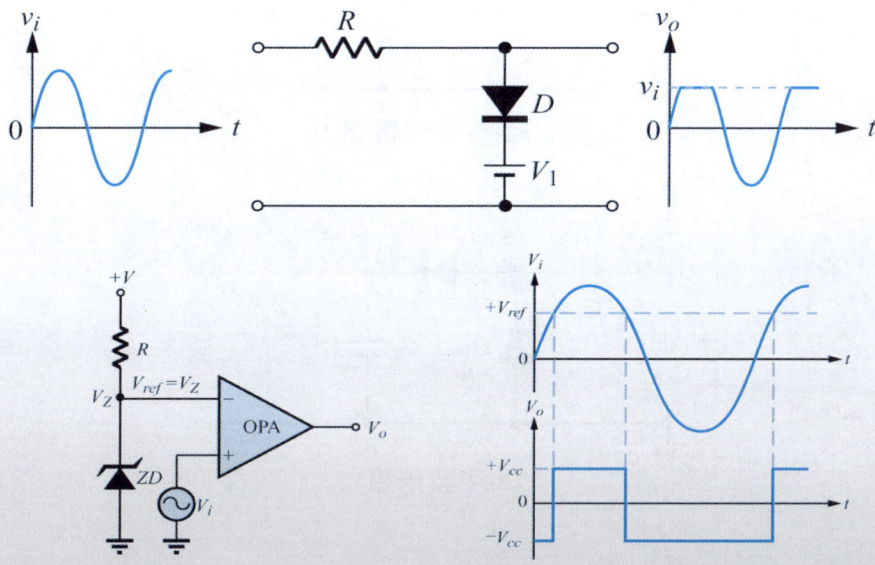

在知道一些基本電子元件的特性後，接著當然要瞭解一些簡單電子電路的原理，例如：將二極體當作一個開關使用，電晶體除了作為線性放大外，也可以當作電子開關使用，以及運算放大器的基本電路等；瞭解這些基本電子電路的原理與動作情況，有助於往後進一步學習較複雜的電子電路哦！

2-1 二極體電路

若將二極體視為理想二極體,即順向偏壓(P端加正,N端加負)時,呈導通(ON)的短路狀態;逆向偏壓(P 端為負壓,N 端為正壓)時,則呈截止(OFF)的斷路狀態,此特性其實就如同一個理想的電子閥。

如圖 2-1 所示,不論是整流、倍壓、截波、箝位等電路,二極體在電路的功用就相當於一個開關(switch),只有 ON 與 OFF 兩種狀態;然而最典型的代表電路,莫過於二極體應用於邏輯電路上。

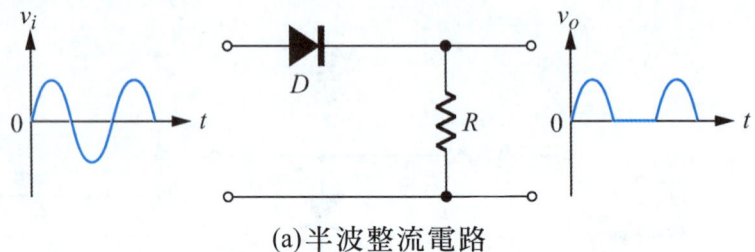

(a)半波整流電路

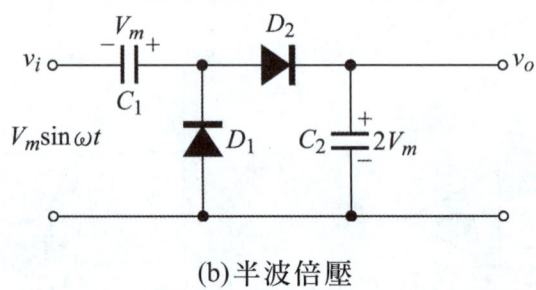

(b)半波倍壓

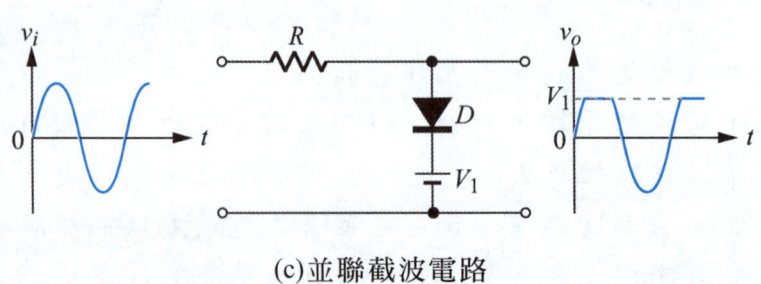

(c)並聯截波電路

圖 2-1 二極體開關電路

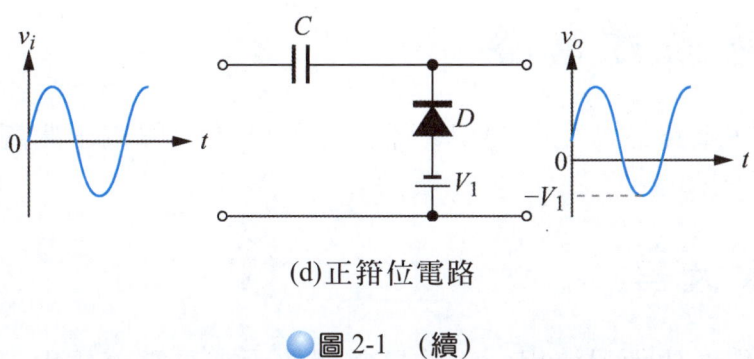

(d)正箝位電路

圖 2-1　(續)

如圖 2-2 所示分別為二極體的或閘(OR gate)電路與及閘(AND gate)電路；在(a)圖中，當輸入端 A、B 有任一為邏輯 "1"（高電位）輸入時，都將造成二極體導通(ON)，輸出端 f 為邏輯 "1" 輸出；而唯有當輸入端 A、B 均為邏輯 "0"（低電位）輸入時，所有的二極體皆不導通(OFF)，才能使輸出端 f 為邏輯 "0" 輸出，故為或閘電路。在(b)圖中，當輸入端 A、B 有任一為邏輯 "0" 時，都將造成二極體導通(ON)，致使輸出端 f 為邏輯 "0" 輸出；唯有當輸入端 A、B 均邏輯 "1" 輸入時，所有的二極體皆不導通(OFF)，才能使輸出端 f 為邏輯 "1" 輸出，故為及閘電路。

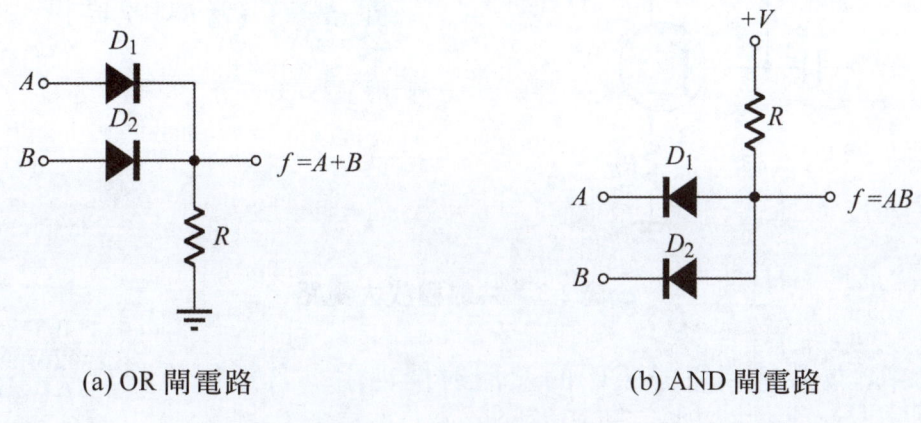

(a) OR 閘電路　　　　　　　(b) AND 閘電路

圖 2-2　二極體邏輯電路

2-2 電晶體電路

電晶體在電路最常見的功用，不外乎線性放大與電子開關而已，茲分別介紹如下：

2-2.1 放大器

電晶體作為放大器使用，不論是電壓放大或是電流放大，皆有一共通的特點，那就是一定工作在線性放大的活動區(註)；以雙極性接面電晶體(BJT)而言，其基射極(BE)接面須為順向偏壓，而基集極(BC)接面則須為逆向偏壓，如此才能使其工作在活動區中。

如圖 2-3 所示為共射極放大電路，其交流電壓增益 A_V 約為

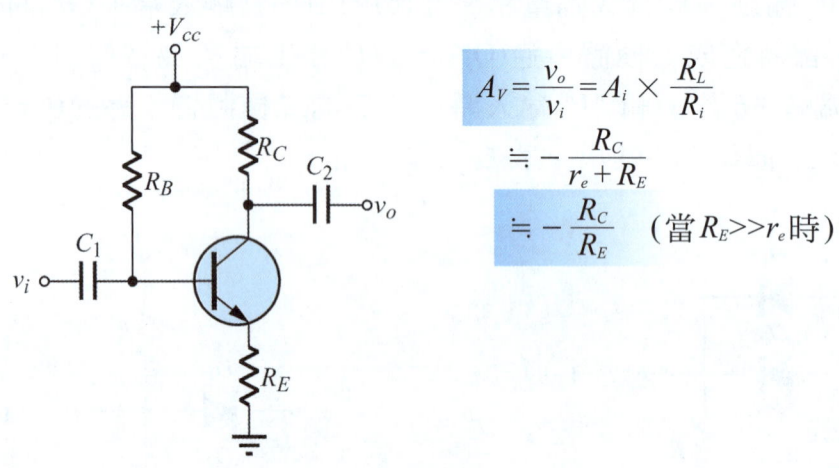

$$A_V = \frac{v_o}{v_i} = A_i \times \frac{R_L}{R_i}$$

$$\approx -\frac{R_C}{r_e + R_E}$$

$$\approx -\frac{R_C}{R_E} \quad (當 R_E \gg r_e 時)$$

● 圖 2-3 共射極放大電路

其中 r_e 為共基極組態(CB)的交流射極電阻，其近似值約為 $\frac{26\text{mV}}{I_E(\text{mA})}$。若 $R_E = 0$ 或有射極旁路電容(C_E)，則該電路的交流電壓增益 A_V 約為

$$A_V \approx -\frac{R_C}{r_e}$$

> 註　1. 以 BJT 而言，作線性放大時，應將 BJT 偏壓在活動區(active region)。
> 　　2. 以 FET 而言，作線性放大時，應將 FET 偏壓在定電流區(constant current region)。

第二章 基本電子電路

例題 2-1 如圖(1)所示之電路，設 $R_1=50\text{k}\Omega$，$R_2=10\text{k}\Omega$，$R_C=5\text{k}\Omega$，$R_E=1\text{k}\Omega$，而電晶體之 $\beta=100$，則該電路之電壓增益 ($A_V=\dfrac{v_o}{v_i}$) 約為多少？

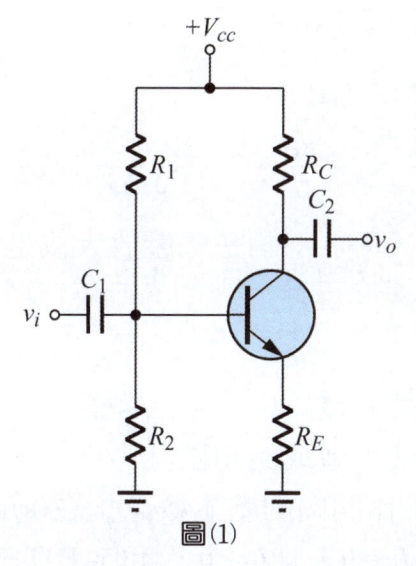

圖(1)

解 $A_V=\dfrac{v_o}{v_i} \fallingdotseq -\dfrac{R_C}{R_E}=-\dfrac{5\text{k}}{1\text{k}}=-5$

例題 2-2 如圖(2)所示之電路，試求該電路之電壓增益 $A_V=\dfrac{v_o}{v_i}$ 為多少？

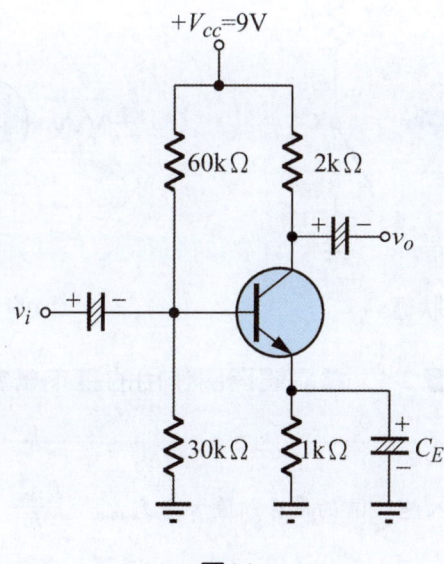

圖(2)

解 $V_B = V_{CC} \times \dfrac{30k}{60k+30k} = 9 \times \dfrac{30k}{60k+30k} = 3$ (V)

$V_E \cong V_B - V_{BE} = 3 - 0.7 = 2.3$ (V)

$I_E = \dfrac{V_E}{R_E} = \dfrac{2.3}{1k} = 2.3$ (mA)

$r_e = \dfrac{26mV}{2.3mA} \cong 11.3$ (Ω)

所以 $A_V = \dfrac{v_o}{v_i} \cong -\dfrac{R_C}{r_e} = -\dfrac{2k}{11.3} = -177$

2-2.2 電子開關

在數位邏輯電路或控制電路中，電晶體的作用常常是一個電子開關；以 BJT 而言，將工作在截止區或飽和區其中之一。

如圖 2-4 所示為 BJT 作開關的基本概念；在(a)圖中，BJT 因為 B、E 極間沒有順向偏壓，所以 $I_B = 0$，且 $I_C = 0$，此時 BJT 工作於截止區，所以其 C、E 極間呈現開路的狀態，如同開關的斷路(OFF)。在(b)圖中，BJT 因為 B、E 極間有很大的順向偏壓，所以 $I_B \geq I_{B(min)}$，造成 $I_C = I_{C(sat)}$(註)，此時的 BJT 工作於飽和區，所以其 C、E 極間呈現導通的狀態，如同開關的短路(ON)。

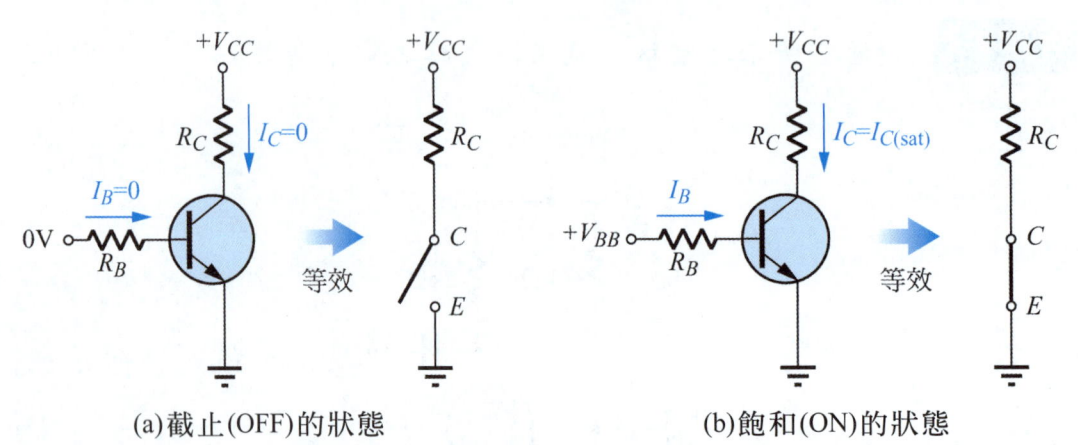

(a) 截止(OFF)的狀態　　　　(b) 飽和(ON)的狀態

● 圖 2-4　電晶體開關作用的基本概念

註　1. $I_{B(min)}$：使 BJT 進入飽和區的最小 I_B 值，即 $I_{B(min)} = \dfrac{I_{C(sat)}}{\beta}$。

2. $I_{C(sat)}$：為 BJT 飽和時的 I_C 電流值，即 $I_{C(sat)} = \dfrac{V_{CC} - V_{CE(sat)}}{R_C}$。

第二章 基本電子電路

例題 2-3 如圖(3)所示之電路，設電晶體導通時 $V_{BE}=0.7\text{V}$，飽和時 $V_{CE(\text{sat})}=0.2\text{V}$，欲使電晶體產生飽和，則 R_L 的最小值約為多少？

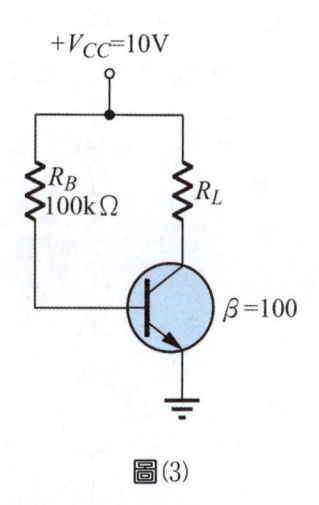

+V_{CC}=10V

圖(3)

解 使電晶體飽和的條件為：$\beta I_B \geq I_{c(\text{sat})}$

$$I_{c(\text{sat})} = \frac{V_{CC} - V_{CE(\text{sat})}}{R_C} = \frac{10 - 0.2}{R_L} = \frac{9.8}{R_L}$$

$$I_B = \frac{V_CC - V_{BE}}{R_B} = \frac{10 - 0.7}{100\text{k}} = \frac{9.3}{100\text{k}} = 0.093 \text{ (mA)}$$

$\because \quad \beta I_B \geq I_{c(\text{sat})}$

$\therefore \quad 100 \times 0.093 \times 10^{-3} \geq \dfrac{9.8}{R_L}$，得 $R_L \geq 1.05\text{k}\Omega$

在例題 2-3 中，若 V_{CC} 值遠大於(超過 10 倍以上) V_{BE} 與 $V_{CE(\text{sat})}$ 時，通常可忽略 V_{BE} 與 $V_{CE(\text{sat})}$，即

$$I_{c(\text{sat})} = \frac{V_{CC} - V_{CE(\text{sat})}}{R_C} \doteqdot \frac{V_{CC}}{R_C} \quad (當 V_{CC} \gg V_{CE(\text{sat})})$$

$$I_B = \frac{V_{CC} - V_{BE}}{R_B} \doteqdot \frac{V_{CC}}{R_B} \quad (當 V_{CC} \gg V_{BE})$$

依 $\beta I_B \geq I_{c(\text{sat})}$ 可得 $\beta \times \dfrac{V_{CC}}{R_B} \geq \dfrac{V_{CC}}{R_C}$，故得 $\beta R_C \geq R_B$，所以可輕易求得

$$R_L = R_C \geq \frac{R_B}{\beta} = \frac{100\text{k}\Omega}{100} = 1\text{k}\Omega$$

其實，凡是利用電晶體去驅動小燈泡、發光二極體(LED)或繼電器(Relay)等元件時，電晶體的功用就如同開關一樣。

例題 2-4 如圖(4)所示為LED的驅動電路，LED發亮的電壓為2V，電流為10mA，試求電路中R_B的適當阻值。

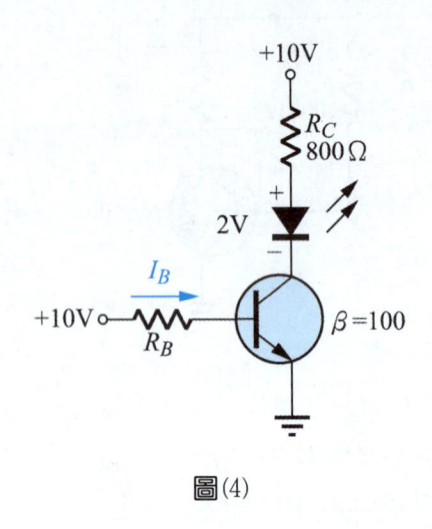

圖(4)

解 $I_{c(\text{sat})} = I_{LED} = 10\text{mA}$

因為 $\beta I_B \geqq I_{c(\text{sat})}$，且由於 $V_{BB} = 10V \gg V_{BE}$

所以 $100 \times \dfrac{10}{R_B} \geqq 10 \times 10^{-3}$，故 $R_B \leqq 100\text{k}\Omega$ 即可

2-3 運算放大器

運算放大器(OPA)在電路中常見的功用大致可分為線性運算放大與非線性運算放大兩種，茲分別介紹如下：

2-3.1 線性運算放大器

1. 反相放大器

如圖 2-5 所示為運算放大器(OPA)所組成的反相放大電路，由於虛接地(virtual ground，**註**)的現象，所以

$$I_1 = \frac{V_s - V_i}{R_1} = \frac{V_s}{R_1} = I_i + I_f = I_f \quad (\because V_i = 0 \text{，} I_i = 0)$$

第二章　基本電子電路

$$V_o = -I_f R_f + V_i = -I_f R_f = -I_1 R_f = -\frac{V_s}{R_1}R_f \quad (\because V_i = 0)$$

故電路之電壓增益

$$A_v = \frac{V_o}{V_s} = \frac{-\frac{V_s}{R_1}R_f}{V_s} = -\frac{R_f}{R_1}$$

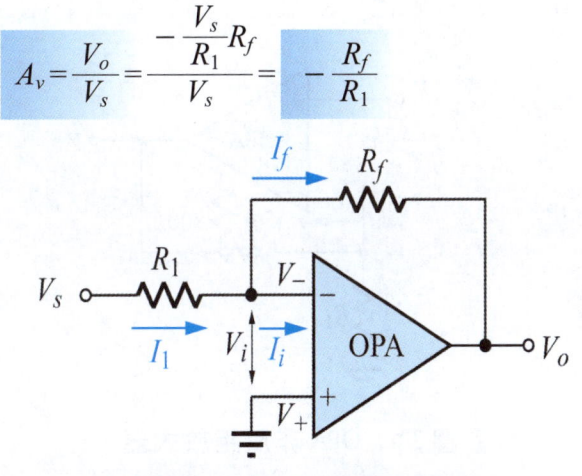

○ 圖 2-5　OPA 反相放大器

註　由於 OPA 之輸入阻抗無限大，所以 $I_i = \frac{V_i}{R_i} = \frac{V_i}{\infty} = 0$，
且由於開環路電壓增益無限大，所以 $V_i = \frac{V_o}{A_V} = \frac{V_o}{\infty} = 0$

例題 2-5　如圖(1)所示之 OPA 反相放大電路，當輸入電壓 $V_i = 2V$ 時，其輸出電壓為多少？

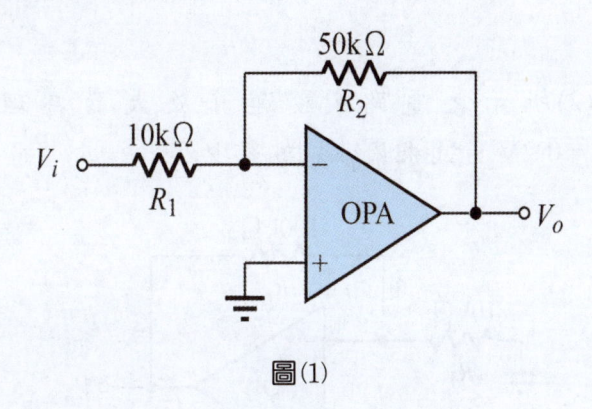

圖(1)

解　$\because A_V = \frac{V_o}{V_i} = -\frac{R_2}{R_1} = -\frac{50k}{10k} = -5$

　　$\therefore V_o = A_V \times V_i = (-5) \times 2 = -10 \text{ (V)}$

2. 非反相放大器

如圖 2-6 所示為 OPA 所組成的非反相放大電路，由於虛接地 ($V_i=0$，$I_i=0$)之故，所以

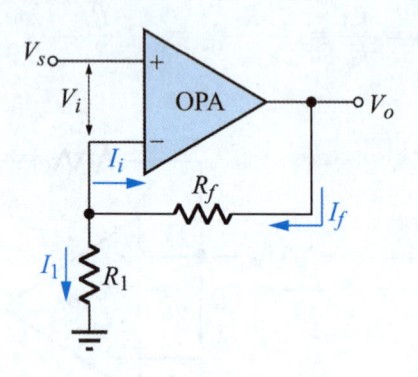

●圖 2-6　OPA 非反相放大器

$$I_1 = \frac{V_S - V_i}{R_1} = \frac{V_S}{R_1}$$

$$V_o = R_1 I_1 + R_f I_f = (R_1 + R_f) I_1 \quad (\because I_1 = I_f)$$

$$= (R_1 + R_f) \times \frac{V_s}{R_1} = (1 + \frac{R_f}{R_1}) V_s$$

故電路之電壓增益 $\quad A_V = \dfrac{V_o}{V_s} = \dfrac{(1 + \dfrac{R_f}{R_1}) V_s}{V_s} = \boxed{1 + \dfrac{R_f}{R_1}}$

例題 2-6　如圖(2)所示之電路，設運算放大器為理想放大器，且 $V_{i(p-p)} = 0.2\text{V}$，試求 $V_{o(p-p)}$ 為多少？

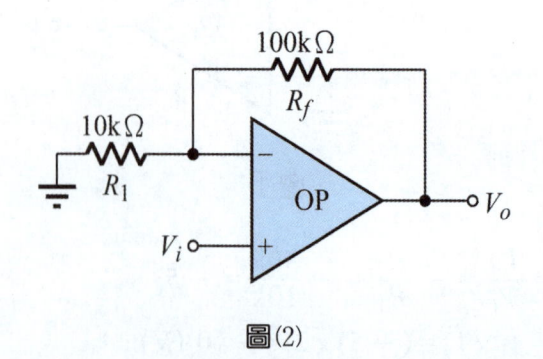

圖(2)

解 $A_V = 1 + \dfrac{R_f}{R_1} = 1 + \dfrac{100k}{10k} = 11$

$V_{o(p-p)} = A_V \times V_{i(p-p)} = 11 \times 0.2 = 2.2$ (V)

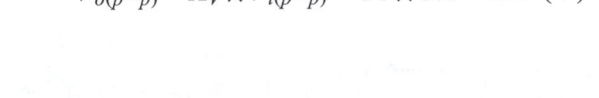

3. 電壓隨耦器

如圖 2-7 所示為 OPA 組成的電壓隨耦器(voltage follower)或稱全值隨耦器(unity follower)，雖然不具任何放大作用(因為$A_V = 1$)，但由於具有極高的輸入阻抗與極低的輸出阻抗特性，故常作為阻抗匹配的緩衝器(buffer)。

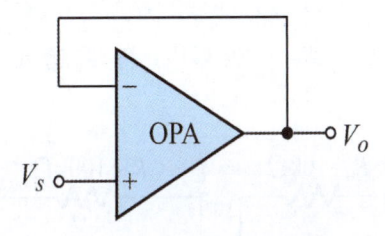

● 圖 2-7　OPA 電壓隨耦器

其實，電壓隨耦器是由非反相放大器延伸而來；當其$R_1 = \infty$，且$R_f = 0$時，電路的電壓增益即為

$$A_V = \dfrac{V_o}{V_s} = 1 + \dfrac{R_f}{R_1} = 1 + \dfrac{0}{\infty} = 1$$

4. 反相加法器

如圖 2-8 所示為 OPA 組成的反相加法器，由於虛接地之故，所以

$$I_f = I_1 + I_2 + \cdots\cdots + I_n$$

$$\dfrac{V_i - V_o}{R_f} = \dfrac{V_1 - V_i}{R_1} + \dfrac{V_2 - V_i}{R_2} + \cdots\cdots + \dfrac{V_n - V_i}{R_n}$$

$$-\dfrac{V_o}{R_f} = \dfrac{V_1}{R_1} + \dfrac{V_2}{R_2} + \cdots\cdots + \dfrac{V_n}{R_n} \ (\because V_i = 0)$$

故 $V_o = -(\dfrac{R_f}{R_1}V_1 + \dfrac{R_f}{R_2}V_2 + \cdots\cdots + \dfrac{R_f}{R_n}V_n)$

也就是說：輸出電壓(V_o)等於各輸入訊號反相放大後再相加的總和，故稱為反相加法器。

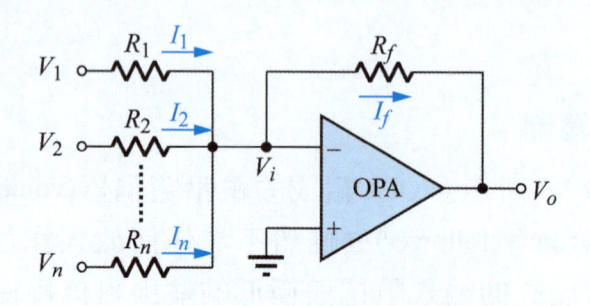

圖 2-8　OPA 反相加法器

例題 2-7 如圖(3)所示之電路，設 OPA 為理想元件，則該電路之輸出電壓為多少？

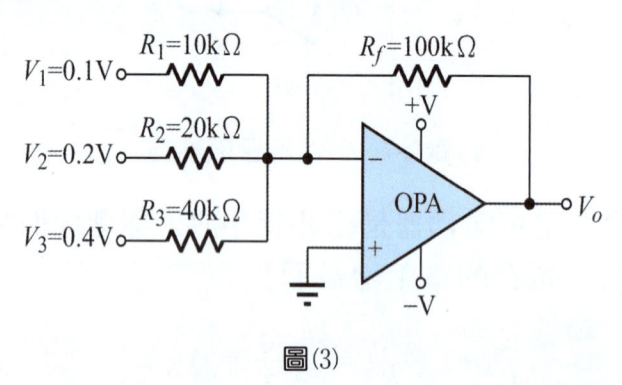

圖(3)

解
$$V_o = -(\frac{R_f}{R_1}V_1 + \frac{R_f}{R_2}V_2 + \frac{R_f}{R_3}V_3)$$
$$= -(\frac{100k}{10k} \times 0.1 + \frac{100k}{20k} \times 0.2 + \frac{100k}{40k} \times 0.4)$$
$$= -(1+1+1)$$
$$= -3 \text{ (V)}$$

5. 減法器

如圖 2-9 所示為 OPA 組成的減法器(subtractor)，只要應用重疊定理，將各輸入訊號依反相放大與非反相放大的觀念分別作用，就可獲得其輸出電壓，即

第二章　基本電子電路

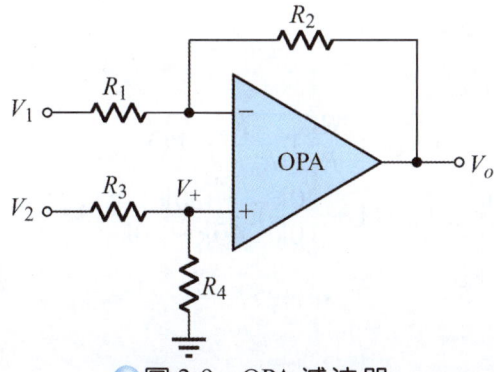

●圖 2-9　OPA 減法器

(1) 令 $V_2 = 0$，先考慮 V_1 對 V_o 的影響（反相放大作用）

$$V_{o1} = -\frac{R_2}{R_1}V_1$$

(2) 令 $V_1 = 0$，再考慮 V_2 對 V_o 的影響（非反相放大作用）

$$V_{o2} = (1+\frac{R_2}{R_1})V_+ = (1+\frac{R_2}{R_1})(\frac{R_4}{R_3+R_4}V_2)$$

(3) 所以 $V_o = V_{o1} + V_{o2} = (-\frac{R_2}{R_1}V_1) + (1+\frac{R_2}{R_1})(\frac{R_4}{R_3+R_4}V_2)$

當　$R_1 = R_3$、$R_2 = R_4$　時

$$\begin{aligned}V_o &= (-\frac{R_2}{R_1}V_1) + (1+\frac{R_2}{R_1})(\frac{R_4}{R_3+R_4}V_2)\\ &= (-\frac{R_2}{R_1}V_1) + (1+\frac{R_2}{R_1})(\frac{R_2}{R_1+R_2}V_2)\\ &= \frac{R_2}{R_1}V_2 - \frac{R_2}{R_1}V_1\\ &= (V_2 - V_1)\frac{R_2}{R_1}\end{aligned}$$

例題 2-8　如圖(4)之電路，設 $R_1 = 10\text{k}\Omega$，$R_2 = 20\text{k}\Omega$，$R_3 = 40\text{k}\Omega$，$R_4 = 20\text{k}\Omega$，$V_1 = 1\text{V}$，$V_2 = 3\text{V}$，則其輸出電壓 V_o 為何？

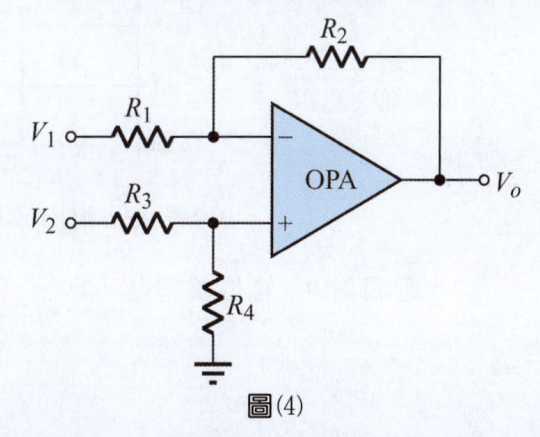

圖(4)

解 依重疊定理得

$$V_o = V_{o1} + V_{o2}$$
$$= (-\frac{R_2}{R_1}V_1) + (1 + \frac{R_2}{R_1})(\frac{R_4}{R_3+R_4}V_2)$$
$$= (-\frac{20k}{10k} \times 1) + (1 + \frac{20k}{10k})(\frac{20k}{40k+20k} \times 3)$$
$$= (-2) + 3$$
$$= 1 \text{ (V)}$$

2-3.2 非線性運算放大器

比較器(comparator)是一種可接受類比或數位訊號輸入，而提供數位訊號輸出的電路，且此數位訊號(由其電位的 H 或 L)亦可明白地指出該輸入訊號是大於或小於另一輸入訊號(或參考電壓)。

由於 OPA 的開環路增益近似無限大，所以經常被當作電壓比較器使用，以下分別介紹如下：

1. 零(電)位檢測

如圖 2-10 所示為一零位檢測器(zero level detector)，用以測試輸入電壓是否大於零電位。

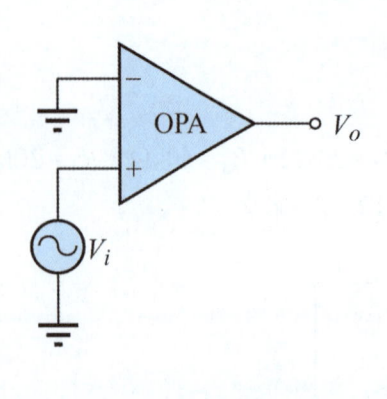

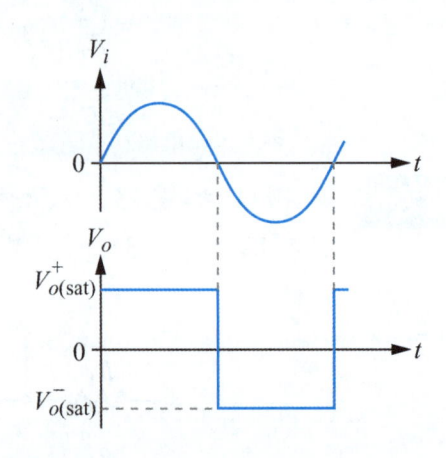

(a)電路　　　　　　　(b)輸入、輸出波形時序

● 圖 2-10　零位檢測器

第二章　基本電子電路　39

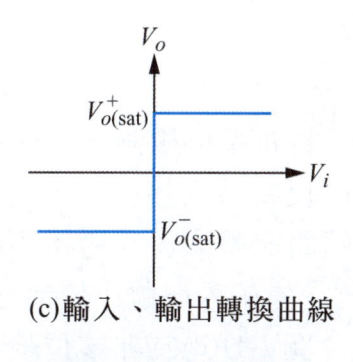

(c)輸入、輸出轉換曲線

● 圖 2-10　（續）

　　由於 OPA 的反相輸入端接地(V_- = 0V)，且輸入訊號則接至非反相輸入端($V_+=V_i$)，當輸入訊號大於 0V(即 $V_+ > V_-$)時，OPA 的輸出立刻變為正飽和電壓($V_{o(sat)}^+$)；反之，當輸入訊號小於 0V(即 $V_+ < V_-$)時，OPA 的輸出又立刻轉變為負飽和電壓($V_{o(sat)}^-$)。一般而言，OPA 的飽和輸出電壓約為電源電壓($\pm V_{cc}$)的 0.9 倍，但通常均以 $\pm V_{cc}$ 視之。

例題 2-9　如圖(5)所示為 OPA 的比較器，試繪出其輸出波形。

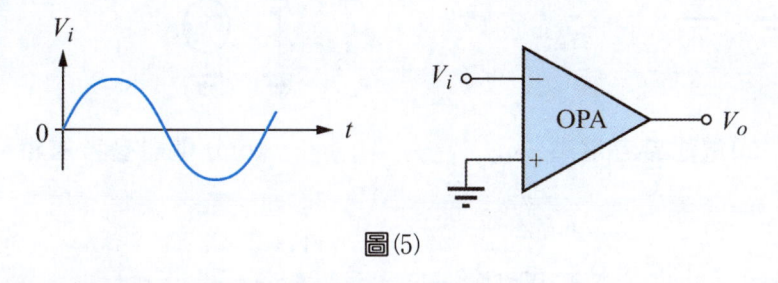

圖(5)

解　(1)當 $V_i > 0$V 時，即 $V_- > V_+$，所以 $V_o \fallingdotseq -V_{cc}$
　　(2)當 $V_i < 0$V 時，即 $V_- < V_+$，所以 $V_o \fallingdotseq +V_{cc}$
　　故其輸入、輸出波形的關係如下：

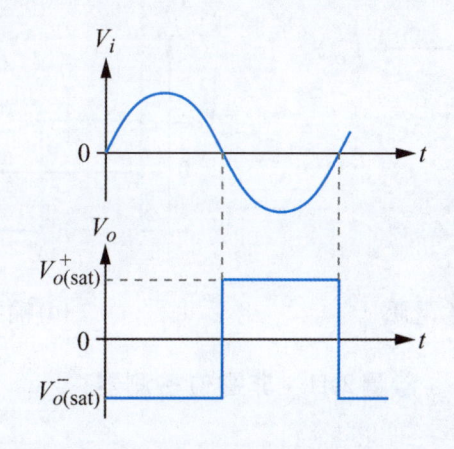

2. 非零位檢測器

　　如圖 2-11 所示為非零位檢測器(non-zero level detector)之電路與波形，由於 OPA 的反相輸入接上一參考電壓(reference voltage)，所以當非反相輸入端的訊號大於參考電壓(即 $V_+ > V_-$)時，OPA 的輸出即為 $+V_{cc}$；反之，當輸入訊號小於參考電壓(即 $V_+ < V_-$)時，OPA 的輸出即為 $-V_{cc}$。圖 2-11(d)為非零位檢測器對於正弦波訊號之輸入、輸出響應波形。

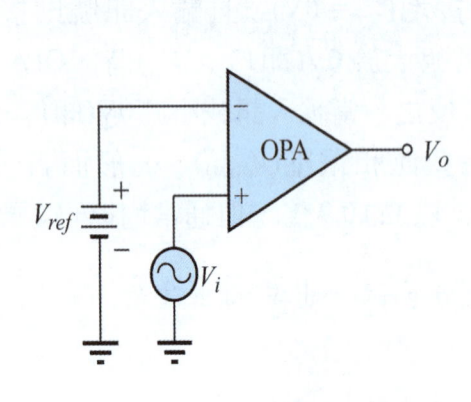

(a) 電池參考電壓

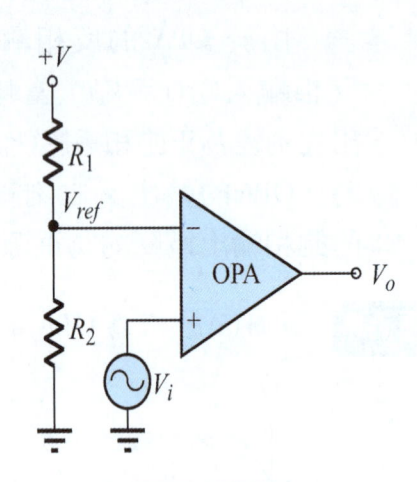

(b) 分壓器參考電壓

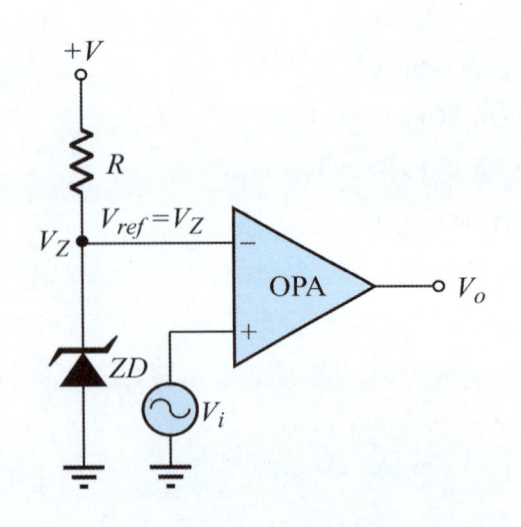

(c) 稽納二極體參考電壓

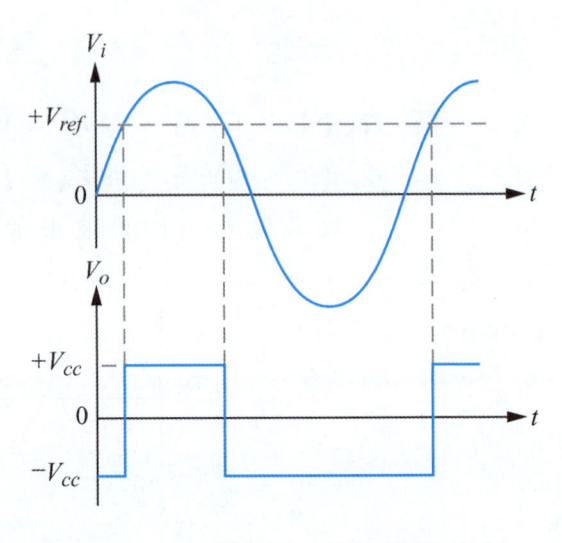

(d) 輸入、輸出波形時序

圖 2-11　非零位檢測器

例題 2-10 如圖(6)所示之 OPA 比較器，設 OPA 為理想，且電源電壓為 ±12V，試繪出其輸出波形。

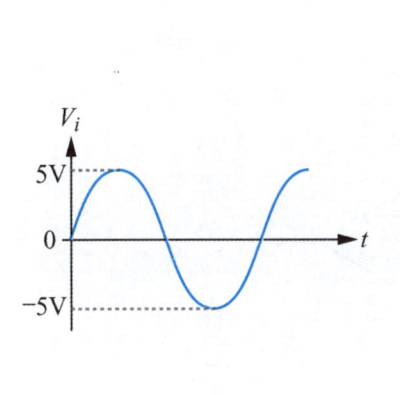

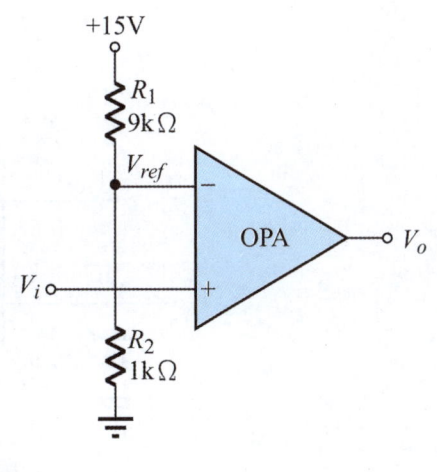

圖(6)

解 $V_{ref} = V_- = 15 \times \dfrac{R_2}{R_1+R_2} = 15 \times \dfrac{1k}{9k+1k} = 1.5$ (V)

(1) 當 $V_i > 1.5V$ 時，即 $V_+ > V_-$，所以 $V_o = +V_{cc} = +12V$。

(2) 當 $V_i < 1.5V$ 時，即 $V_+ < V_-$，所以 $V_o = -V_{cc} = -12V$。

故其輸入輸出波形的關係如下：

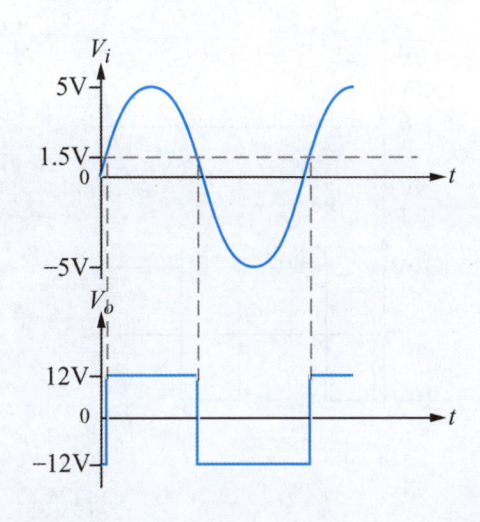

例題 2-11 如圖(7)所示之 OPA 比較器，設 OPA 為理想，且電源電壓為±10V，而輸入電壓 $V_i(t)=9\sin\omega t$ 伏特，試繪出其輸出波形。

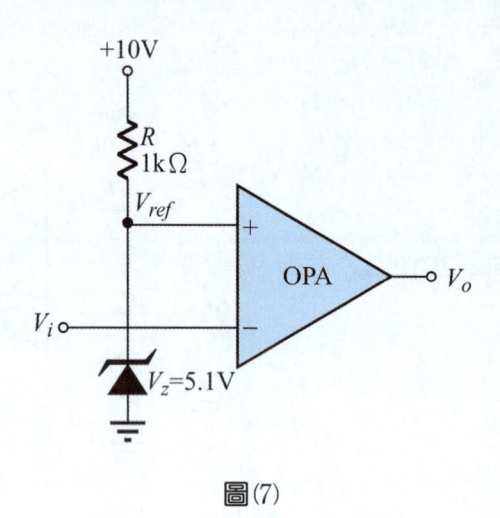

圖(7)

解 $V_{ref}=V_z=5.1V$

(1) 當 $V_i > 5.1V$ 時，即 $V_- > V_+$，所以 $V_o = -V_{cc} = -10V$

(2) 當 $V_i < 5.1V$ 時，即 $V_- < V_+$，所以 $V_o = +V_{cc} = +10V$

故其輸入輸出波形的關係如下：

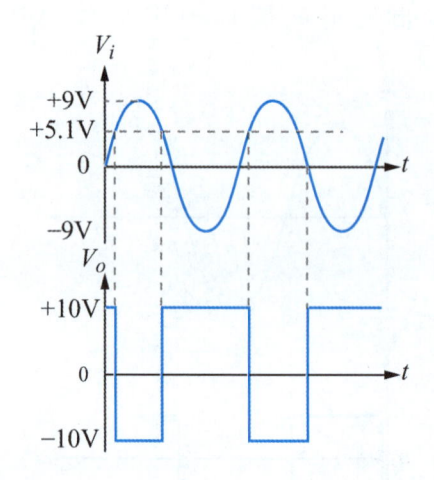

重點整理

1. 在邏輯電路、整流電路、截波電路、箝位電路及倍壓電路中,常將二極體視為理想二極體,即順向導通(ON)呈短路狀態,逆向截止(OFF)呈斷路狀態。

2. 電晶體共基組態(CB)的交流射極電阻(r_e)約為 $\dfrac{26\text{mV}}{I_E}$,其中 I_E 以 mA 為單位。

3. 電晶體工作於活動區時,其射基極接面(J_E)需為順向偏壓,而基集極接面(J_C)則需為逆向偏壓。

4. 若欲使電晶體工作於飽和區時,其射基極接面與基集極接面均需順向偏壓;而若欲使電晶體工作於截止區時,其射基極接面與基集極接面均需逆向偏壓。

5. 欲使電晶飽和的條件為 $\beta I_B \geq I_{c(\text{sat})}$。

6. 電晶體飽和時,其集射極間的電壓約為 0.2V,即 $V_{CE(\text{sat})} \doteq 0.2\text{V}$(以 NPN 為例)。

7. 欲使用電晶體去驅動小燈泡、發光二極體(LED)或繼電器(Relay)等元件時,電晶體需工作在飽和區或截止區,如同開關一般。

8. 由於運算放大器的特性十分理想,所以其線性放大的倍數,只由輸入電阻及回授電阻(R_f)決定,即

    反相放大器　$A_V = -\dfrac{R_f}{R_1}$

    非反相放大器　$A_V = 1 + \dfrac{R_f}{R_1}$

9. 電壓隨耦器的電壓增益(A_V)等於 1,且具有極高的輸入阻抗與極低的輸出阻抗,故常作為阻抗匹配的緩衝器(buffer)。

10. 比較器是一種可以接受類比(或數位)訊號輸入,而提供數位訊號輸出的電路。

11. 電壓比較器主要的原理是利用運算放大器的非線性特性(開環路增益為 ∞)。

習題二

( ) 1. 欲使電晶體(BJT)能作線性放大，應使其工作於何種區域？
　　(A)活動區(active region)　　(B)截止區(cut off region)
　　(C)飽和區(saturation region)　(D)崩潰區(break down region)。

( ) 2. 電晶體開關 OFF 時，電晶體相當於進入
　　(A)飽和區　(B)截止區 (C)線性工作區　(D)崩潰區。

( ) 3. 如圖(1)所示之電路，F 與 A、B 關係為何？
　　(A)$F = AB$　(B)$F = A + B$　(C)$F = A \oplus B$　(D)$F = \overline{AB}$。

圖(1)　　　　　　　　　　圖(2)

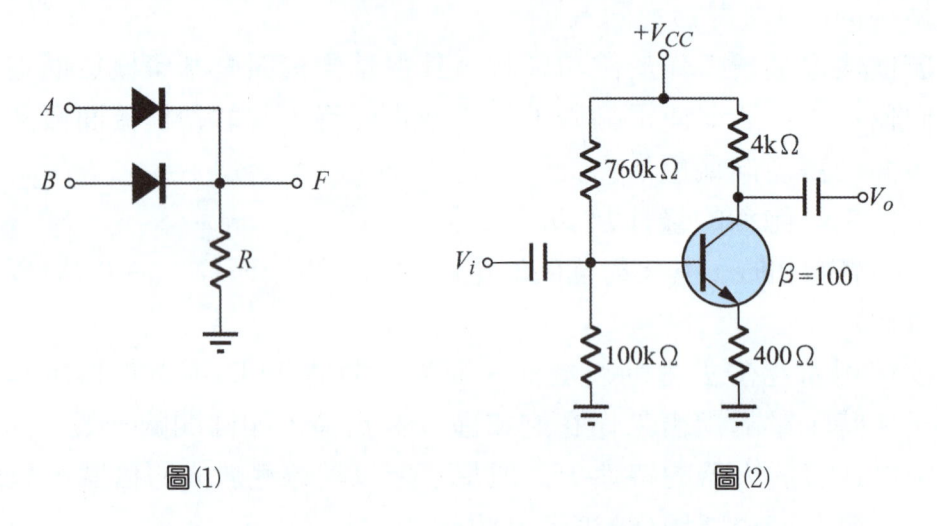

( ) 4. 如圖(2)所示之電晶體電路，其電壓增益 $\left|\dfrac{V_o}{V_i}\right|$ 約為
　　(A)10　(B)25　(C)50　(D)65　(E)80。

( ) 5. 如圖(3)為 LED 的驅動電路，使 LED 發亮的電壓為 2V，電流為 15mA，假設飽和電晶體之 $V_{CE(\text{sat})}$ 電壓降可忽略不計，試求 R_B、R_C 的適當電阻值？　(A)15kΩ、200Ω　(B)15kΩ、100Ω　(C)25kΩ、100Ω　(D)25kΩ、200Ω　(E)40kΩ、100Ω。

圖(3)

圖(4)

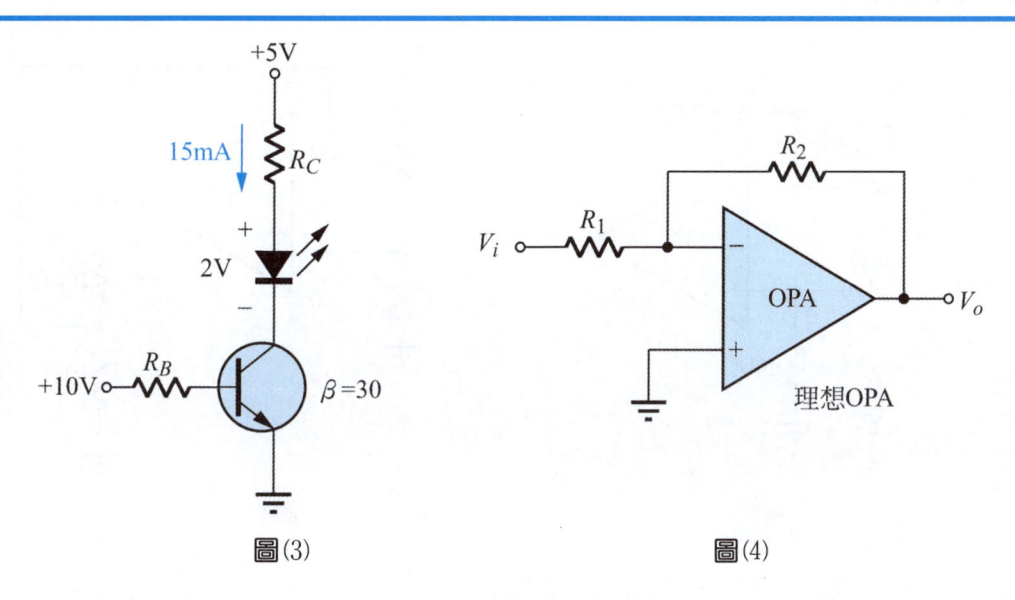

(　　) 6. 圖(4)之電路，其電壓增益 $\frac{V_o}{V_i}$ 為

(A) $\frac{R_2}{R_1}$　(B) $1+\frac{R_2}{R_1}$　(C) $-\frac{R_2}{R_1}$　(D) $1-\frac{R_2}{R_1}$。

(　　) 7. 圖(5)為理想運算放大器電路，若 $V_1 = 20mV$，$V_2 = 10mV$，則 V_o 之大小為何？　(A)0.1V　(B)0.14V　(C)2.7V　(D)0.2V。

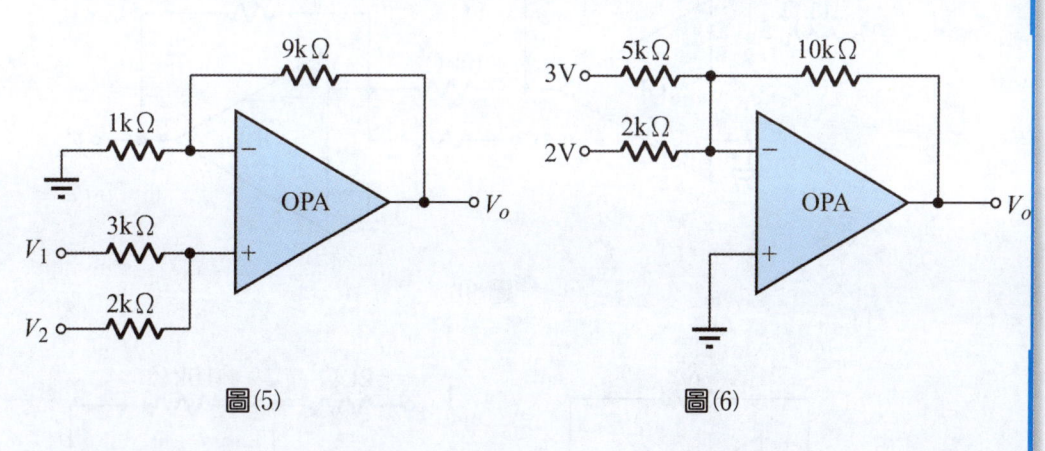

圖(5)

圖(6)

(　　) 8. 如圖(6)所示之反相加法器，若 OPA 為理想運算放大器，且其正負飽和輸出電壓為 ±10V，則 V_o 應為

(A) −5V　(B) +16V　(C) −16V　(D) +10V　(E) −10V。

(　　) 9. 圖(7)的輸出電壓 V_o 應近似於下列何值？

(A)10V　(B)0V　(C) −10V　(D)15V。

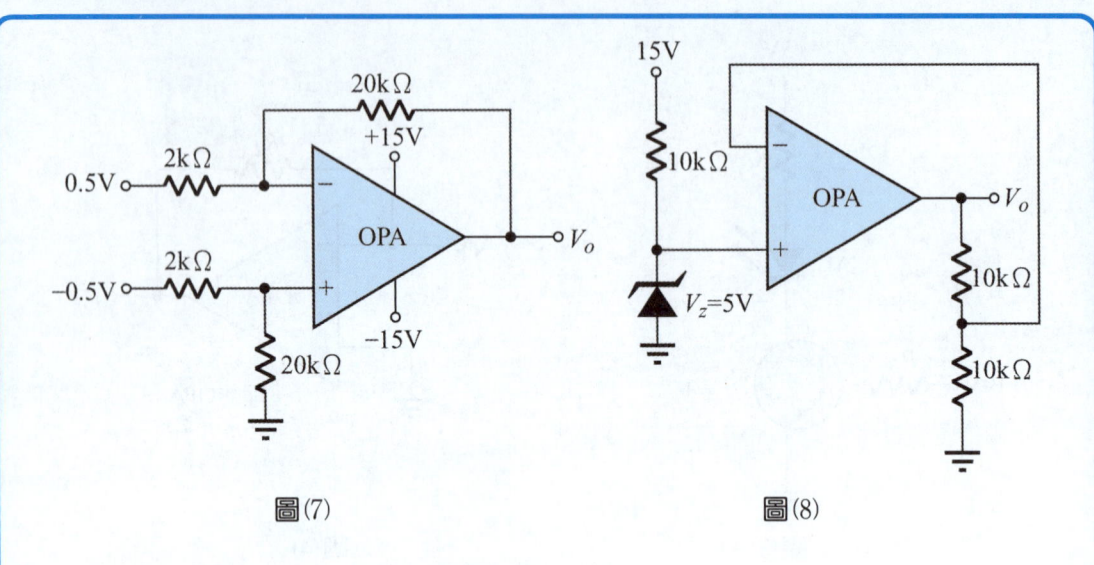

圖(7)　　　　　　　　圖(8)

(　) 10. 圖(8)之電路中，其輸出電壓 V_o 為
　　　(A) +5V　(B) +15V　(C) -10V　(D) +10V。

(　) 11. 圖(9)中 V_o 為何值？
　　　(A) 8伏特　(B) -8伏特　(C) -6伏特　(D) 4伏特。

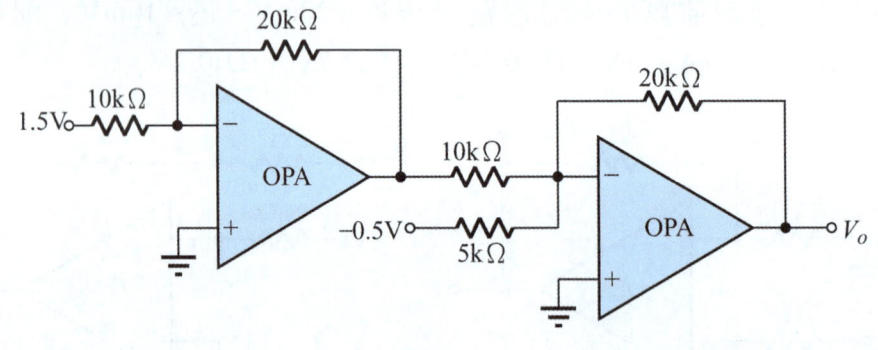

圖(9)

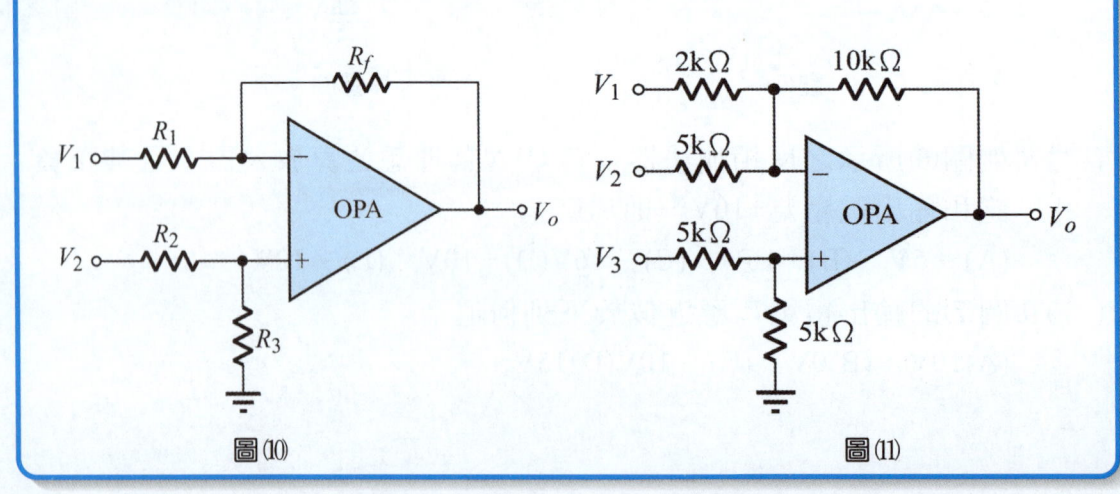

圖(10)　　　　　　　　圖(11)

( ) 12. 如圖(10)所示，若 $V_1 = 8V$，$V_2 = 16V$，$R_1 = R_3 = 100kΩ$，$R_2 = R_f = 200kΩ$，則輸出電壓 V_o 應接近多少？
(A)8V　(B)0V　(C) − 8V　(D)16V　(E) − 16V。

( ) 13. 如圖(11)所示，已知 $V_1 = 1V$，$V_2 = − 1V$，$V_3 = 2V$，則 $V_o =$
(A)4V　(B)5V　(C)6V　(D)7V。

( ) 14. 如圖(12)所示，欲使 LED 亮，則輸入電壓 V_{in} 為　(A)$V_{in} < 4V$
(B)$V_{in} > 6V$　(C) $4V < V_{in} < 6V$　(D)$V_{in} > 6V$ 或 $V_{in} < 4V$。

圖(12)

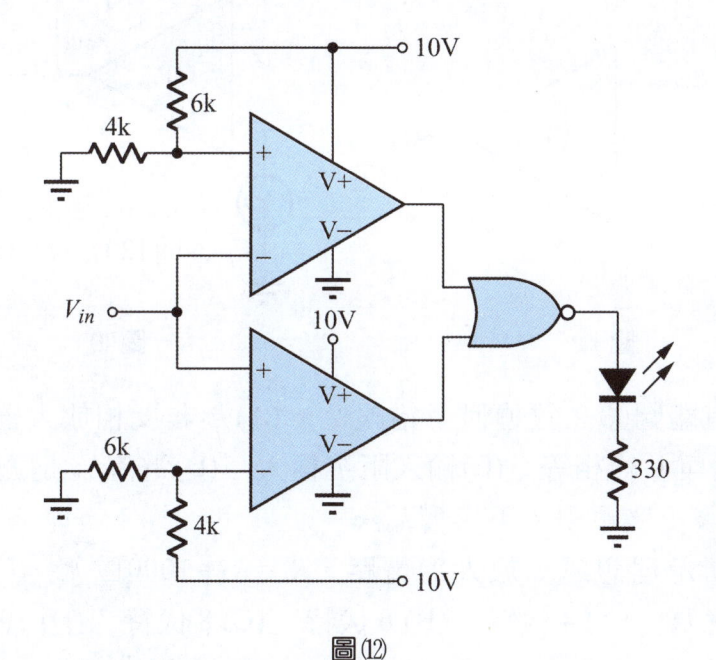

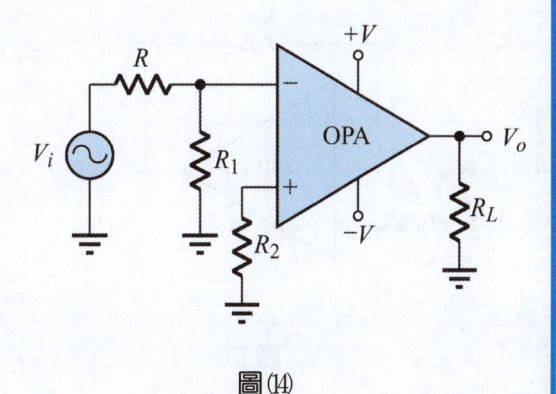

圖(13)　　　　　圖(14)

( ) 15. 圖(13)中之 I_o 為多少？(假設該 OPA 為理想運算放大器)
(A)0.8mA　(B)1mA　(C)0.25mA　(D)0.5mA。

(　) 16. 圖(14)之輸入信號 V_i 為正弦波，則輸出端 V_o 的波形為
　　　(A)三角波　(B)階梯波　(C)弦波　(D)方波。

(　) 17. 如圖(15)以一運算放大器作為比較器，則下列敘述何者錯誤？
　　　(A)當 $V_i = V_{ref}$，則 $V_o = 0$　(B)當 $V_i > V_{ref}$，則 $V_o = +V_o$(正飽和電壓)
　　　(C)當 $V_i > V_{ref}$，則 $V_o = -V_o$(負飽和電壓)　(D)當 $V_i < V_{ref}$，則 $V_o = -V_o$
　　　(負飽和電壓)　(E)此運算放大器需有相當高的增益。

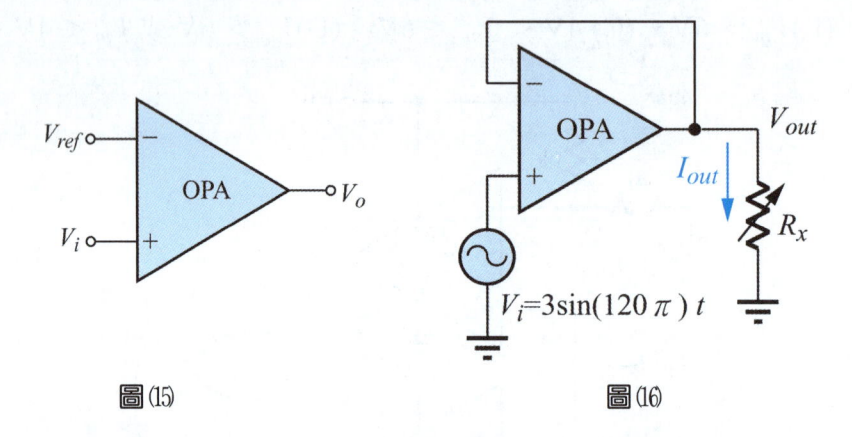

圖(15)　　　　　　　　　圖(16)

(　) 18. 下列有關圖(16)之敘述何者錯誤？　(A)為非反相放大器之特例
　　　(B) V_{out} 與 V_i 約相等　(C)輸入阻抗極大　(D)電流 I_{out} 是週期性信號
　　　(E)調整可變電阻 R_x 不影響 I_{out}。

(　) 19. 圖(17)所示理想運算放大器電路，$R_1 = R_2 = 1000$ 歐姆，$V_i = 10$ 伏特，
　　　則 V_o 應為　(A) 4 伏特　(B) 6 伏特　(C) 8 伏特　(D) 10 伏特。

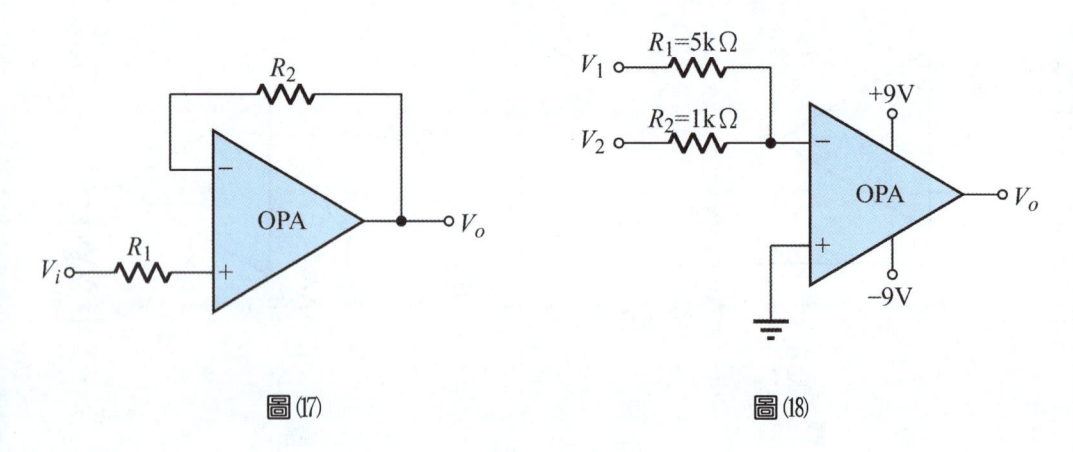

圖(17)　　　　　　　　　圖(18)

(　) 20. 如圖(18)所示電路，若 $V_1 = 10\sin\omega t$ V，$V_2 = +1$ V，若以示波器量測 V_o
　　　應得　(A) 0 V　(B) +9 V 直流電壓　(C)正弦波電壓　(D)脈波電壓。

第3章

波形產生電路

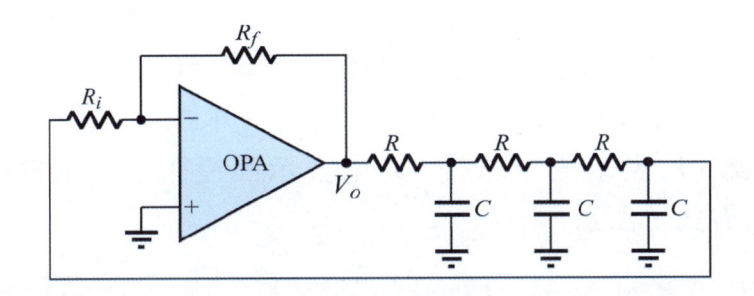

　　波形產生電路是振盪器(oscillator)的俗稱，它是一種不用輸入訊號而能產生訊號輸出的電路，也就是在僅供應直流電源的情況下，振盪器為一種可產生週期性波形的電路。

　　振盪器所產生的電子訊號(波形)，在日常生活中扮演著非常重要的角色；例如：行動電話(大哥大)的發射、接收通訊系統，個人電腦中的時脈系統，汽車、飛機、漁船的全球衛星定位系統(GPS，Globe Position System)及船、艦的聲納系統，在在都是振盪器的應用範圍。

　　振盪器依其振盪的輸出波形，可分為正弦波振盪器與非正弦波振盪器兩種；正弦波振盪器依其振盪輸出波形的頻率範圍，大致可區分為低頻(聲頻或音頻)振盪器與高(射頻)振盪器；而非正弦波振盪器則可振盪出方波、脈波、三角波、鋸齒波等波形。

3-1 正弦波振盪器

常見的低頻正弦波振盪器有 RC 相移，韋恩電橋(Wine bridge)及 T 型電橋振盪器，皆由電阻、電容組成回授網路，故又稱 RC 振盪器。

常見的高頻正弦波振盪器則有哈特萊(Hartley)、考畢子(Colpitts)及晶體(crystal)振盪器，此類的振盪器，通常由電感、電容組成回授網路，故又稱 LC 振盪器。

3-1.1 振盪器的原理

如圖 3-1 所示為一個放大器與一個頻率濾波器(通常由 R、C 或 L、C 組成)所構成回授振盪器的方塊圖。其中，V_s 表示外加輸入訊號，V_i 表示放大器的輸入訊號，V_o 表示輸出訊號，V_f 則表示回授訊號；由於採用正回授(V_f 與 V_s 同相)方式，所以

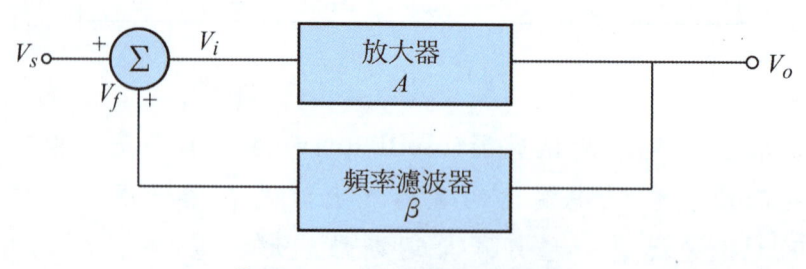

●圖 3-1　回授振盪方塊圖

$$V_i = V_s + V_f = V_s + \beta V_o$$

故　$V_s = V_i - \beta V_o$

而整個回授振盪電路的電壓增益則為

$$A_f = \frac{V_o}{V_s} = \frac{V_o}{V_i - \beta V_o} = \frac{V_o/V_i}{V_i/V_i - \beta V_o/V_i} = \frac{A}{1 - \beta A}$$

由於振盪電路是不用外加輸入訊號的，所以 $V_s = 0$，則 $A_f = \frac{V_o}{V_s} = \infty$，此意謂著針對某一特定頻率時，整個電路的增益非常大(趨近無限大)，而對於其他頻率的放大就非常小。

第三章　波形產生電路

此外，由於 $A_f = \dfrac{A}{1-\beta A} = \infty$，所以 $\beta A = 1$，此即是巴克豪生準則(Barkhausen criterion)，也唯有符合巴克豪生準則時，振盪電路才可持續振盪出正弦波訊號。

若 $\beta A < 1$ 時，振盪電路將會停止振盪，而當 $\beta A=1$ 時，則振盪電路將振盪出正弦波訊號。在實際的應用電路中，βA 應略大於 1，以免電晶體因溫度或電壓改變致使增益變小而停止振盪。

由上述的分析，可以歸納出滿足振盪原理的條件為：

　(1)首要條件為必須有正回授。
　(2)符合巴克豪森準則｜βA｜= 1。
　(3)放大器的增益必須足夠大。

3-1.2　韋恩電橋振盪器

韋恩電橋振盪器(Wien bridge oscillator)為正弦波低頻振盪器中最常使用的電路，如圖 3-2 所示之電路，電阻 R_1、R_2 與電容 C_1、C_2 組成頻率調整電路，產生正回授作用，而電阻 R_3 與 R_4 則構成另一回授網路，產生負回授作用。

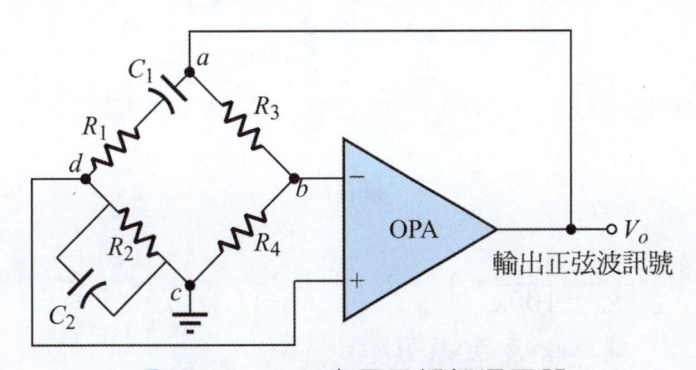

● 圖 3-2　OPA 韋恩電橋振盪電路

假設運算放大器是理想的，此時可忽略輸入端的負載效應及輸出阻抗的影響，由電橋電路的分析(參考附錄)可知電橋平衡時 $V_d = V_b$，

輸出振盪頻率　$f = \dfrac{1}{2\pi\sqrt{R_1 R_2 C_1 C_2}}$

若　$R_1 = R_2 = R$，$C_1 = C_2 = C$　時，則

$$f = \dfrac{1}{2\pi RC}$$

此時，電橋的正、負回授量相等，即

$$\beta^+ = \beta^- = \frac{R_4}{R_3 + R_4} = \frac{R_4}{2R_4 + R_4} = \frac{1}{3} \quad (\because \frac{R_3}{R_4} = 2)$$

由於振盪的首要條件為須有正回授，亦即負回授量(β^-)須小於正回授量(β^+)，所以

$$\because \quad \beta^- < \beta^+ = \frac{1}{3}$$

$$\therefore \quad 也就是 \quad \frac{R_4}{R_3 + R_4} < \frac{1}{3}，故，當 R_3 > 2R_4 時，電路才能產生振盪。$$

例題 3-1 如圖(1)所示為韋恩電橋振盪電路，試問該電路能否振盪？若能振盪，則其輸出的振盪頻率為多少？

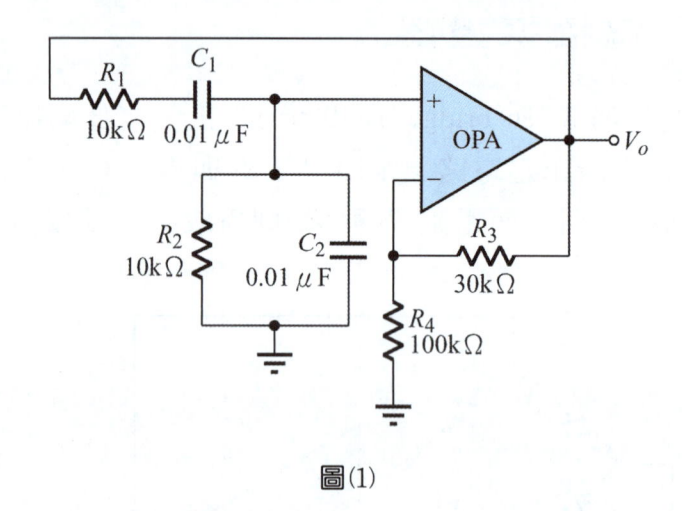

圖(1)

解 (1) $\because \dfrac{R_3}{R_4} = \dfrac{300k}{100k} = 3 > 2$

$\therefore$ 電路會產生振盪

(2) $\because R_1 = R_2 = 10k\Omega$，$C_1 = C_2 = 0.01\mu F$

$\therefore$ 振盪頻率

$$f = \frac{1}{2\pi RC} = \frac{1}{2 \times 3.14 \times 10 \times 10^3 \times 0.01 \times 10^{-6}} = 1.59k \text{ (Hz)}$$

3-1.3 相移振盪器

OPA 相移振盪器

如圖 3-3 所示之相移振盪器(phase-shift oscillator)係由三節 RC 領前網路組成回授電路，由於運算放大器(OPA)採用反相放大，所以具有 180°的相位移，而每節 RC 網路可相移的角度在 0°至 90°(即 90° > θ > 0°)之間；若將每節 RC 相移的角度設計在 60°，那麼三節 RC 則共可相移 180°，則整個環路的相位移就變成 360°(亦為 0°)，因此產生正回授作用；如果在某一特定的頻率下，使得 βA_V 略大於 1，則電路就會產生振盪了。

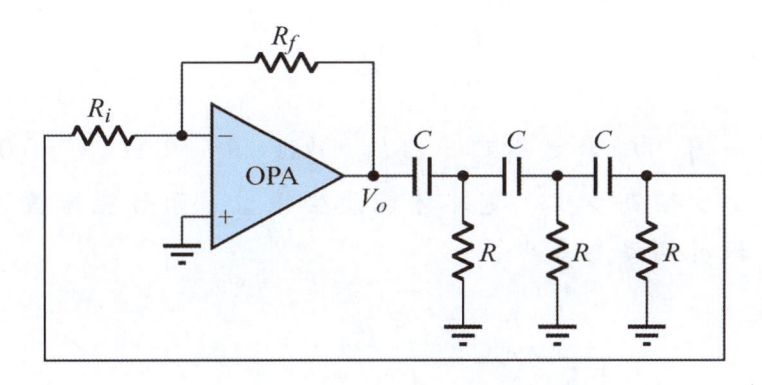

●圖 3-3 OPA 相移振盪電路

將三節 RC 領前網路依網目分析法(參考附錄)可得

振盪輸出頻率 $\quad f = \dfrac{1}{2\pi\sqrt{6}RC}$

回授因數(量) $\quad \beta = -\dfrac{1}{29}$ （負號表示反相之意）

為了滿足巴克豪森準則 $|\beta A| \geq 1$，所以 OPA 的電壓增益為

$$A_V \geq \dfrac{1}{\beta} = -29$$

即 $\quad A_V = -\dfrac{R_f}{R_i} \geq -29$

此外，若電路使用三節 RC 落後網路組成回授電路，如圖 3-4 所示，則其

54 電子電路

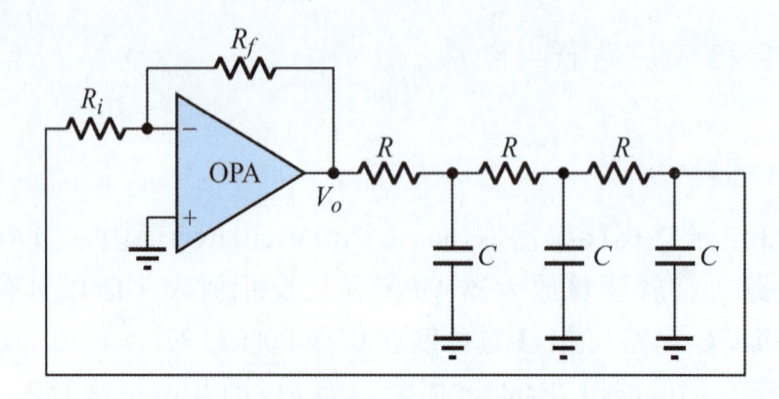

●圖 3-4 另一種 OPA 相移振盪電路

振盪輸出頻率　　$f=\dfrac{\sqrt{6}}{2\pi RC}$

電壓增益　　　　$A_V=-\dfrac{R_f}{R_1}\geqq -29$

例題 3-2 如圖(2)所示之電路，設 $R_1=3\text{k}\Omega$，$R=10\text{k}\Omega$，$C=0.01\mu\text{F}$，則 R_2 至少須為多少，電路才能產生振盪？而若能振盪，則其輸出振盪頻率為多少？

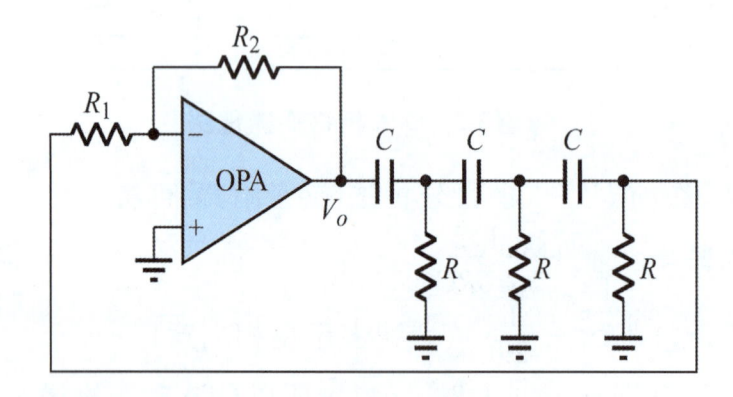

圖(2)

解 (1) ∵ $A_V=-\dfrac{R_2}{R_1}\geqq -29$ 時，電路才能振盪

∴ $\dfrac{R_2}{3\text{k}\Omega}\geqq 29$，故 $R_2\geqq 87\text{k}\Omega$

(2) 輸出正弦波之頻率為

$$f=\dfrac{1}{2\pi\sqrt{6}RC}=\dfrac{1}{2\times 3.14\times\sqrt{6}\times 10\times 10^3\times 0.01\times 10^{-6}}=650 \quad (\text{Hz})$$

FET 相移振盪器

如圖 3-5 所示為 FET 共源極放大器所組成的相移振盪器,由於共源極放大器的輸出訊號與輸入訊號相差 180°(反相),且三節 RC 網路亦相移 180°,故,整個環路的相位移就變成 360°(亦為 0°),因而產生正回授作用。當 $\beta A \geq 1$ 時,電路就能產生振盪,其振盪頻率仍為

$$f = \frac{1}{2\pi\sqrt{6}RC}$$

由於回授因數(量)仍為 $\beta \geq -\frac{1}{29}$,所以電路的電壓增益為

$$A_V = \frac{1}{\beta} \geq -29$$

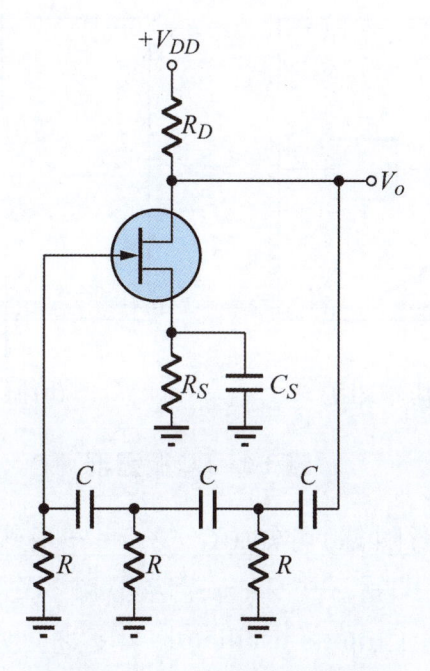

● 圖 3-5　FET 相移振盪電路

3-1.4　LC振盪器

前述的韋恩電橋、RC相移振盪器只適於低頻振盪，無法在高頻(超過1MHz以上)工作，其主要的問題在於放大器的相位移角度。若要產生高頻振盪訊號，較簡便的方法就是利用 LC 振盪，利用電容器與電感器的儲能作用產生振盪；由於其頻率選擇性非常高，所以廣泛用於無線電發射機與接收機中。

如圖3-6所示，可以發現 LC 振盪器與 RC 相移振盪器一樣，都是利用反相放大器，產生180°的相位移，再配合回授網路產生180°的相位移，即可獲得正回授作用而產生振盪。

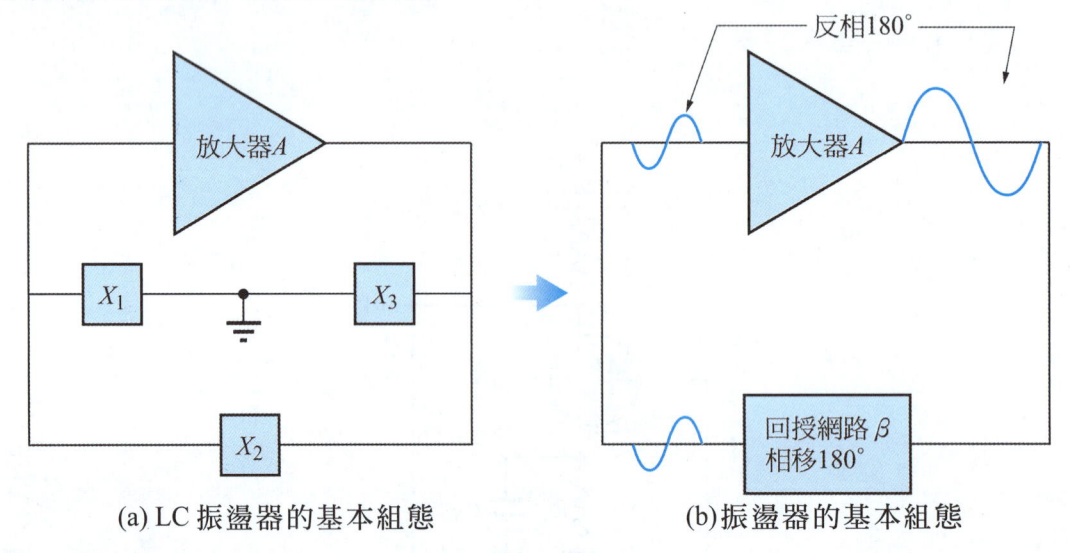

(a) LC振盪器的基本組態　　(b) 振盪器的基本組態

● 圖 3-6　LC振盪器

由電路的分析(參考附錄)可知 $(X_1 + X_3) = -X_2$，所以 X_2 必須與 X_1、X_3 不同類型的電抗才可；即當 X_1、X_3 為電容器時，X_2 則為電感器，此種振盪電路稱為考畢子振盪器(Colpitts oscillator)；反之，當 X_1、X_3 為電感器時，X_2 則必須為電容器，此種振盪電路則稱為哈特萊振盪器(Hartley oscillator)。

考畢子振盪器

如圖3-7所示為一FET考畢子振盪器，其特點是將LC儲能電路之電容器分成兩個，利用電容來完成正回授作用，是目前應用最為廣泛的 LC 振盪器，電路的工作原理如下：

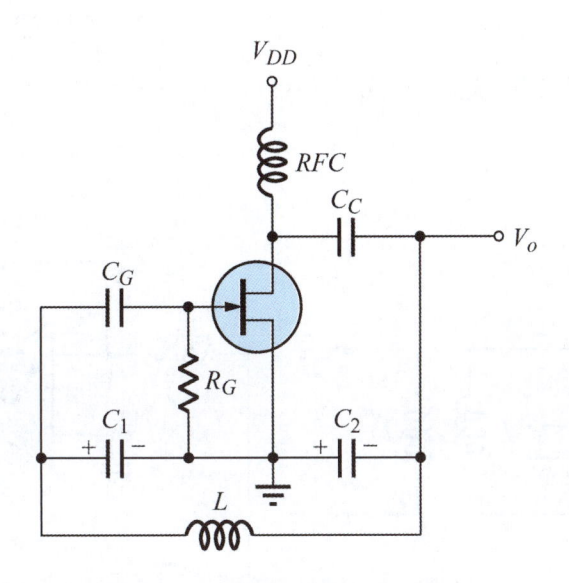

● 圖 3-7　FET 考畢子振盪器

當接上電源(V_{DD})時，假設FET閘極上有一正半週的訊號經FET共源極反相放大後，成為負半週的訊號，再經輸出交連電容C_C傳遞，則跨於C_2上的輸出訊號為放大的負半週變動訊號；由於C_1與C_2串接且中間共同接地，因此C_1會感應出與C_2相反之正半週訊號，經閘極交連電容C_G輸入 FET 之閘極，形成正回授作用。

由於　$X_1 + X_2 + X_3 = 0$　（參考附錄）

所以　$\dfrac{1}{j\omega C_1} + \dfrac{1}{j\omega C_2} + j\omega L = 0$

$\dfrac{1}{j\omega}\left(\dfrac{C_1 + C_2}{C_1 \times C_2}\right) = -j\omega L$

$\omega_o^2 = \dfrac{1}{LC_{eq}}$　（設 $C_{eq} = \dfrac{C_1 \times C_2}{C_1 + C_2}$）

故振盪頻率　$f = \dfrac{1}{2\pi\sqrt{LC_{eq}}}$

電路中的RFC(radio frequency choke，射頻抗流圈)為一電感器，對於直流而言，只有很小的線圈電阻，但對於射頻(高頻)訊號而言，其感抗($X_L = 2\pi fL$)則非常大，用以防止振盪的高頻訊號流入直流電源，影響電路的穩定性或由此干擾其他電路。

58 電子電路

如圖 3-8 所示分別由 BJT 及 OPA 組成的考畢子振盪器，其振盪頻率由回授網路 C_1、C_2 與 L 所決定，即 $f = \dfrac{1}{2\pi\sqrt{LC_{eq}}}$。

(a) BJT 考畢子振盪器　　　　　(b) OPA 考畢子振盪器

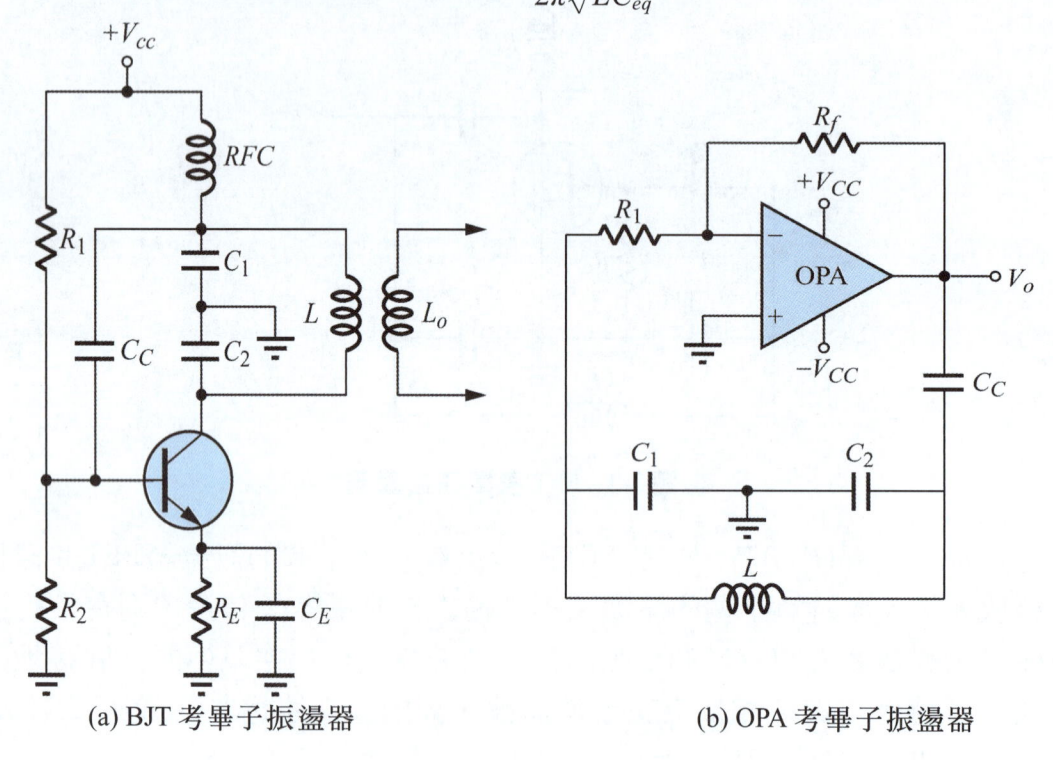

● 圖 3-8　考畢子振盪器

例題 3-3　如圖(3)所示之電路，設 $L = 0.05\text{mH}$，$C_1 = 300\text{PF}$，$C_2 = 600\text{PF}$，試求其輸出振盪頻率為多少？

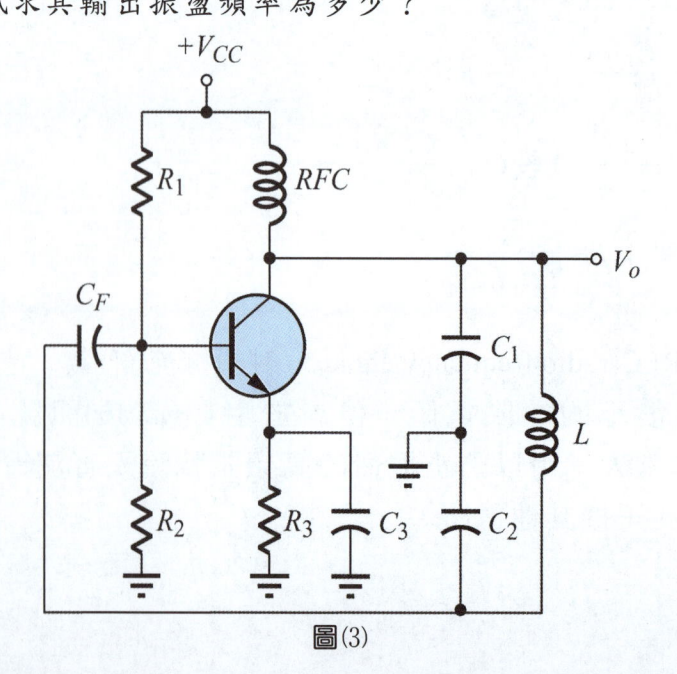

圖(3)

解 $C_{eq} = \dfrac{C_1 \times C_2}{C_1 + C_2} = \dfrac{300 \times 600}{300 + 600} = 200$ （PF）

振盪頻率 $f = \dfrac{1}{2\pi\sqrt{LC_{eq}}}$

$= \dfrac{1}{2 \times 3.14 \times \sqrt{0.05 \times 10^{-3} \times 200 \times 10^{-12}}}$

$= 1.6\text{M}$ （Hz）

哈特萊振盪器

如圖3-9所示為FET哈特萊振盪器，其特點是將LC儲能電路之電感器分成兩個(其實是使用具有中間抽頭的電感器)，利用線圈(電感器)將訊號作180°的相移，而產生正回授作用；電路的工作原理如下：

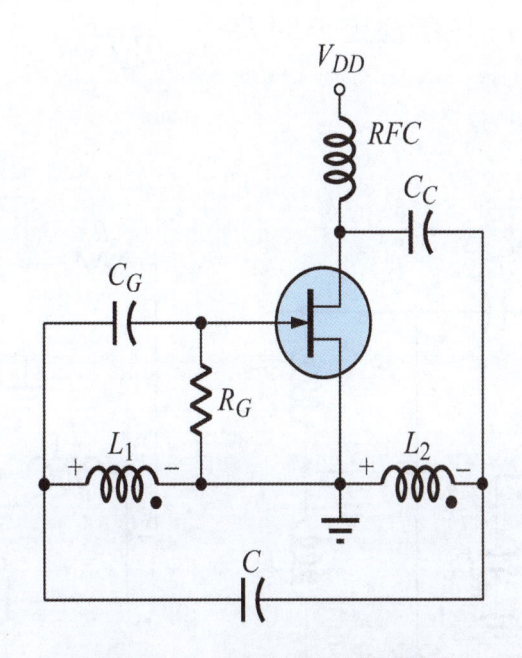

● 圖 3-9　FET 哈特萊振盪器

當接上電源(V_{DD})時，假設FET閘極有一正半週的變動訊號，經FET共源極反相放大後，成為負半週的變動訊號，再經輸出交連電容C_C傳遞，所以跨於 L_2 上的輸出訊號為放大的負半週變動訊號；圖中 L_1 與 L_2 的黑點表示線圈的相位極性，故 L_1 可輕易獲得與 L_2 相反的正半週訊號，經閘極交連電容 C_G 輸入FET之閘極，形成正回授作用。

由於　$X_1 + X_2 + X_3 = 0$　（參考附錄）

所以　$j\omega L_1 + j\omega L_2 + \dfrac{1}{j\omega C} = 0$

$j\omega(L_1 + L_2) = -\dfrac{1}{j\omega C}$

$-j^2\omega^2 L_{eq} C = 1$　（設 $L_{eq} = L_1 + L_2$，**註**）

故，振盪頻率　$f = \dfrac{1}{2\pi\sqrt{L_{eq}C}}$

> **註**　若考慮互感量(M)時，則 $L_{eq} = L_1 + L_2 + 2M$

如圖 3-10 所示分別為 BJT 及 OPA 所組成的哈特萊振盪器，其振盪頻率仍由回授網路 L_1、L_2、C 所決定，即 $f = \dfrac{1}{2\pi\sqrt{L_{eq}C}}$

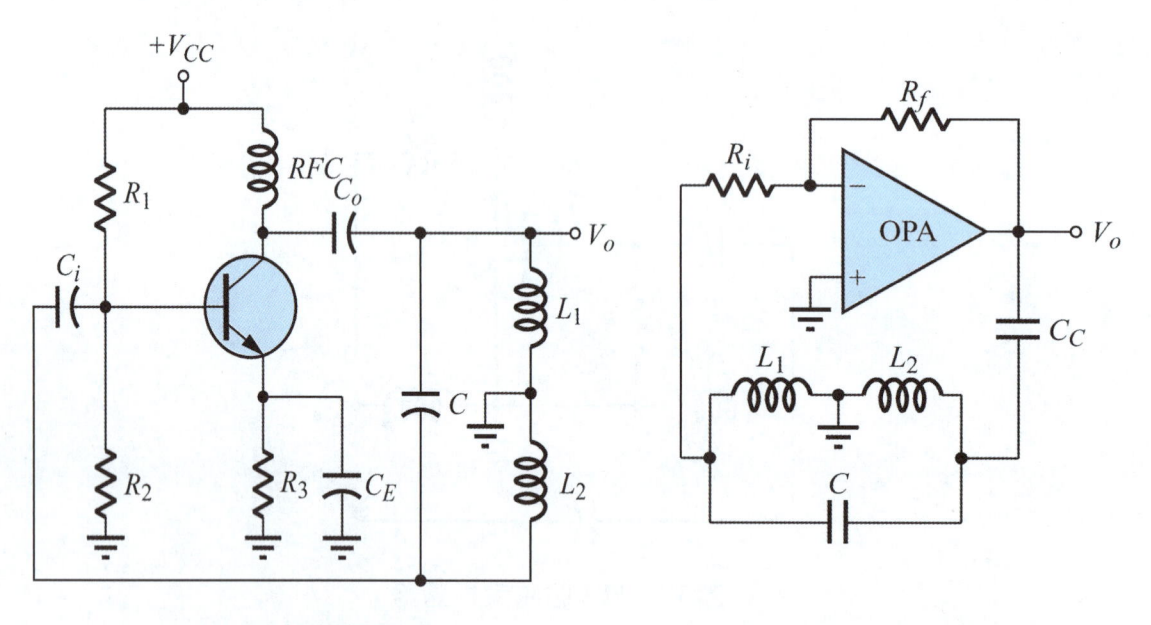

(a) BJT 哈特萊振盪器　　(b) OPA 哈特萊振盪器

圖 3-10　哈特萊振盪器

第三章　波形產生電路

例題 3-4 如圖(4)所示之電路，設 $L_1 = 90\mu H$，$L_2 = 10\mu H$，$C = 400 PF$，則其輸出振盪頻率為多少？

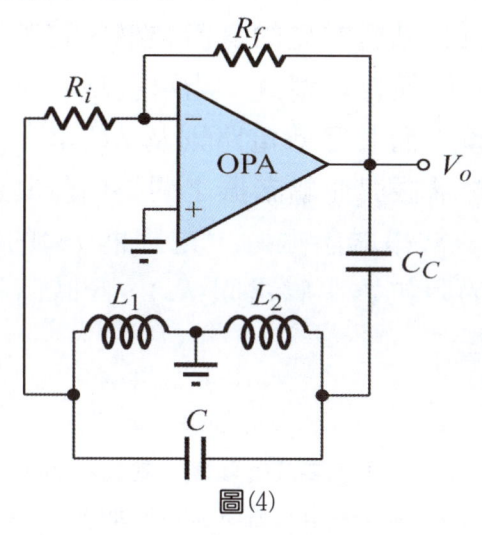

圖(4)

解 $L_{eq} = L_1 + L_2 = 10 + 90 = 100$　(μH)

$$f = \frac{1}{2\pi\sqrt{L_{eq}C}} = \frac{1}{2 \times 3.14 \times \sqrt{100 \times 10^{-6} \times 400 \times 10^{-12}}}$$

$\quad \approx 796$ k(Hz)

3-2 石英晶體振盪器

前節所述的 LC 振盪器常因電路元件特性(儲能電路之電容量、電感量及電晶體參數)的變化，易使振盪頻率產生漂移；當需要一穩定且精確的振盪頻率時，往往無法勝任，此時，常以晶體振盪器(crystal osciallator)來取代。

所謂的晶體，係指一些自然的結晶材料與人造晶體(**註**)，這些材料均具有壓電效應(piezo-electric effect)的特性，但以石英晶體的反應最為穩定且價格便宜。

所謂的壓電效應是指當週期性之機械應力(stress)施加於晶體時，晶體會產生與機械振動相同頻率之電壓；相反地，若在晶體上施加一交流電壓，則會產生與交流電壓同頻率之振動，且於諧振頻率時，具有最大的振動輸出；而諧振頻率則與晶體的大小、切割方向有關。

壓電效應其實就是一種機械能與電能的互換，常應用它來製作晶體唱頭、晶體微音器(機械能→電能)與晶體耳機、晶體振盪器(電能→機械能)。

如圖 3-11 所示為石英晶體常見的實體結構、符號、等效電路及對頻率的電抗特性曲線；不論何種包裝型式，均可發現石英晶體被二個電極架設並以金屬外殼包圍保護；而其等效電路則為 LC 串、並聯的結構，所以石英晶體可以操作於串聯諧振與並聯諧振之間；由於其範圍很小，所以能做準確度極高的振盪器。當串聯諧振時，電感器(Ls)的電抗被電容器(Cs)的電抗所抵消，故晶體的阻抗為串聯電阻(Rs)，此時阻抗最小；而串聯諧振頻率則為

$$f_s = \frac{1}{2\pi\sqrt{L_s C_s}}$$

> **註** 天然的晶體：石英(quartz)、電氣石(tourmaline)。
> 人造晶體：羅哲爾鹽(Rochelle salt)、鈦酸鋇(Barium titanate)。

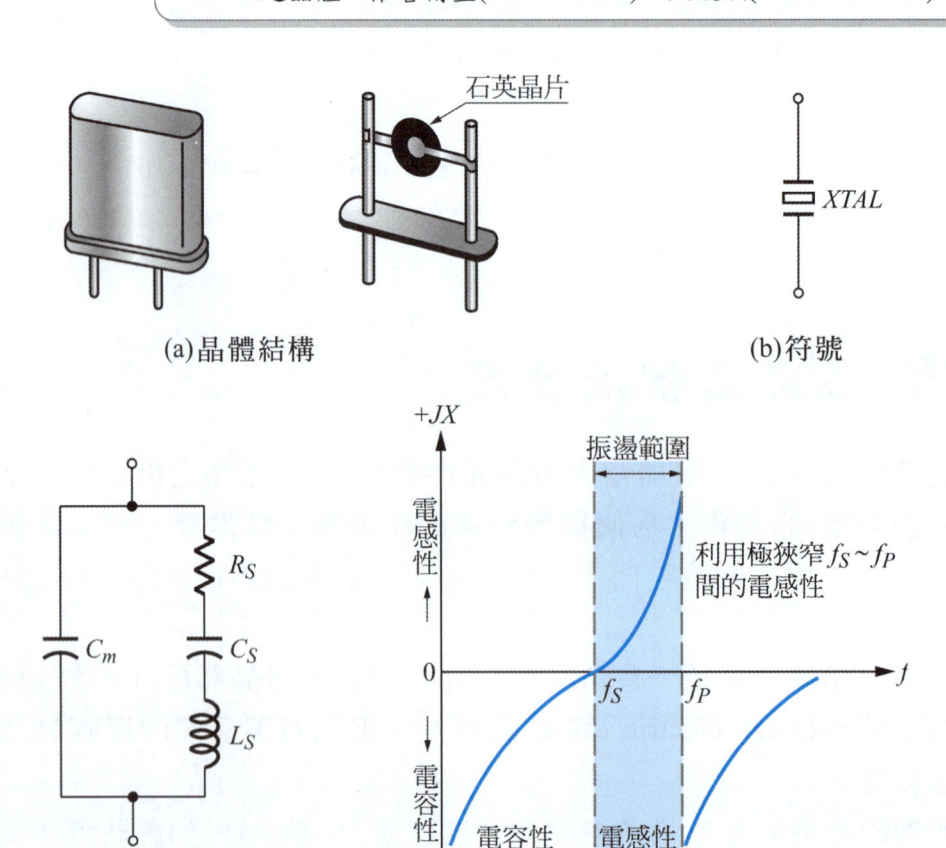

(a)晶體結構　　　　(b)符號

(c)等效電路　　(d)晶體振盪對頻率的電抗特性曲線

圖 3-11　石英晶體

並聯諧振則發生在較串聯諧振高一點的頻率上,此時串聯迴路的電抗等於並聯電容器(C_m)的電抗,所以晶體的阻抗非常高;其阻抗間的關係如下:

$$X_{LS} - X_{CS} = X_{cm}$$

$$2\pi fL_S - \frac{1}{2\pi fC_S} = \frac{1}{2\pi fC_m}$$

$$2\pi fL_S = \frac{1}{2\pi f}(\frac{1}{C_m} + \frac{1}{C_S}) = \frac{1}{2\pi f}(\frac{C_m + C_S}{C_m C_S})$$

故並聯諧振的振盪頻率為 $f_p = \dfrac{1}{2\pi\sqrt{L_S C_{eq}}}$ (設 $C_{eq} = \dfrac{C_m \times C_S}{C_m + C_S}$)

如圖 3-12(a)所示之電路,為了要使晶體在串聯諧振下工作,就必須將晶體串接在回授電路上,此時由於阻抗最低,所以正回授量最大,因而產生振盪。同樣地,如圖 3-12(b)所示之電路,若要使晶體在並聯諧振下工作,必須將晶體與回授電路並聯,此時由於晶體的阻抗最大,所以跨接於晶體兩端的電容器具有最大的電壓,故產生最大的正回授量,此時晶體有如一個電感器與C_1、C_2形成一個考畢子振盪電路。

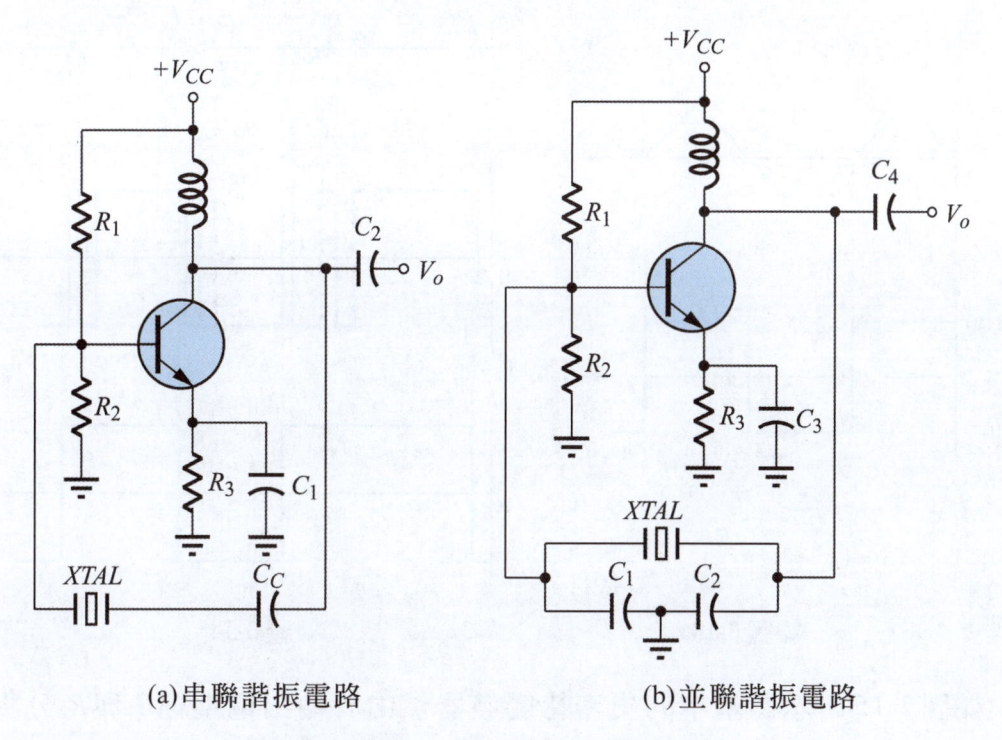

(a)串聯諧振電路　　　　　(b)並聯諧振電路

圖 3-12　基本晶體振盪電路

3-3 史密特觸發器

史密特觸發器(Schmitt trigger)為一種波形的整形電路，可以將任何波形轉變成方波或脈波輸出，以適合數位邏輯電路使用。由於現今以 IC 的使用居多，所以先介紹 IC 的電路，而後再說明電晶體組成的電路。

3-3.1 運算放大器的史密特觸發電路

還記得在 2-3.2 節中介紹的零位檢測器否？在正常的情況下，其輸入、輸出波形應如圖 3-13 所示；但是，當輸入訊號受到雜訊的干擾時，就會出現如圖 3-14 中 V_{o1} 的錯誤輸出波形，而解決這種問題的簡單方法，就是採用史密特觸發器，如此將可獲得 V_{o2} 的輸出波形，而此波形與圖 3-13 的 V_o 波形相差不多(以數位脈波的方式來看)。

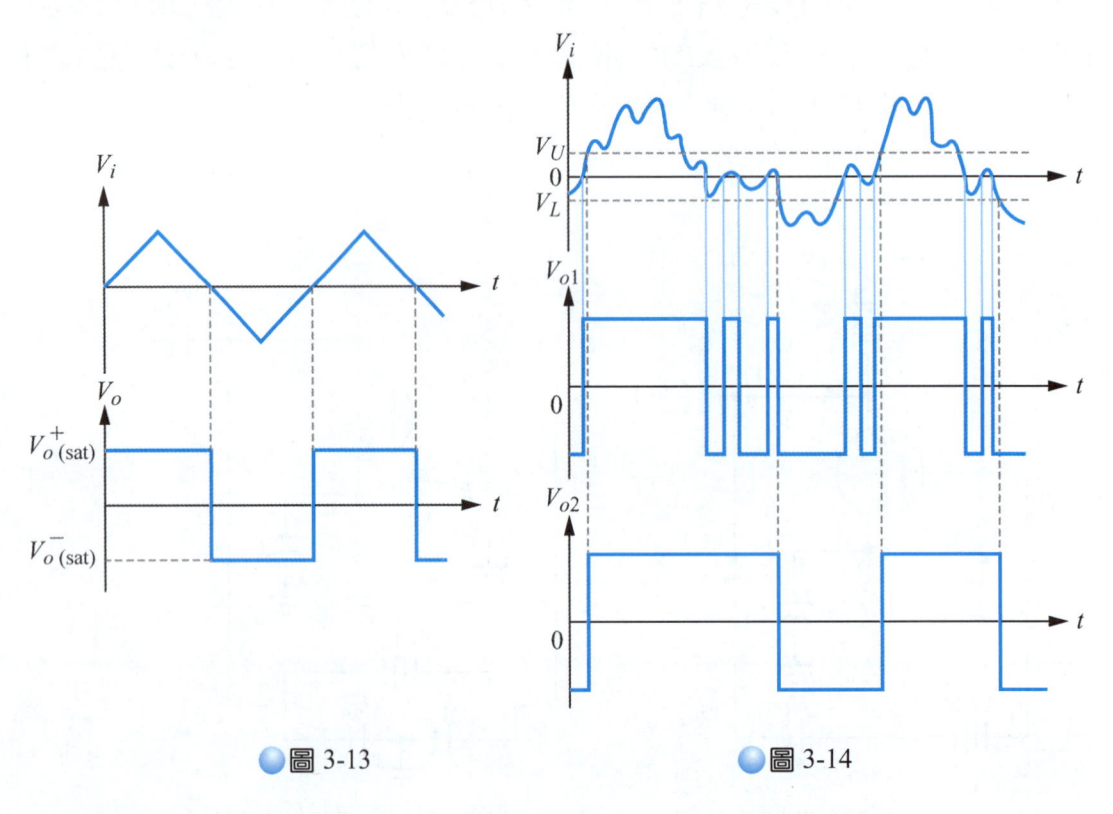

● 圖 3-13　　● 圖 3-14

如圖 3-15 所示為基本的史密特觸發器；由於輸出電壓經 R_1 與 R_2 分壓後回授到運算放大器(OPA)的非反相輸入端，故可加速 OPA 的輸出飽和，將緩慢變化的輸入訊號轉變成快速變化的方波或脈波輸出。

(a)電路　　　　　　　　　　　(b)輸入輸出特性曲線

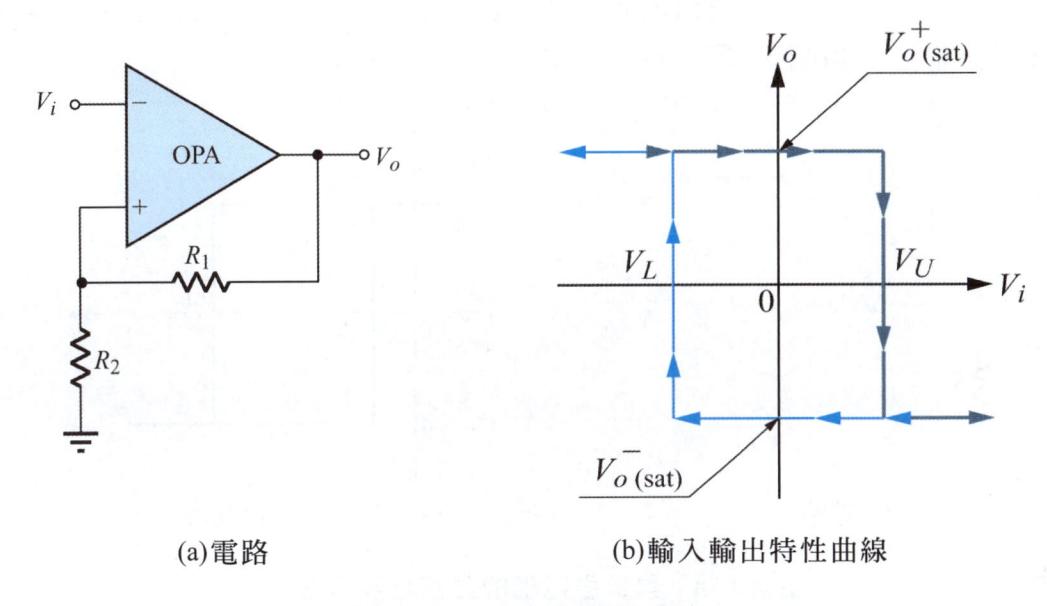

● 圖 3-15　OPA 史密特觸發器

　　假設接上電源後，OPA之輸出為正飽和電壓(即$V_o = V_{o(\text{sat})}^+$)，此時，OPA的非反相輸入端之電壓($V_+$)為

$$V_+ = V_o \times \frac{R_2}{R_1 + R_2} = V_{o(\text{sat})}^+ \times \frac{R_2}{R_1 + R_2} = V_U \quad （上臨限觸發電壓）$$

　　當輸入訊號大於上臨限觸發電壓(upper trigger level voltage)時，即 $V_i > V_U$，造成OPA的輸出瞬間轉態為負飽和電壓(即$V_o = V_{o(\text{sat})}^-$)，此時，OPA的非反相輸入端之電壓($V_+$)變為

$$V_+ = V_o \times \frac{R_2}{R_1 + R_2} = V_{o(\text{sat})}^- \times \frac{R_2}{R_1 + R_2} = V_L \quad （下臨限觸發電壓）$$

　　當輸入訊號逐漸下降，直到小於下臨限觸發電壓(lower trigger level voltage)時，即 $V_i < V_L$，又造成 OPA 的輸出瞬間轉態為正飽和電壓(即 $V_o = V_{o(\text{sat})}^+$)，而此時的 $V_+ = V_U$。

　　V_U與V_L兩者的電壓差稱為磁滯(hysteresis)電壓，也就是史密特觸發器不會反應的電壓，其值的大小可由 R_1 與 R_2 值調整，即磁滯電壓(V_H)為

$$V_H = V_U - V_L = (V_{o(\text{sat})}^+ - V_{o(\text{sat})}^-) \times \frac{R_2}{R_1 + R_2}$$

若欲移動史密特觸發器的V_U與V_L值，只要將R_2的接地點改成一參考電壓(V_R)即可，如圖3-16所示，其中

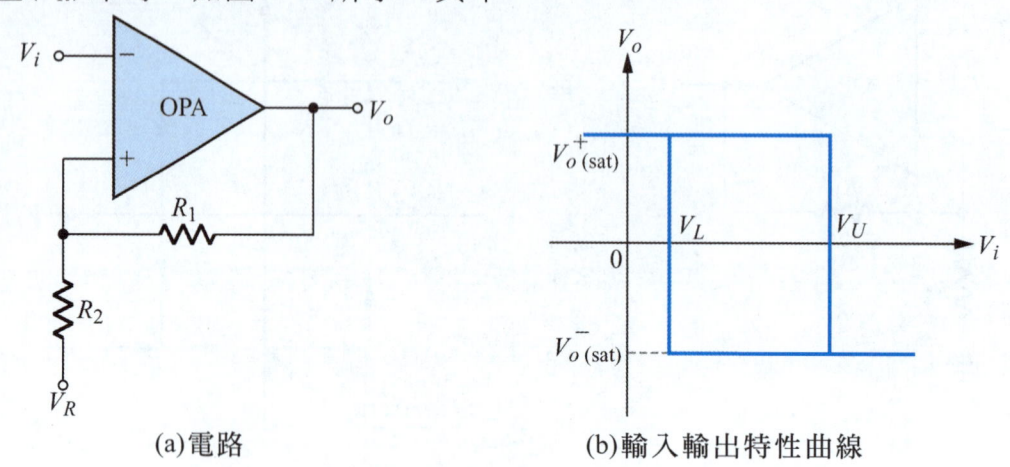

(a)電路　　　　　　　　　(b)輸入輸出特性曲線

●圖3-16　具參考電壓的史密特觸發電路

$$V_U = V_{o(\text{sat})}^+ \times \frac{R_2}{R_1+R_2} + V_R \times \frac{R_1}{R_1+R_2}$$

$$V_L = V_{o(\text{sat})}^- \times \frac{R_2}{R_1+R_2} + V_R \times \frac{R_1}{R_1+R_2}$$

$$V_H = (V_{o(\text{sat})} - V_{o(\text{sat})}^-) \times \frac{R_2}{R_1+R_2} \quad \text{(不變)}$$

例題 3-5　如圖(1)所示為OPA史密特觸發電路，假設OPA的飽和輸出電壓為±13V，則該電路的磁滯電壓(V_H)為多少？

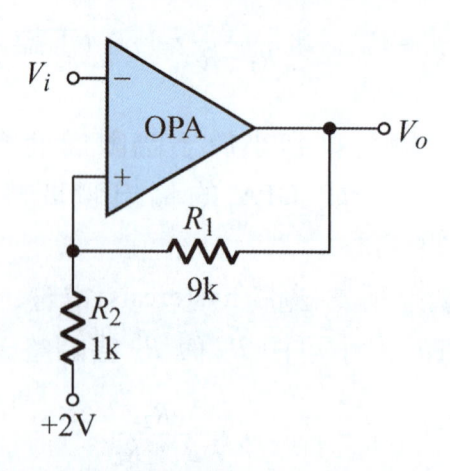

圖(1)

解 $V_U = V_{o(\text{sat})}^+ \times \dfrac{R_2}{R_1+R_2} + V_R \times \dfrac{R_1}{R_1+R_2}$

$= 13 \times \dfrac{1\text{k}}{9\text{k}+1\text{k}} + 2 \times \dfrac{9\text{k}}{9\text{k}+1\text{k}}$

$= 3.1$ （V）

$V_L = V_{0(\text{sat})}^- \times \dfrac{R_2}{R_1+R_2} + V_R \times \dfrac{R_1}{R_1+R_2}$

$= (-13) \times \dfrac{1\text{k}}{9\text{k}+1\text{k}} + 2 \times \dfrac{9\text{k}}{9\text{k}+1\text{k}}$

$= 0.5$ （V）

所以，其磁滯電壓　$V_H = V_U - V_L = 3.1 - 0.5 = 2.6$　（V）

3-3.2　史密特觸發閘

　　由於史密特觸發器的特點(具有整形的功能，且不易受雜訊的干擾)，十分適合數位邏輯電路，故廠商因而開發出具有史密觸發器特性的邏輯閘，稱為史密特觸發閘；如圖3-17所示，凡於邏輯閘符號上加上磁滯曲線"⟲"的邏輯閘，均為史密特觸發閘。以74LS系列的TTL邏輯而言，其上臨限電壓(V_U)約為1.6V，而下臨限電壓(V_L)則約為0.8V左右(**註**)。

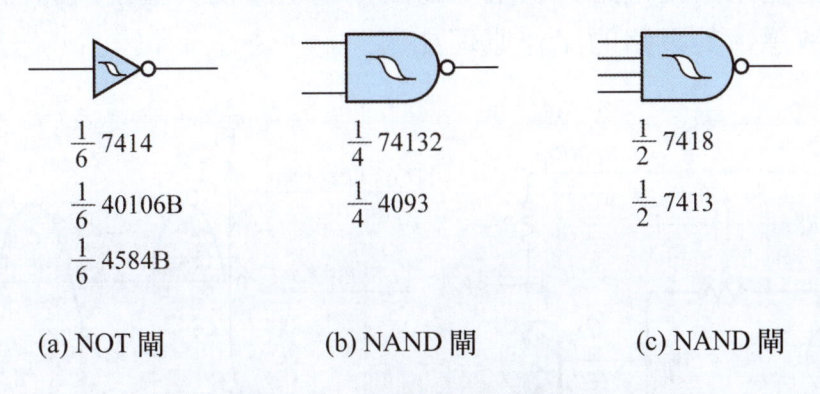

$\dfrac{1}{6}$ 7414　　　　　　$\dfrac{1}{4}$ 74132　　　　　　$\dfrac{1}{2}$ 7418

$\dfrac{1}{6}$ 40106B　　　　　$\dfrac{1}{4}$ 4093　　　　　　 $\dfrac{1}{2}$ 7413

$\dfrac{1}{6}$ 4584B

(a) NOT 閘　　　　　　(b) NAND 閘　　　　　　(c) NAND 閘

● 圖 3-17　各種史密特觸發閘

　　另外，利用二個邏輯閘與一個電阻器形成正回授的作用，亦可等效於史密特觸發閘的作用，如圖3-18所示。

68 電子電路

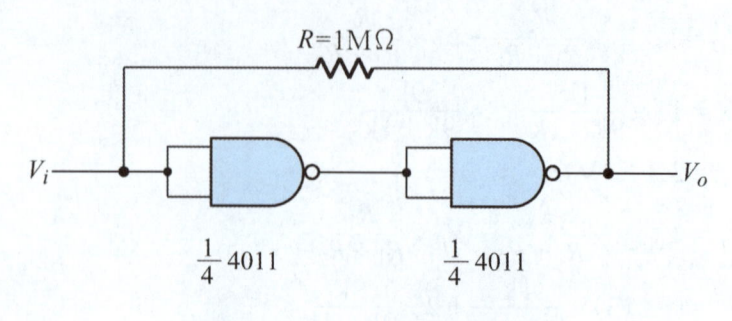

● 圖 3-18　史密特觸發電路

> **註**
> 1. 在 TTL IC 資料手冊(Data Book)中，常以 V_T^+ 表示 V_U，而以 V_T^- 表示 V_L。
> 2. 在 CMOS IC 之資料手冊中，常以 V_P 表示 V_U，而以 V_N 表示 V_L；以編號 40106B 為例，其 $V_P = 2.9V$，而 $V_N = 1.9V$（當 $V_{DD} = +5V$，而 $V_{SS} = 0V$ 時）。

3-3.3　電晶體的史密特觸發電路

如圖 3-19 所示為電晶體所組成的史密特觸發電路，電晶體 Q_1 與電晶體 Q_2 接成高增益正回授電路；電阻 R_E 為回授電阻，使其輸出狀態對輸入電壓準位極為敏感，其電路的工作原理如下：

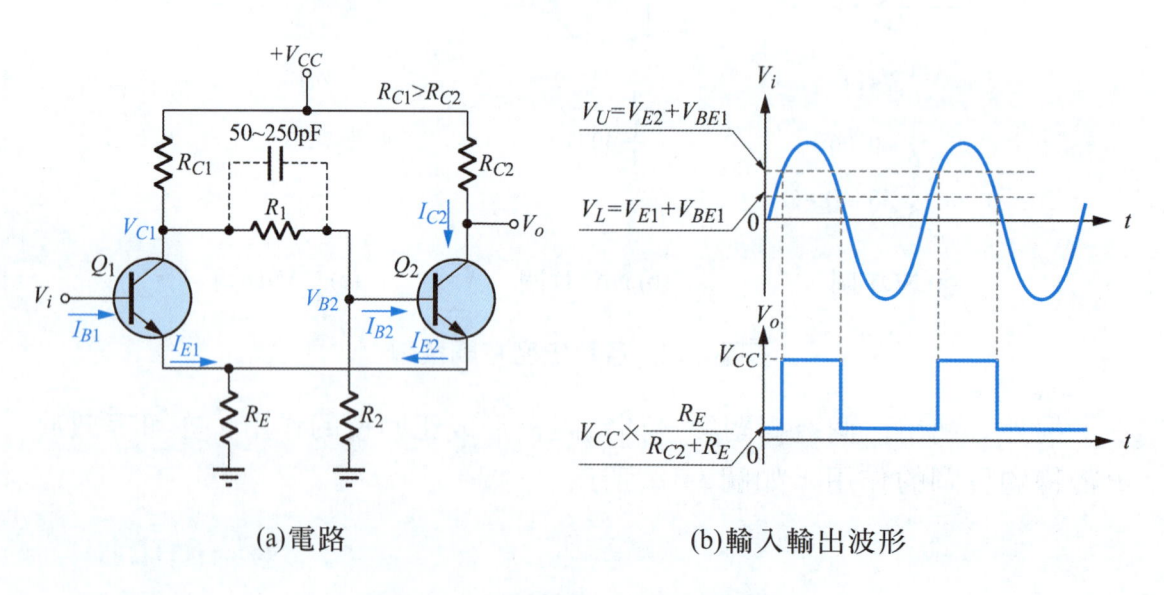

(a)電路　　　　　　　　(b)輸入輸出波形

● 圖 3-19　電晶體的史密特觸發器

1. 當無外加輸入訊號時，電晶體Q_1因無任何偏壓，所以工作於截止(OFF)狀態，而電晶體Q_2則因有順向偏壓，所以工作於飽和(ON)狀態，故輸出電壓(V_o)很低，即

$$V_o = V_{CE2(sat)} + V_E$$

其中　$V_E = V_{E2} = I_{E2}R_E$，而　$I_{E2} = \dfrac{V_{CC} - V_{CE2(sat)}}{R_{C2} + R_E} \fallingdotseq \dfrac{V_{CC}}{R_{C2} + R_E}$

2. 當輸入訊號(V_i)大於$V_{BE1} + V_E$時，即

$$V_i > V_{BE1} + V_E = V_U \quad (上臨限電壓)$$

Q_1開始導通，經一連串的動作(正回授)後，Q_1迅速飽和，Q_2因而截止，其動作情況如下：

$\rightarrow V_{C1} \downarrow \rightarrow V_{B2} \downarrow \rightarrow I_{B2} \downarrow \rightarrow I_{C2} \downarrow \rightarrow V_E \downarrow \Rightarrow V_i \gg V_U \rightarrow$
　　　　　　　　　　　── 如此循環 ──

也就是──當Q_1開始導通時，造成V_{C1}下降，亦使得V_{B2}下降，因為Q_2的偏壓下降，故I_{B2}下降，I_{C2}也下降，致使V_{E2}下降；本來V_i只是大於$V_U (= V_{BE1} + V_{E2})$一點點，但由於正回授的關係，所以造成V_i遠大於$V_U(V_i \gg V_U)$，又致使V_{C1}急速下降……如此循環；最後，當然造成Q_1 ON，Q_2 OFF的情況，此時的輸出電壓(V_o)與V_E分別為

$$V_o = V_{CC}$$
$$V_E = V_{E1} = I_{E1}R_E$$

3. 當輸入訊號(V_i)小於$V_{BE1} + V_E$時，即

$$V_i < V_{BE1} + V_E = V_L \quad (下臨限電壓)$$

Q_1之I_{B1}電流開始減少，經一連串的動作(正回授)後，Q_1迅速截止，Q_2因而飽和，其動作情況如下：

$\rightarrow I_{B1} \downarrow \rightarrow V_{C1} \uparrow \rightarrow V_{B2} \uparrow \rightarrow I_{B2} \uparrow \rightarrow I_{C2} \uparrow \rightarrow V_E \uparrow \Rightarrow V_i \ll V_L \rightarrow$
　　　　　　　　　　　── 如此循環 ──

也就是──當Q_1偏壓減少，造成I_{B1}下降，使得V_{C1}、V_{B2}、I_{B2}、I_{C2}均上升，致使V_{E1}上升，所以造成V_i遠小於$V_L(V_{BE1} + V_{E1})$，又致使I_{B1}急速下降……，如此循環，最後，當然造成Q_1 OFF，Q_2 ON的情況。此時的輸出電壓(V_o)與V_E分別為

$$V_o = V_{CE2(sat)} + V_E$$
$$V_E = V_{E2} = I_{E2}R_E$$

電路又回到原始的狀態,直至 $V_i > V_U$ 才又使輸出改變狀態。此外,在電路的設計上,通常使 $R_{C1} > R_{C2}$,所以 $I_{E1} < I_{E2}$,故 $V_U(=V_{BE1}+I_{E2})$ 大於 $V_L(=V_{BE1}+I_{E1})$;若欲使史密特觸發電路工作於很高頻率的場合,通常在 R_1 上並聯一個 50~250pF 的加速電容,以加快其工作速度。

3-4 多諧振盪器

基本的多諧振盪電路係由兩個電晶體(BJT 或 FET)做 100%正回授所組成的放大電路;該電路僅有飽和與截止兩種狀態,即當一個電晶體飽和時,另一個電晶體一定截止。由於輸出波形(方波)含有多次的奇次諧波,故稱為多諧振盪器(multivibrator)。

多諧振盪器可分為三大類,即

1. 無(非)穩態(astable)多諧振盪器
2. 單穩態(mono-stable)多諧振盪器
3. 雙穩態(bi-stable)多諧振盪器

其中,第2、3類必須靠外來控制訊號的激發,才能使電路產生波形,故稱為"他激式多諧振盪器",而第一類則能自己產生波形,故稱為"自激式多諧振盪器"。

3-4.1 無穩態多諧振盪器

由於無穩態多諧振盪器可產生週期性的方波或脈波,故常用於數位邏輯電路的時脈訊號(clock)、觸發控制訊號、電子蜂鳴器、閃爍燈及警報器等。

電晶體組成的無穩態多諧振盪器

如圖 3-20 所示為集極交連的無穩態多諧振盪電路,通常電路元件左右對稱且相同,其工作原理如下:

(1)當電源 V_{CC} 加上,電晶體 Q_1、Q_2 分別由 R_1 與 R_2 獲得順向偏壓而導通,同時 C_1 經 R_{C1},C_2 經 R_{C2} 充電,由於 Q_1、Q_2 的導電特性不可能完全相同;所以,假設 Q_1 導電性較 Q_2 略大,則 Q_1 先進入飽和狀態。

第三章　波形產生電路

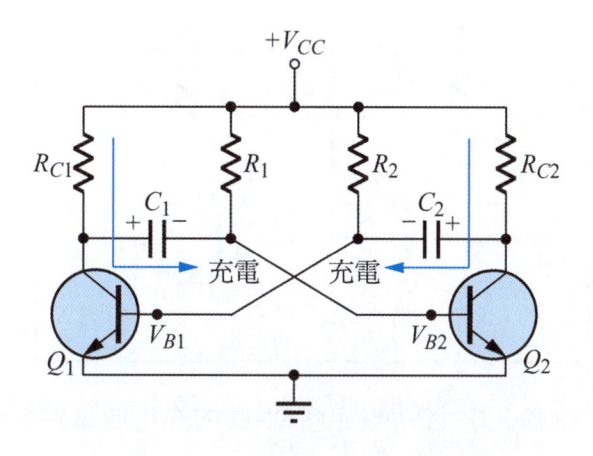

● 圖 3-20　無穩態多諧振盪電路

(2) 當Q_1進入飽和狀態時，電容C_1經Q_1之集射極、V_{CC}、R_1放電，致使Q_2因基極加上逆向偏壓而截止，同時C_2經R_{C2}、Q_1基射極充電，且由R_2繼續提供Q_1的順向飽和電壓；其充、放電的路徑與電壓極性，如圖 3-21 所示。

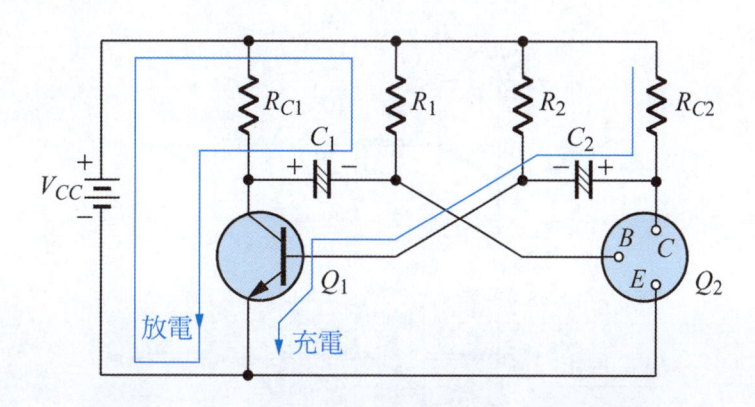

● 圖 3-21　Q_1 ON，Q_2 OFF 時的充、放電路徑

(3) 當C_1經$t_1 = 0.7R_1C_1$時間放電後，Q_2的基射極逆向偏壓就消失了，所以Q_2經由R_1獲得順向偏壓而進入導通狀態。

(4) Q_2導通時，電容C_2經Q_2之集射極、V_{CC}、R_2放電，致使Q_1基極加上逆向偏壓而截止，同時C_1經R_{C1}、Q_2基射極充電，且由R_1繼續提供Q_2的順向飽和電壓；其充電、放電的路徑與電壓極性，如圖 3-22 所示。

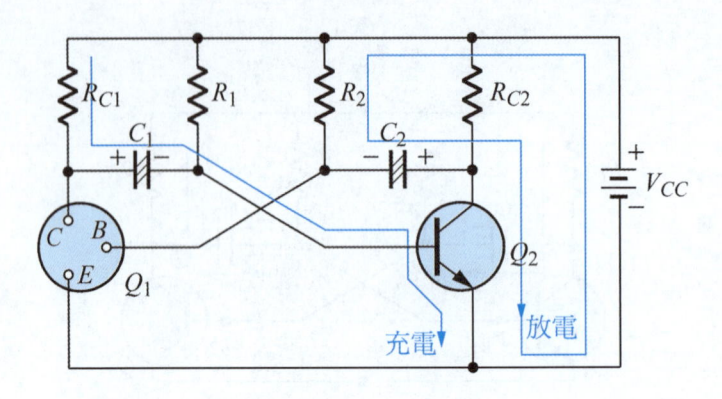

● 圖 3-22　Q_1 OFF，Q_2 ON時的充、放電路徑

(5) 當C_2經 $t_2 = 0.7R_2C_2$時間放電後，Q_1的基射極逆向偏壓就消失了，所以Q_1由R_2獲得順向偏壓而進入導通狀態。

(6) 由於上述的狀況不斷地重複循環，致使Q_1與Q_2交互地ON、OFF動作，故可由Q_1或Q_2的集極輸出週期性方波，其各點的波形關係，如圖3-23所示。

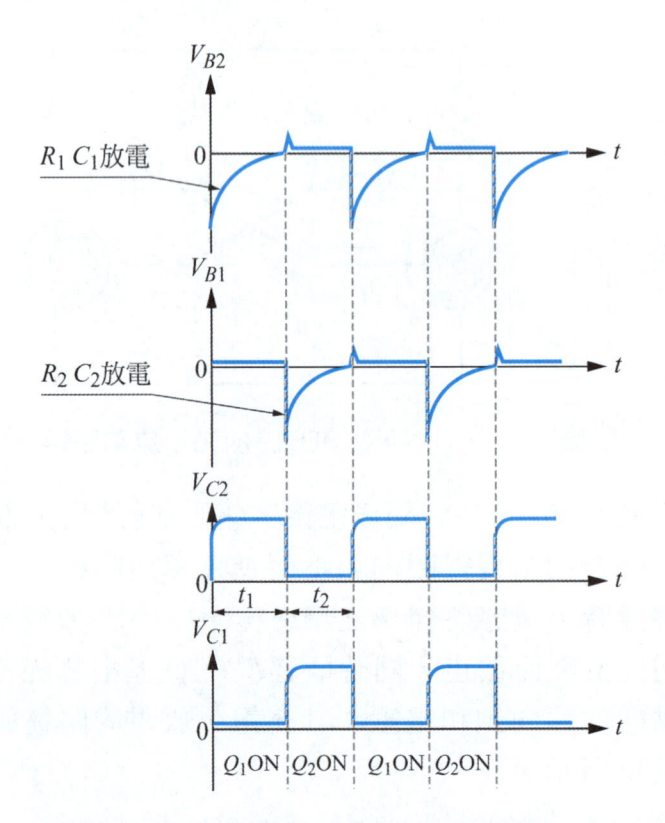

● 圖 3-23　無穩態多諧振盪電路各點的波形

不論由 Q_1 或 Q_2 的集極輸出，其振盪頻率均為

$$f = \frac{1}{T} = \frac{1}{t_1 + t_2} \approx \frac{1}{0.7R_1C_1 + 0.7R_2C_2}$$

當 $R_1 = R_2 = R$，$C_1 = C_2 = C$ 時，

$$f \approx \frac{1}{1.4RC}$$

例題 3-6 如圖(1)所示之無穩態振盪電路，試求其輸出振盪為多少 Hz？

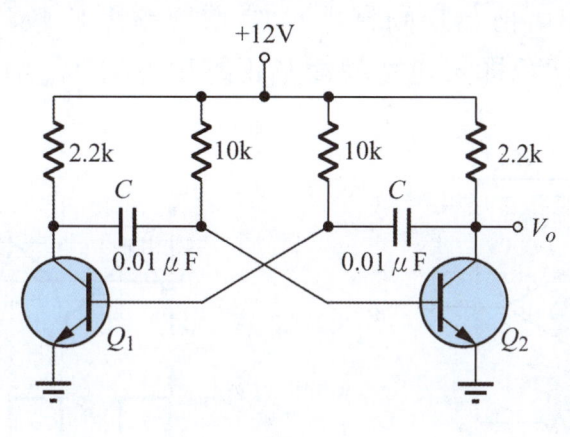

圖(1)

解 輸出振盪頻率

$$f = \frac{1}{T} \approx \frac{1}{0.7(R_1C_1 + R_2C_2)} = \frac{1}{1.4RC} = \frac{1}{1.4 \times 10 \times 10^3 \times 0.01 \times 10^{-6}}$$
$$= 7.14k \text{ (Hz)}$$

運算放大器組成的無穩態多諧振盪器

如圖 3-24 所示，OPA 與 R_1、R_2 組成史密特觸發器（R_1 與 R_2 形成正回授網路），而負回授網路則由 R、C 分壓所組成；其工作原理如下：

(1) 當剛接上電源時，電容器 C 未充電，所以 OPA 之反相輸入端電壓 $V_- = V_C = 0V$，故輸出電壓 V_o 為正飽和電壓（$V_{o(\text{sat})}^+$）；此時輸出電壓經 R 開始向 C 充電。

(2) 當電容電壓 V_C 大於 OPA 非反相輸入端之電壓(V_+)

$$V_+ = V_{o(sat)}^+ \times \frac{R_2}{R_1+R_2} = V_U \quad \text{(上臨限觸發電壓)時,}$$

V_o 即迅速轉變為負飽和電壓($V_{o(sat)}^-$),而此時之 V_+ 變為

$$V_+ = V_{o(sat)}^- \times \frac{R_2}{R_1+R_2} = V_L \quad \text{(下臨限觸發電壓)}$$

(3) 由於 V_o 為負飽和電壓,所以電容器開始經由 R 向 OPA 之輸出端放電(亦可稱為逆向充電);當電容電壓 V_C 較 $V_+(=V_L)$ 為低(負)的電壓時,V_o 即又迅速轉變為正飽和電壓($V_{o(sat)}^+$),如此週而復始。

(a) 電路　　(b) V_C 與 V_o 的相關時序波形

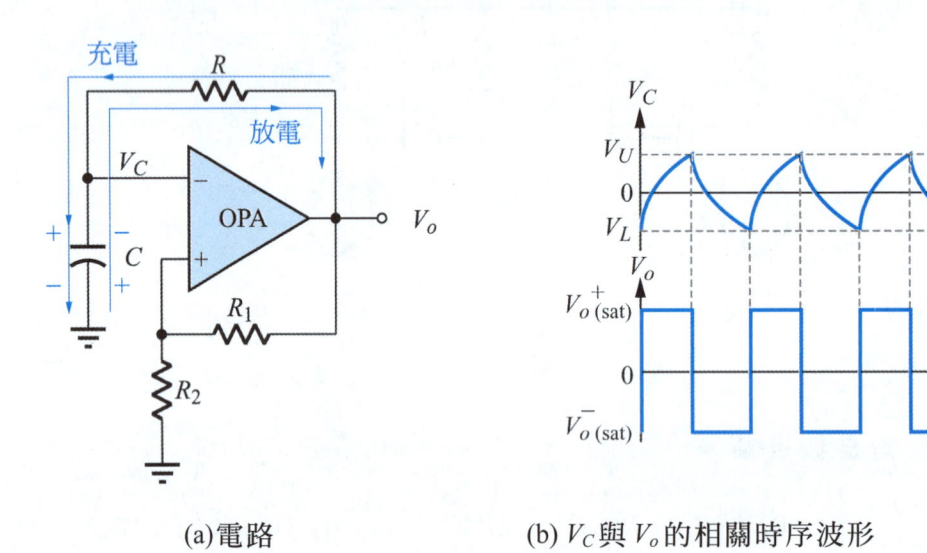

● 圖 3-24　OPA 無穩態多諧振盪器

此種無穩態的振盪頻率為

$$f = \frac{1}{T} = \frac{1}{2RC\ \ell n\frac{1+\beta}{1-\beta}} = \frac{1}{2RC\ \ell n(1+\frac{2R_2}{R_1})} \quad \text{(參考附錄)}$$

其中 β 為回授因數,即　$\beta = \frac{R_2}{R_1+R_2}$

第三章 波形產生電路

例題 3-7 如圖(2)所示之振盪電路,試求其輸出波形的頻率為多少 Hz?

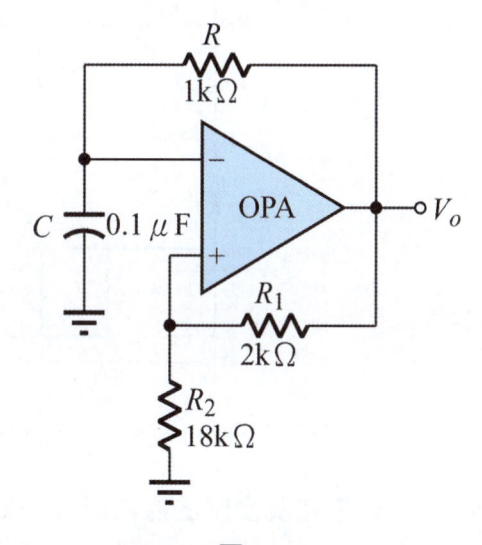

圖(2)

解 $f = \dfrac{1}{T} = \dfrac{1}{2RC\, \ell n(1+\dfrac{2R_2}{R_1})} = \dfrac{1}{2\times 10^3 \times 0.1 \times 10^{-6} \ell n(1+\dfrac{36k}{2k})}$

$= \dfrac{1}{589\times 10^{-6}} \fallingdotseq 1.7\ \text{k(Hz)}$

史密特觸發閘組成無穩態多諧振盪器

如圖 3-25 所示為史密特觸發閘組成無穩態多諧振盪器的電路與波形,其工作原理與輸出波形均與前述 OPA 的雷同,所不同的,只有輸出電壓為 V_{OH} 與 V_{OL}(註);茲簡述其工作原理:

(1)當剛接上電源時,由於電容器 C 沒有充電,所以 $V_C = 0V$,故 $V_o = V_{OH}$。

(2)輸出電壓(V_{OH})經 R 向 C 充電,電容電壓 V_C 逐漸上升,當 $V_C > V_U$
(上臨限觸發電壓)時,輸出轉態為 V_{OL}。

(3)由於 $V_C > V_{OL}$,所以電容器開始經 R 向輸出端放電,直到 $V_C < V_L$
(下臨限觸發電壓)時,輸出又轉態為 V_{OH}。

(4)如此(2)、(3)項循環,週而復始,其振盪頻率為

$f = \dfrac{1}{RC\, \ell n\left[\dfrac{V_U(V_{DD}-V_L)}{V_L(V_{DD}-V_U)}\right]}$ (以 CMOS 為例,參考附錄)

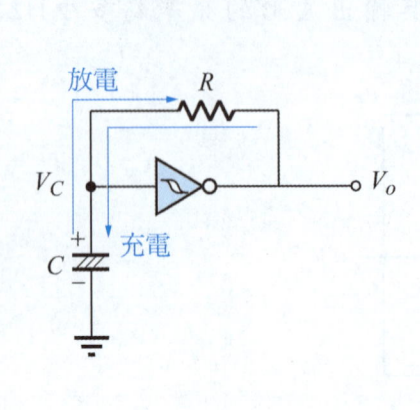

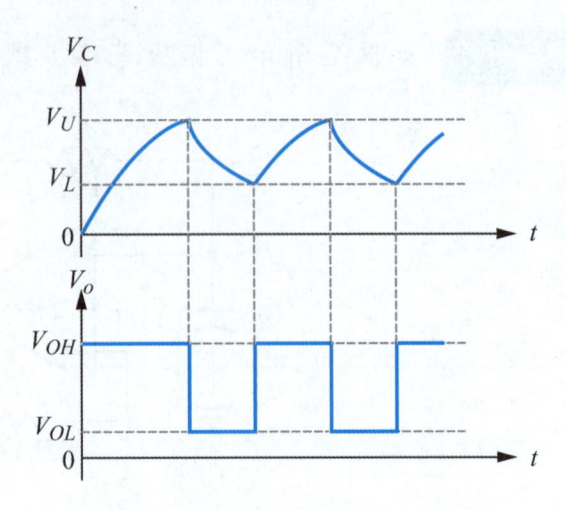

(a)電路　　　　　　　　(b) V_C 與 V_o 的相關時序波形

● 圖 3-25　史密特觸發閘的無穩態振盪電路

> 註
> 1. 對 TTL 邏輯而言，其 $V_{OH} \geq 2.4V$，$V_{OL} \leq 0.4V$
> 2. 對 CMOS 邏輯而言，其 $V_{OH} \approx V_{DD}$，$V_{OL} \approx V_{SS}$

CMOS 邏輯閘的無穩態多諧振盪器

　　如圖 3-26 所示為常見的 CMOS 邏輯閘無穩態多諧振盪器的電路與波形，其工作原理如下：

(1) 剛接上電源 V_{DD} 時，假設 X 點為 "L"，Y 點為 "H"，Z 點為 "L"(註)

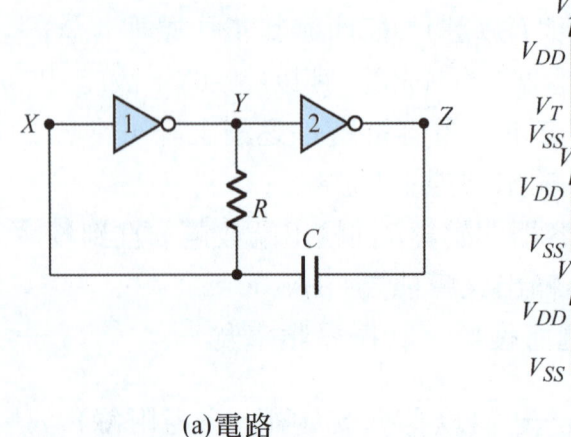

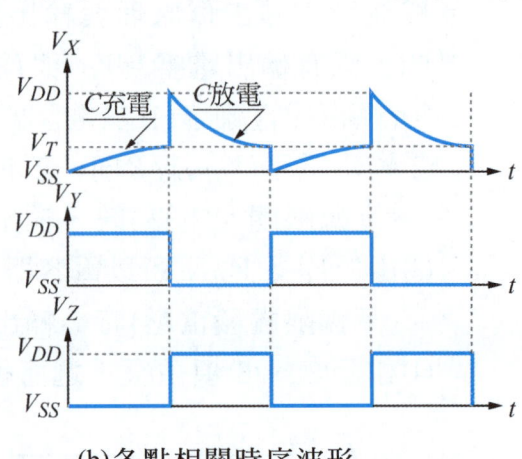

(a)電路　　　　　　　　(b)各點相關時序波形

● 圖 3-26　CMOS 邏輯閘無穩態多諧振盪器

> 註 "L" 即為邏輯 Low，以 CMOS 邏輯而言，"L" ≒ V_{SS}
> "H" 即為邏輯 Hi，以 CMOS 邏輯而言，"H" ≒ V_{DD}

(2) 由於 Y 點電壓為 V_{DD}，所以由 Y 點經電阻 R 向電容 C 充電，其路徑如圖 3-27 所示。

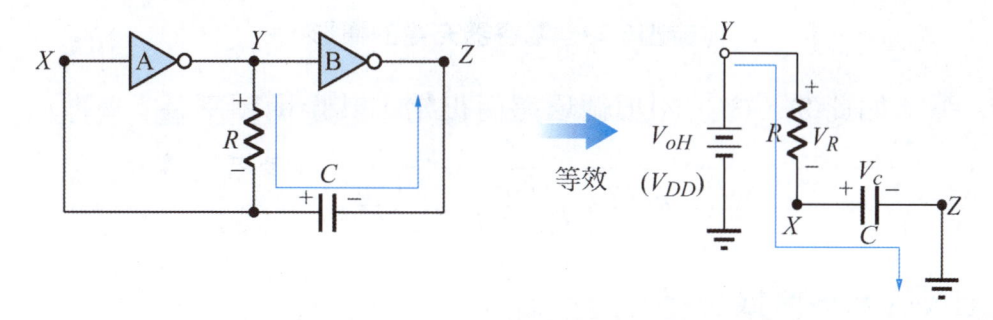

● 圖 3-27　電容器充電的情形

(3) 當電容電壓 V_C 大於 CMOS 邏輯閘的臨限觸發電壓 $V_T(≒\frac{1}{2}V_{DD})$ 時，閘 A 的輸出發生轉態，故 Y 點變為 "L"，Z 點變成 "H"，X 點瞬間亦變為 "H"，此時電容 C 經電阻 R 放電，直至 0V，其路徑如圖 3-28 所示。

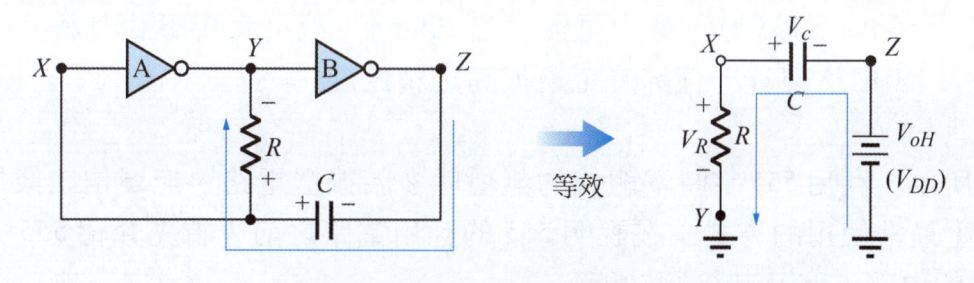

● 圖 3-28　電容器放電的情形

(4) 當 $V_C = 0V$，且 Z 點電壓為 V_{DD}，所以由 Z 點向電容 C 充電，其路徑如圖 3-29 所示，電容電壓 V_C 因充電而逐漸上升，使得電阻 R 上的電壓 V_R 逐漸下降，當 V_R 小於 $V_T(≒\frac{1}{2}V_{DD})$ 時，閘 A 的輸出又發生轉態，故 Y 變為 "H"，Z 點變為 "L"，X 點變為 "L"。

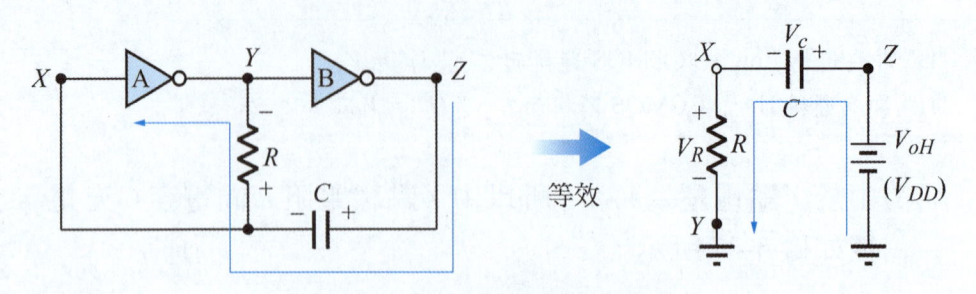

● 圖 3-29　電容器充電的情形

如此(2)、(3)、(4)項循環週而復始，其振盪頻率為

$$f = \frac{1}{T} = \frac{1}{RC\,\ell n(\frac{V_{DD}}{V_{DD}-V_T} \times \frac{V_{DD}}{V_T})} \quad \text{(參考附錄)}$$

555組成的無穩態振盪器

555定時器是在1972年由Signetics公司製造出來，常用於時間控制(延時或時脈)及波形產生等方面，其優點如下：

(1) 工作電源範圍甚大(4.5V～16V)可與TTL或CMOS直接配合使用。

(2) 只需簡單的電阻、電容即可完成時間控制，且時間範圍極廣，可由幾微秒到幾小時之久。

(3) 輸出端之電流甚大，當$V_{CC}=5V$時，輸出電流可達100mA，當$V_{CC}=15V$時，輸出電流可達200mA，故可直接驅動負載。

(4) 價格便宜，且計時可達很高之精確度。

所以，利用555定時器組成的無穩態多諧振盪電路，無疑是工業控制電路上最常使用的方式；在說明555的應用電路之前，首先介紹555定時器IC的內部方塊及其接腳功能。

555定時器基本上包括二個比較器、一個正反器、一個放電電晶體及一個電阻分壓器，如圖3-30所示，其各接腳的功能如下：

第三章 波形產生電路

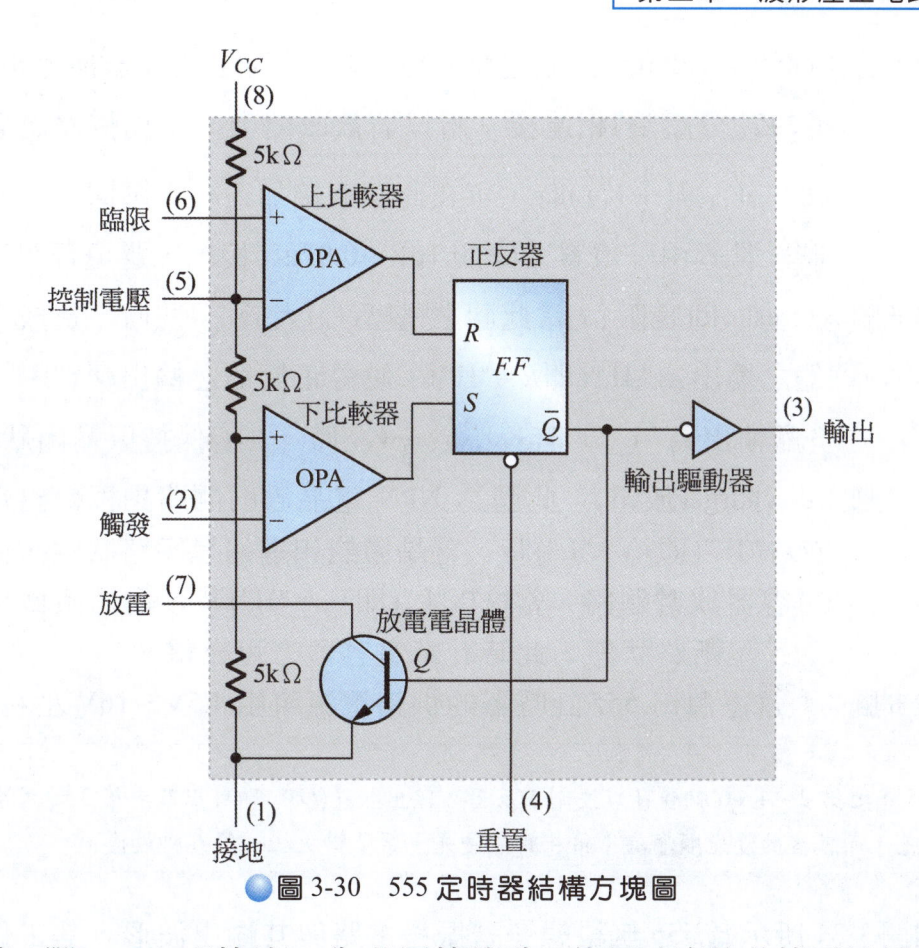

●圖 3-30　555 定時器結構方塊圖

第 1 腳：ground(接地)；為共同接地點，使用時應將其接至最低電位，通常為 0V。

第 2 腳：trigger(觸發)；當此腳之電壓(V_2)低於 $\frac{1}{3}V_{CC}$ 時，造成下比較器之輸出為"H"(即 S = "H")，使得正反器之輸出 $\overline{Q}$ = "L"，故第 3 腳輸出為"H"。若 V_2 大於 $\frac{1}{3}V_{CC}$ 時，則 $\overline{Q}$ 保持原輸出狀態。

第 3 腳：output(輸出)；輸出端與正反器之輸出是成反相關係($\overline{Q}$ 經過 NOT 閘)；不論此腳為"H"或"L"，皆可流入或流出約 100~200mA 的電流，足以推動小燈泡、小型繼電器等。

第 4 腳：reset(重置)；以低態(0.7V)以下動作，且具最優先控制權，即當此腳動作後輸出即變為"L"，而其他輸入腳的觸發皆無效；平常不使用時，常接至 V_{CC}，以免受到雜訊干擾而影響輸出狀態。

第 5 腳：control voltage(控制電壓)；此腳由於與上比較器參考電壓 ($\frac{2}{3}V_{CC}$分壓點)相連接；所以若欲改變上、下比較器之參考電壓($\frac{2}{3}V_{CC}$與$\frac{1}{3}V_{CC}$)時，可在此腳直接加入一電壓即可。不使用時，常經由一電容器(約 0.1μF～0.01μF)接地，避免雜訊干擾。

第 6 腳：threshold(臨限)；當此腳之電壓(V_6)大於$\frac{2}{3}V_{CC}$時，造成上比較器之輸出為" H "(即R = "H")，使得正反器之輸出$\overline{Q}$ = "H"，故第 3 腳輸出為" L "。若V_6小於$\frac{2}{3}V_{CC}$時，則$\overline{Q}$保持原輸出狀態。

第 7 腳：discharge(放電)；此腳為 NPN 電晶體的開路集極輸出端，當$\overline{Q}$為" H "(即V_3 = "L")時，電晶體飽和導通呈短路狀態，供計時電容器放電迴路。當$\overline{Q}$為"L"(即V_3 = "H")時，電晶體截止不導通，呈斷路狀態，此時計時電容器方可充電。

第 8 腳：V_{CC}(電源)；555 計時器的供給電源可由 4.5V～16V 左右。

> 註　555 之第 2、4、6 腳皆可以控制正反器之輸出狀態($\overline{Q}$)，即可以改變第 3 腳之輸出狀態，而三者的優先順序為：第 4 腳最優先，第 2 腳次之，第 6 腳最後。

如圖 3-31 所示為 555 無穩態多諧振盪電路與其輸出波形，其工作原理如下：

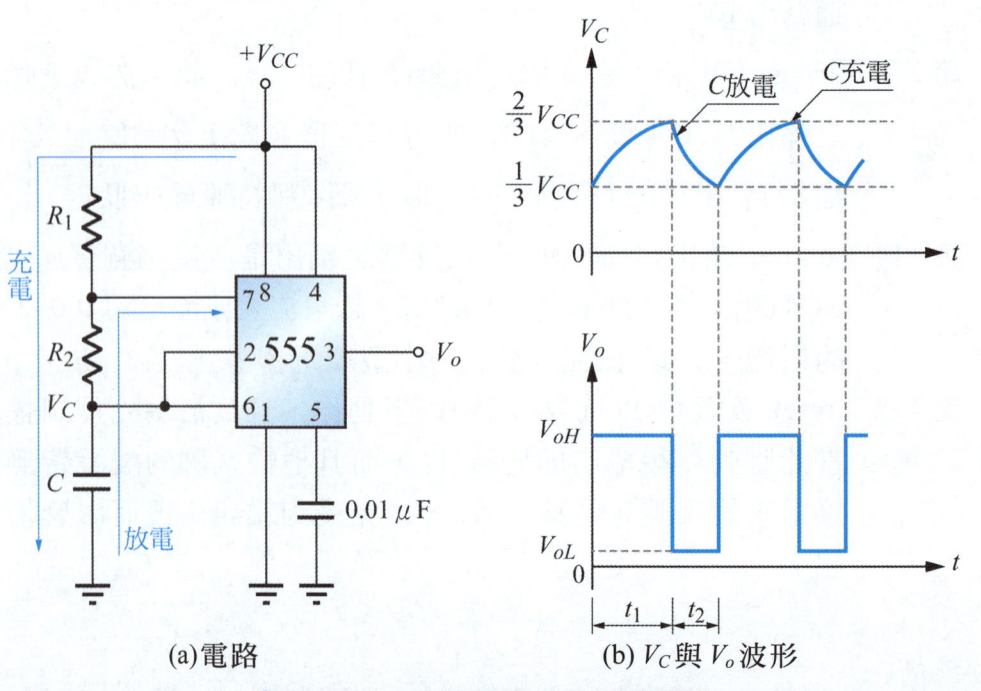

(a)電路　　(b) V_C與V_o波形

● 圖 3-31　555 無穩態多諧振盪電路

(1) 剛接上電源V_{CC}時，由於電容器之電壓V_C為 0V，致使上比較器輸出"L"，而下比較器輸出"H"（即R="L"，S="H"），所以正反器的輸出$\overline{Q}$="L"，故放電電晶體截止(OFF)，而輸出端(V_o)為"H"。

(2) V_{CC}經電阻器R_1、R_2向電容器C充電，當電容電壓(V_C)大於$\frac{2}{3}V_{CC}$時，致使上比較器輸出"H"，而下比較器輸出"L"（即R="H"，S="L"），所以正反器的輸出$\overline{Q}$="H"，放電電晶體導通(ON)，故電容器C經電阻器R_2、第7腳(放電電晶體)放電，而輸出端(V_o)為"L"。

(3) 當電容電壓(V_C)小於$\frac{1}{3}V_{CC}$時，致使上比較器輸出"L"，而下比較器輸出"H"（即R="L"，S="H"），所以正反器的輸出$\overline{Q}$="L"，放電電晶體截止(OFF)，故V_{CC}又經電阻器R_1、R_2開始向電容器之充電，而輸出端(V_o)為"H"。

如此(2)、(3)項循環週而復始，故輸出端(V_o)產生週期性脈波；而電容器C充、放電的時間分別如下：

充電時間　$t_1 = 0.7(R_1+R_2)C$　　（參考附錄）

放電時間　$t_2 = 0.7R_2C$　　（參考附錄）

所以輸出振盪波形的頻率為

$$f = \frac{1}{T} = \frac{1}{t_1+t_2} = \frac{1}{0.7(R_1+2R_2)C}$$

而波形的工作週期(duty cycle)則為

工作週期　$= \frac{t_1}{T} \times 100\% = \frac{R_1+R_2}{R_1+2R_2} \times 100\%$

由於圖3-31的電路其充、放電的RC時間常數並不相同，故不能獲工作週期為50%的方波；如圖3-32所示之電路，由於充、放電的RC時間數相等，故可獲得方波輸出。

82　電子電路

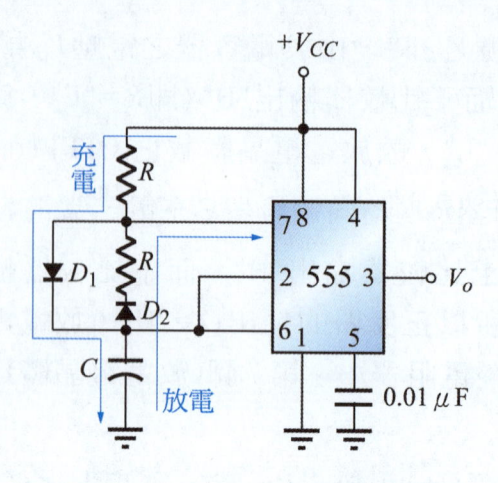

● 圖 3-32　555 的方波振盪器

例題 3-8　如圖(2)所示為 555 的無穩態工作模式，當 $R_1 = 10\text{k}\Omega$，$R_2 = 30\text{k}\Omega$，$C = 0.01\mu\text{F}$ 時，其輸出波形的頻率與工作週期各為多少？

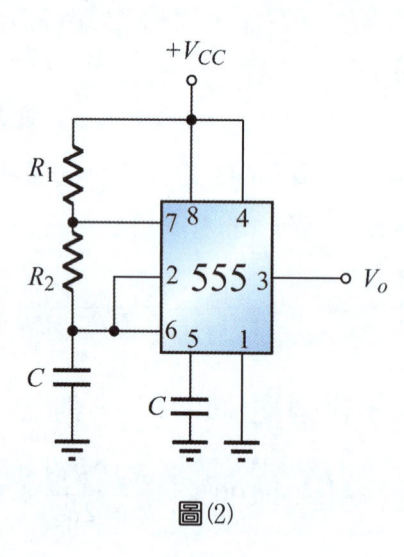

圖(2)

解　充電時間

$$t_1 = 0.7(R_1 + R_2)C = 0.7 \times (10 \times 10^3 + 30 \times 10^3) \times 0.01 \times 10^{-6}$$
$$= 2.8 \times 10^{-4}(\text{S})$$

放電時間

$$t_2 = 0.7R_2C = 0.7 \times 30 \times 10^3 \times 0.01 \times 10^{-6} = 2.1 \times 10^{-4}(\text{S})$$

(1) 輸出波形的頻率

$$f = \frac{1}{T} = \frac{1}{t_1 + t_2} = \frac{1}{4.9 \times 10^{-4}} = 2.04\text{k (Hz)}$$

(2)輸出波形的工作週期

$$\text{工作週期} = \frac{t_1}{T} \times 100\% = \frac{2.8 \times 10^{-4}}{4.9 \times 10^{-4}} \times 100\% = 57\%$$

3-4.2 單穩態多諧振盪器

單穩態多諧振盪器，顧名思義，該電路只有一種穩定的狀態，即當觸發訊號來臨時，將自穩定狀態轉變為另一種暫時的狀態，經一段時間(由 RC 時間常數決定)後，又回復到原來的穩定狀態；所以也稱為單擊(one shot)多諧振盪器；常用於延遲電路及定時電路等。

1. 555 組成的單穩態振盪器

如圖 3-33 所示為 555 單穩態多諧振盪電路與其輸入、輸出波形的時序圖，其工作原理如下：

(a)電路　　　　　　　　(b)輸入、輸出波形時序

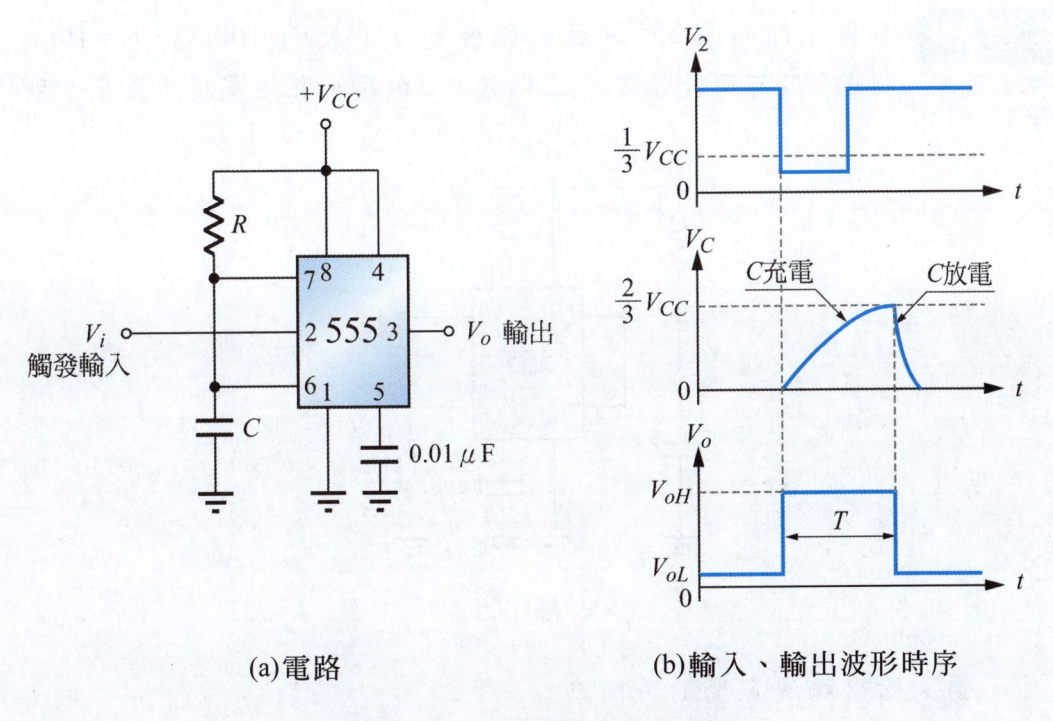

●圖 3-33　555 單穩態多諧振盪器

(1) 當觸發輸入端的電壓(V_2)大於 $\frac{1}{3}V_{CC}$ 時，555 定時器是處於預備狀態的，即輸出端(V_o)為 "L"，且放電電晶體處於導通(ON)的狀態。

(2) 當觸發輸入訊號低於 $\frac{1}{3}V_{CC}$ 時，下比較器輸出 "H" (即 S = "H")，所以正反器的輸出 $\overline{Q}$ = "L"，放電電晶體截止(OFF)，V_{CC} 經電阻器 R 開始向電容器 C 充電；而輸出端(V_o)為 "H"。

(3) 當電容電壓 V_C 大於 $\frac{2}{3}V_{CC}$ 時，上比較器輸出 "H" (即 R = "H")，所以正反器的輸出 $\overline{Q}$ = "H"，放電電晶體導通(ON)，電容器 C 經第 7 腳放電至 0V。

觸發後輸出脈波寬度時間為

$$T = 1.1RC \quad (S) \quad (參考附錄)$$

理論上 R、C 值應無限制，但 R 最好在 10kΩ～13MΩ 間，而 C 則最好在 100pF 以上。

例題 3-9 如圖(1)所示為 555 單穩態振盪電路，設 R = 100kΩ，C = 10μF，接腳 2 若有觸發脈波輸入，則接腳 3 的輸出脈波寬度約為多少秒？

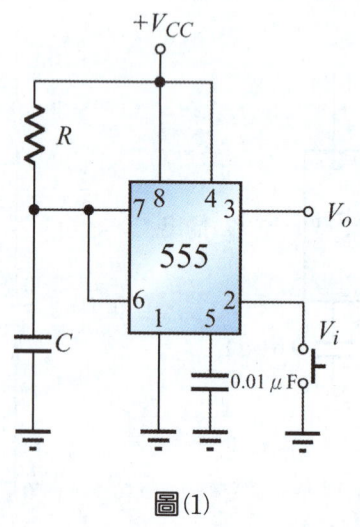

圖(1)

解 輸出脈波寬度的時間為

$$T = 1.1RC = 1.1 \times 100 \times 10^3 \times 10 \times 10^{-6} = 1.1 \text{ (秒)}$$

2. 電晶體組成的單穩態多諧振盪器

如圖 3-34 所示為電晶體組成的單穩態多諧振盪電路與波形，**其工作原理如下：**

(1) 當接上 V_{CC} 電源後，電晶體 Q_2 由於有電阻 R_B 提供順向偏壓及電容 C_B 的充電電流，所以處於飽和狀態，故 $V_{o2} = V_{CE2(sat)} \fallingdotseq 0.2V$；電晶體 Q_1 則處於截止狀態，故 $V_{o1} = V_{CC}$。

(2) 當外加觸發脈波輸入時，經 C_t、R_t 組成的微分電路形成正、負的尖波，再經二極體 D_1 的剪截作用，只有負的尖波加至 Q_2 的基極上，造成 Q_2 的基射極瞬間轉為逆向偏壓，致使 Q_2 截止。

(3) 當 Q_2 截止時，其 $V_{CE2}(V_{o2})$ 立即上升為 $+V_{CC}$，經 R_1 交連至 Q_1 的基極，致使 Q_1 獲得很大順向偏壓而處於飽和狀態。

(4) 當 Q_1 飽和時，電容 C_B 經 Q_1 的集射極、$+V_{CC}$、R_B 放電，放電電流經 R_B，使 R_B 下端為負電壓加至 Q_1 之基極，所以即使觸發脈波訊號消失，Q_2 仍然保持截止狀態。

(5) 經過一段時間後，電容 C_B 之放電電流逐漸減少，R_B 下端的負電壓也逐漸減少，Q_2 由 $+V_{CC}$、R_B 路徑提供順向偏壓因而再度飽和，同時造成 Q_1 再次回復到截止的狀態。

(a)電路

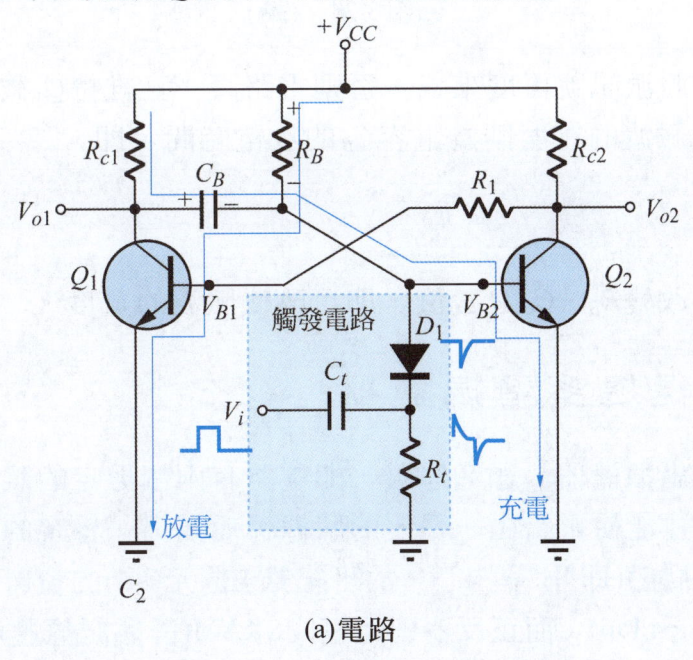

🔵 圖 3-34　BJT 單穩態多諧振盪器

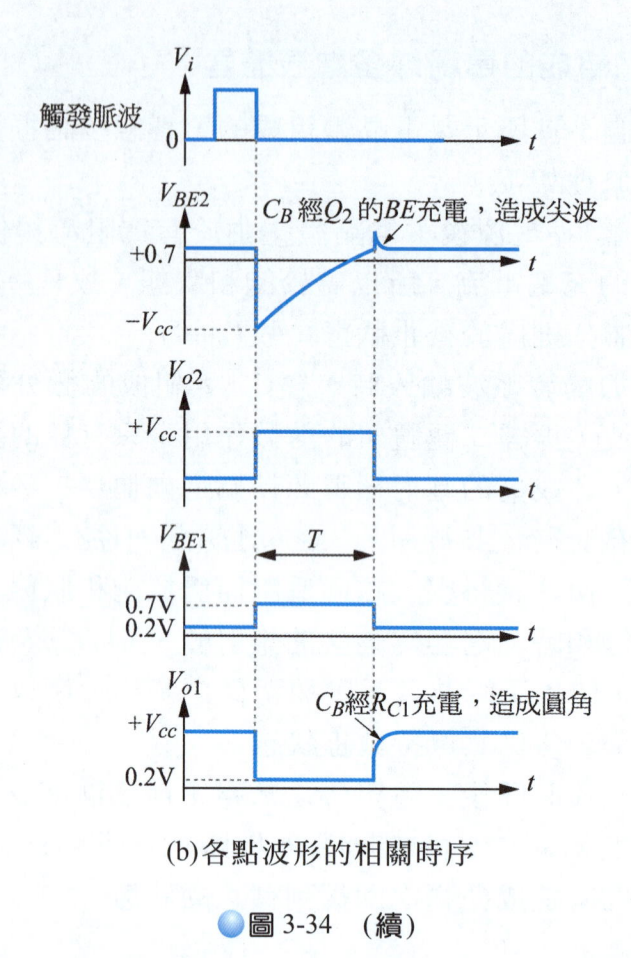

(b)各點波形的相關時序

圖 3-34　（續）

除非觸發脈派訊號再度來臨，否則電路將一直維持 Q_1 截止、Q_2 飽和的狀態。而**輸出脈波的寬度**則為電容 C_B 的放電時間，即

$$T \approx 0.7 R_B C_B$$

所以只要改變 R_B、C_B 之數值，即可改變脈波的寬度。

3-4.3　雙穩態多諧振盪器

雙穩態多諧振盪器，顧名思義，即電路有兩個穩定的狀態；當有外加觸發訊號時，才能使電路由一穩定的狀態轉變成另一穩定的狀態；由於電路有兩個穩定狀態(即"H"與"L")，故可紀錄 1 位元(bit)的資料，所以也稱為**正反器**(FF，Flip Flop)，而正反器則是組成 SRAM(靜態記憶體)的基本架構。

如圖 3-35 所示為電晶體組成的雙穩態多諧振盪電路與波形，其工作原理如下：

1. 當接上V_{CC}電源後，由於各元件的特性無法完全相同，所以某一電晶體必較另一電晶體導電性大，而由於相互正回授的結果，造成一個電晶體飽和(ON)，另一電晶體則截止(OFF)的情況，假設電晶體Q_1為 ON，電晶體Q_2為 OFF 的狀態。
2. 當觸發脈波輸入時，經 R_t、C_t 微分電路與D_1、D_2的剪截作用，在Q_1、Q_2之基極皆可獲得一負尖波，使得Q_2開始導通，而由於正回授的關係，瞬間造成Q_1轉為OFF，Q_2轉為ON，其動作情形如下：

$$V_{BE1}\downarrow \rightarrow I_{C1}\downarrow \rightarrow V_{CE1}\uparrow \rightarrow V_{BE2}\uparrow \rightarrow I_{C2}\uparrow \rightarrow V_{CE2}\downarrow$$

如此循環

(a)電路　　　　　　　(b)輸入、輸出波形時序

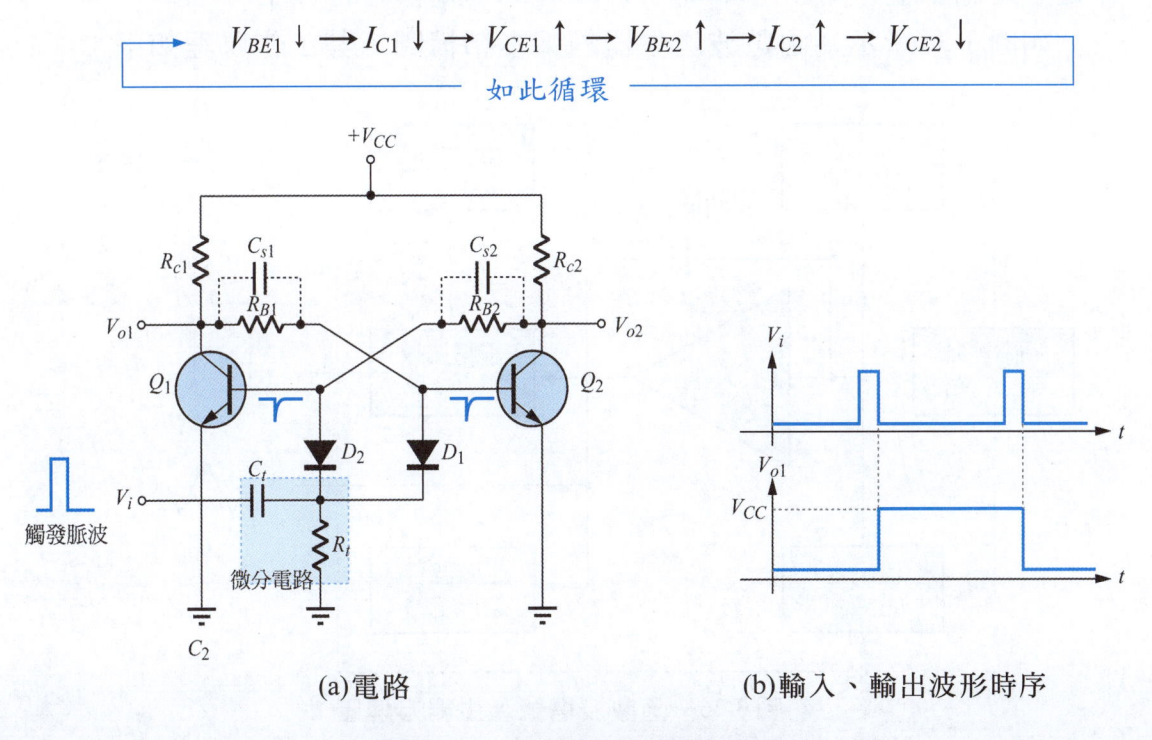

● 圖 3-35　BJT 雙穩態多諧振盪器

3. 若不再有觸發脈波輸入，則電路一直維持上述的狀態，即Q_1 OFF、Q_2 ON；當觸發脈波再度來臨時，Q_1、Q_2之基極將再度獲得負尖波，使得Q_1瞬間再度轉為ON，Q_2則再度轉為OFF，其動作情形如下：

$$V_{BE2}\downarrow \rightarrow I_{C2}\downarrow \rightarrow V_{CE2}\downarrow \rightarrow V_{BE1}\uparrow \rightarrow I_{C1}\uparrow \rightarrow V_{CE1}\downarrow$$

如此循環

在雙穩態諧振盪電路中，常常加上加速電容C_{S1}、C_{S2}，用以旁路流經電阻R_B充電電流及抵消電晶體少數載子所引起的儲存時間，因而可以加快轉換時間，使其輸出波形不易產生圓角。

3-5 函數波產生器

函數波產生器(function signal generator)係一多功能、多用途的訊號產生器,其輸出波形的種類有正弦波、方波、三角波及脈波等;在輸出波形頻率的調整範圍上,約可從 0.05Hz～5MHz 左右,而輸出波形的振幅則可從數 mV_{P-P} 至 $20V_{P-P}$ 左右。此外,尚可藉著外加的電壓來控制振盪頻率,即電壓控制振盪(VCO,Voltage Controlled Oscillator)的功能。

如圖 3-36 所示為函數波產生器的基本結構圖,其工作原理如下:

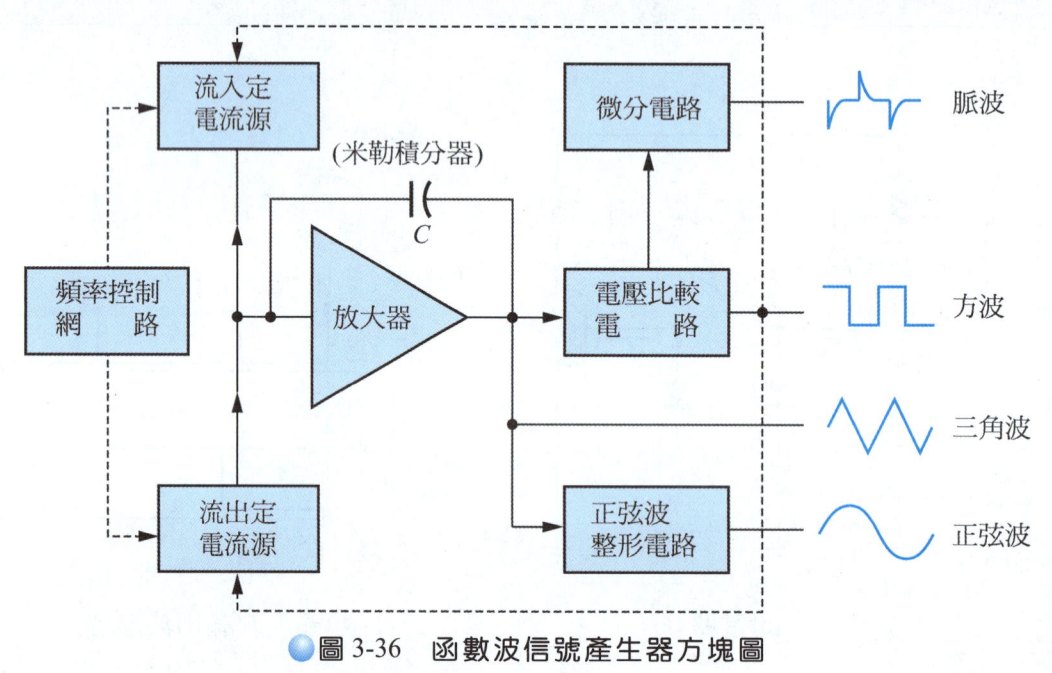

● 圖 3-36　函數波信號產生器方塊圖

> 註：流入定電流源亦稱為正向定電流源。
> 流出定電流源亦稱為負向定電流源。

1. 當流入定電流源供給一固定的電流至米勒積分器時,使得米勒積分器的輸出電壓開始線性地上升,但當上升至某一電壓準位時,促使電壓比較器(主要為雙穩態多諧振盪器)的輸出狀態改變,此一改變回授至流入與流出定電流源,造成流入定電流源停止工作,而流出定電流源則開始工作。

2. 當流出定電流源工作時，使得米勒積分器的輸出電壓開始線性地下降(即反向充電)，但當下降至某一電位準位時，亦將促使電壓比較器的輸出狀態改變，造成流出定電流源停止工作，而流入定電流源又開始工作。

如此週而復始，故可在米勒積分器的輸出端獲得一三角波，經電壓比較器後可得一方波，而此方波再經微分電路微分即可獲得一脈波；若將三角波經二極體修整電路後，即可獲得一正弦波。

由於米勒積分電路、微分電路、雙穩態多諧振盪電路在本課程中皆有介紹，為不再重複，故在此只介紹正弦波整形電路。

如圖 3-37 所示為利用二極體、電阻所組成的正弦波整形電路及其輸入、輸出波形對應圖；當輸入三角波的電壓漸漸上升或下降時，使得各對應的二極體分別導通(ON)，再由 R_1、R_2、R_3、R_4、R_5、R_6 與 R_i 配合而改變輸出波形的斜率，因而獲得近似的正弦波，其工作原理如下：

1. 當三角波的正半週電壓達到二極體的切入電壓 V_r(矽二極體約為 0.7V)時，D_1 導通(ON)，此時 R_1 與 R_i 的分壓作用，使得輸出電壓 V_o 波形之斜率如(b)圖之 BC 段。

2. 當輸入三角波的電壓達到 $V_1 + V_r$ 時，D_1 與 D_2 皆 ON，此時 $R_1//R_2$ 再與 R_i 的分壓作用，使得輸出電壓 V_o 波形之斜率如(b)圖之 CD 段。

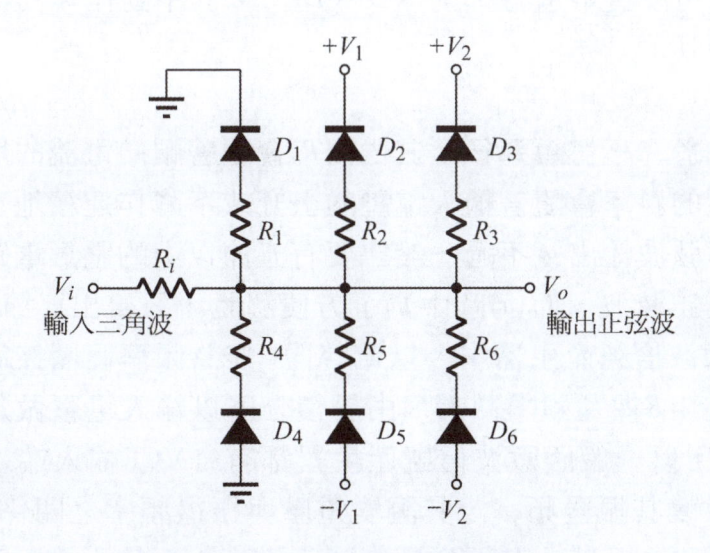

(a)二極體正弦波整形電路(三節)

圖 3-37　正弦波整形電路

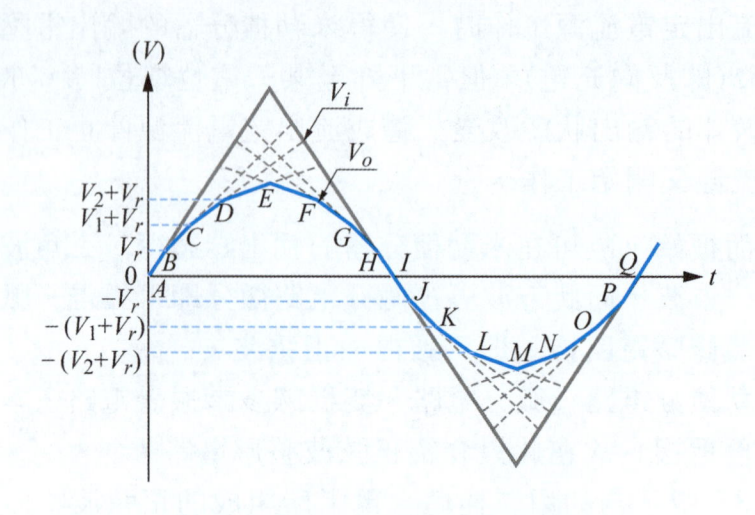

(b)正弦波整形電路波形對應圖

圖 3-37　（續）

3. 當輸入三角的電壓達到 $V_2 + V_r$ 時，D_1 與 D_2 與 D_3 皆ON，此時 $R_1//R_2//R_3$ 再與 R_i 的分壓作用，使得輸出電壓 V_o 波形之斜率如(b)圖之 DE 段。

4. 當輸入三角波電壓到達峰值後，電壓開始下降，所以，二極體將依序由 D_3 先截止，而後 D_2 再截止，最後，則 D_1 也截止了，因此 V_o 波形的斜率由(b)圖之 EF 段下降至 HI 段。

5. 當三角波負半週時，則由 D_4、D_5、D_6 依序動作，其情況與正半週時相似。

其實，由於二極體導通後，其內阻 R_d 會隨著順向電流的增加而下降，故，輸出電壓的斜率會隨著輸入電壓的上升或下降作連續地變化，故可獲得一很好的正弦波輸出，不過一般需要有五節以上的整形電路，便可取得失真率極低的正弦波，而(a)圖中為了方便解說，只畫出三節而已。

　　一般函數波信號產生器中，以電容器 C 作為頻率範圍控制，也就是波道控制；而電阻 R 做為頻率微調。由於積分器以輸入電壓做為頻率調變控制(即VCF)，所以一般函數波信號產生器都有一VCF輸入端，由此加入控制電壓即可改變其振盪頻率，其調變電壓與振盪頻率之關係如圖 3-38 所示。當輸入電壓上升時，其振盪頻率隨著增高；而輸入電壓下降時，其振盪頻率隨著降低。

電壓E

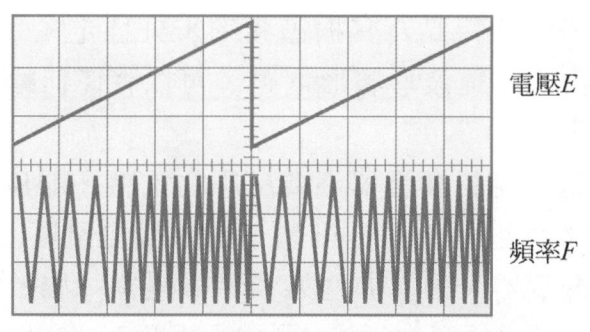

頻率F

● 圖 3-38　輸入電壓與振盪頻率之關係圖

重點整理

1. 振盪的首要條件為正回授，此外尚需符合巴克豪森準則，即 $\beta A = 1\angle 180°$。
2. 低頻的正弦波振盪器大都採用 RC 網路，而高頻的正弦波振盪器則大都採用 LC 網路。
3. 韋恩電橋振盪器有正、負回授兩組網路，且正回授量必須大於負回授量；而正回授網路決定電路的振盪頻率，即 $f = \dfrac{1}{2\pi\sqrt{R_1 R_2 C_1 C_2}}$
4. 至少需使用 3 節 RC 相移網路；才能產生 180° 的相位移。
5. 以 OPA 或 FET 組成的 RC 相移振盪器

    若使用 3 節 RC 領前網路，則其振盪頻率為 $f = \dfrac{1}{2\pi\sqrt{6}RC}$

    若使用 3 節 RC 落後網路，則其振盪頻率為 $f = \dfrac{\sqrt{6}}{2\pi RC}$

6. 當使用 3 節 RC 相移振盪時，其回授因數 $\beta \geq -\dfrac{1}{29}$，所以電路的總增益 $A_V = \dfrac{1}{\beta} \geq -29$ 才能使電路產生振盪。
7. 考畢子振盪器使用 2 個電容，1 個電感，利用電容來完成正回授作用，其振盪頻率為 $f = \dfrac{1}{2\pi\sqrt{LC_{eq}}}$，其中 $C_{eq} = \dfrac{C_1 \times C_2}{C_1 + C_2}$。
8. 哈特萊振盪器使用 2 個電感(為具中心抽頭的線圈)及 1 個電容，利用線圈來完成正回授，其振盪頻率為 $f = \dfrac{1}{2\pi\sqrt{L_{eq}C}}$，其中 $L_{eq} = L_1 + L_2 + 2M$ (M 為互感量)。
9. 壓電效應為機械能與電能的相互轉換效應。

10. 晶體振盪器最大的特點為其振盪頻率十分穩定。
11. 史密特觸發器為一種波形整形電路，可以將任何輸入波形整形成方波或脈波輸出。
12. 磁滯電壓 V_H 為史密特觸發器不會反應的電壓，即 $V_H = V_U - V_L$，其中 V_U 為上臨限觸發電壓，而 V_L 則為下臨限觸發電壓。
13. 無穩態多諧振盪器又稱為非穩態多諧振盪器，屬於自激式振盪器的一種，若由BJT所組成，其振盪頻率 $f \fallingdotseq \dfrac{1}{0.7(R_1C_1+R_2C_2)}$，若由555定時IC所組成，則其振盪頻率 $f \fallingdotseq \dfrac{1}{0.7(R_1+2R_2)C}$。
14. 單穩態多諧振盪器又稱為單擊多諧振盪器，屬於他激式振盪器的一種，若由BJT所組成，其輸出脈波寬度時間 $t = 0.7R_BC_B$，若由555定時IC所組成，則其輸出脈波寬度的時間 $t = 1.1RC$。
15. 雙穩態多諧振盪器也稱為正反器，可以儲存1位元(bit)的資料，同時也是構成靜態記憶體(SRAM)的基本架構。
16. 函數波產生器通常可以輸出正弦波、三角波與方波等波形。

習題三

( ) 1. 由電晶體組成之振盪電路必要條件為何？ (A)同時含有 L 及 C 元件 (B)具有正回授 (C)含有具負電阻特性之元件 (D)含有具壓電效應之元件。

( ) 2. 振盪器可使用 RC 相移電路形成正回授，若利用 RC 電路來產生 $180°$ 的相位移，則至少須用幾級 RC 電路？ (A)一級 (B)二級 (C)三級 (D)四級 (E)五級。

( ) 3. 如圖(1)所示之運算放大器相振盪器電路，試求要達到振盪之最小 R_f 電阻值為何？ (A)64kΩ (B)58kΩ (C)50kΩ (D)32kΩ。

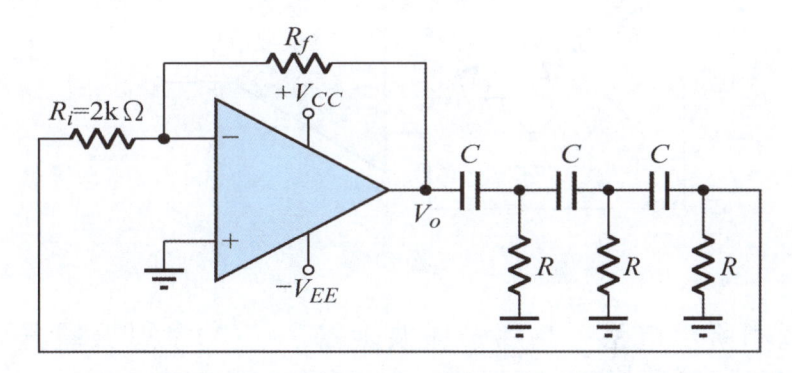

圖(1)

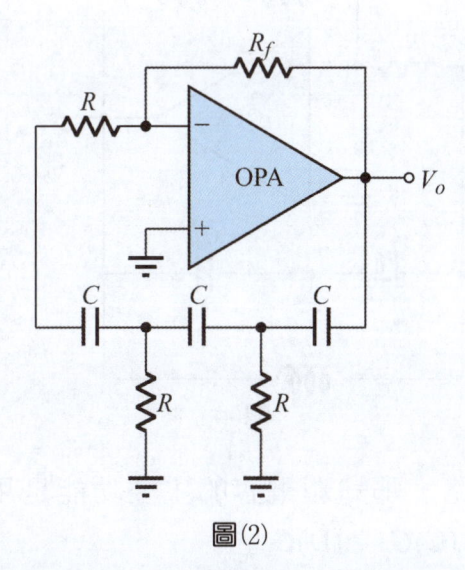

圖(2)

( ) 4. 如圖(2)所示為 RC 相移振盪器，設運算放大器具理想特性，若 $R=650\Omega$，$C=0.01\mu F$，則輸出 V_o 的振盪頻率為　(A)1kHz　(B)5kHz　(C)10kHz　(D)20kHz。

( ) 5. 由運算放大器所組成的 RC 相移振盪器，下列敘述何者錯誤？　(A)迴路增益 βA 最小為 1　(B)有一負回授網路　(C)回授網路總共相移 180°　(D)能將直流電能轉換成交流電能。

( ) 6. 如圖(3)之振盪器電路，下列敘述何者正確？　(A)R_1 及 C_1 與振盪頻率無關　(B)R_2 及 C_2 與振盪頻率無關　(C)回授形式僅為負回授　(D)負回授電路由 R_3、R_4 構成　(E)回授形式僅為正回授。

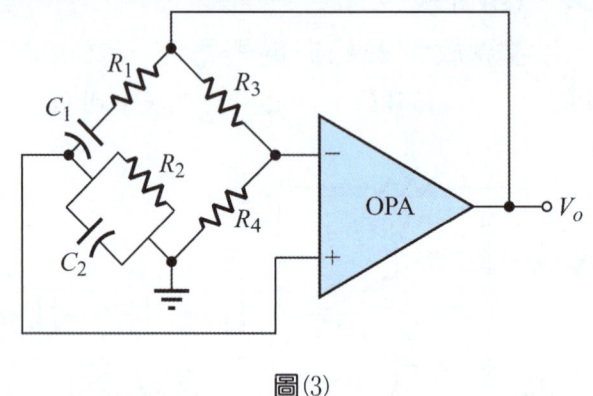

圖(3)

( ) 7. 如圖(4)所示電路，為那一種振盪器？　(A)韋恩振盪器　(B)哈特萊振盪器　(C)晶體振盪器　(D)考畢子振盪器。

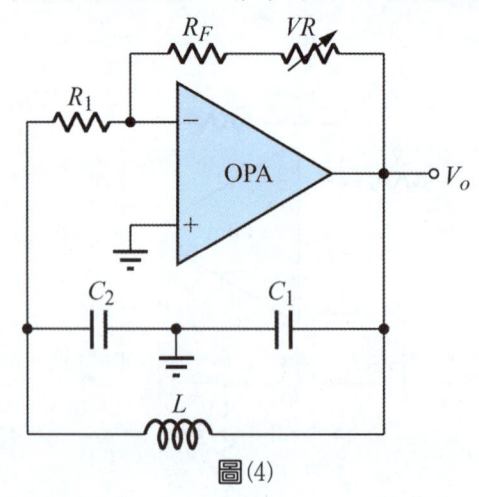

圖(4)

( ) 8. 如圖(5)所示電路，那一顆電容的主要功能是用來控制振盪頻率？　(A)C_b　(B)C_c　(C)C_E　(D)C_1。

( ) 9. 如圖(5)所示電路為 (A)哈特萊(Hartley)振盪器 (B)相移振盪器 (C)考畢子(Col pitts)振盪器 (D)雙 T 振盪器 (E)韋恩電橋(Wien Bridge)振盪器。

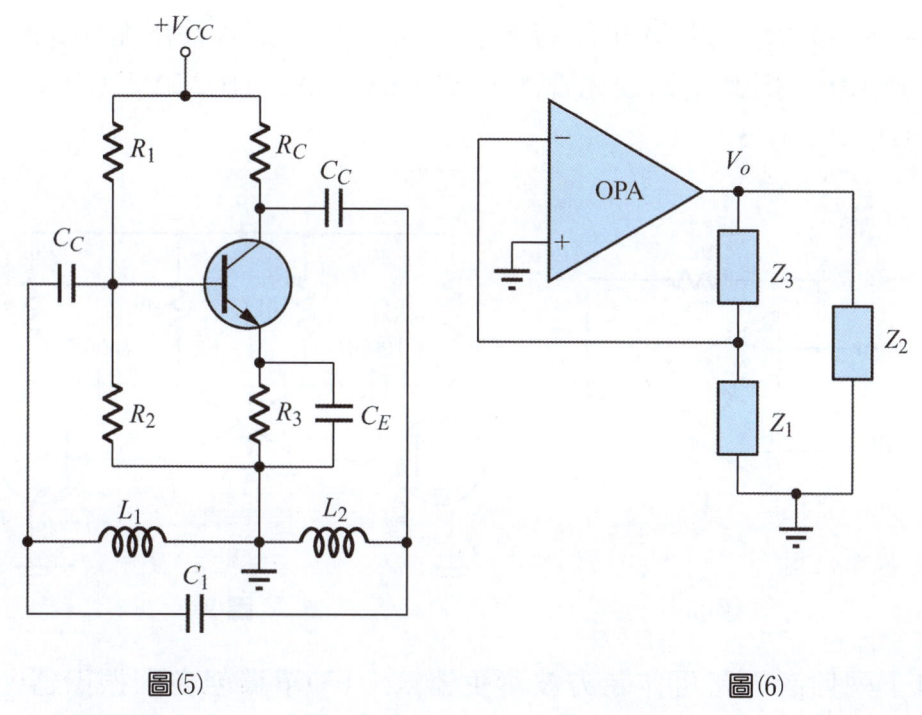

圖(5)　　　　　　　　　　圖(6)

( ) 10. 如圖(6)所示之電路表哈特萊(Hartley)振盪電路，則 (A)Z_1為電阻，Z_2為電感，Z_3為電容 (B)Z_1，Z_2為電容，Z_3為電感 (C)Z_1，Z_3為電感，Z_2為電容 (D)Z_1，Z_2為電感，Z_3為電容。

( ) 11. 石英晶體振盪電路之主要優點為 (A)容易振盪 (B)輸出振幅大 (C)振盪頻率穩定 (D)振盪頻率高。

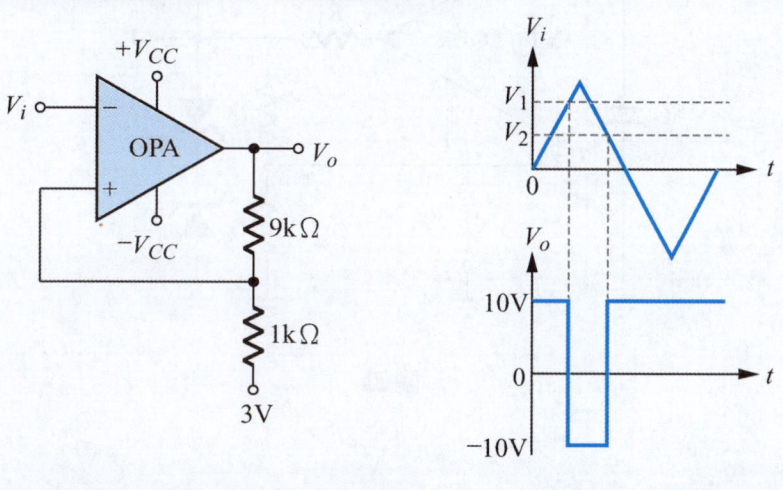

圖(7)

( ) 12. 如圖(7),左邊為電路圖,右邊為該電路之輸入與輸出波形圖,則下列何者正確?　(A)$V_1 = 2.7V$,$V_2 = 1V$　(B)$V_1 = 1.7V$,$V_2 = 1V$　(C)$V_1 = 2.7V$,$V_2 = 1.7V$　(D)$V_1 = 3.7V$,$V_2 = 1.7V$。

( ) 13. 如圖(8)所示為OPA史密特觸發電路,假設OPA輸出飽和電壓為正負13V,則此電路之磁滯電壓為　(A)2.6V　(B)2.2V　(C)1.3V　(D)1.1V。

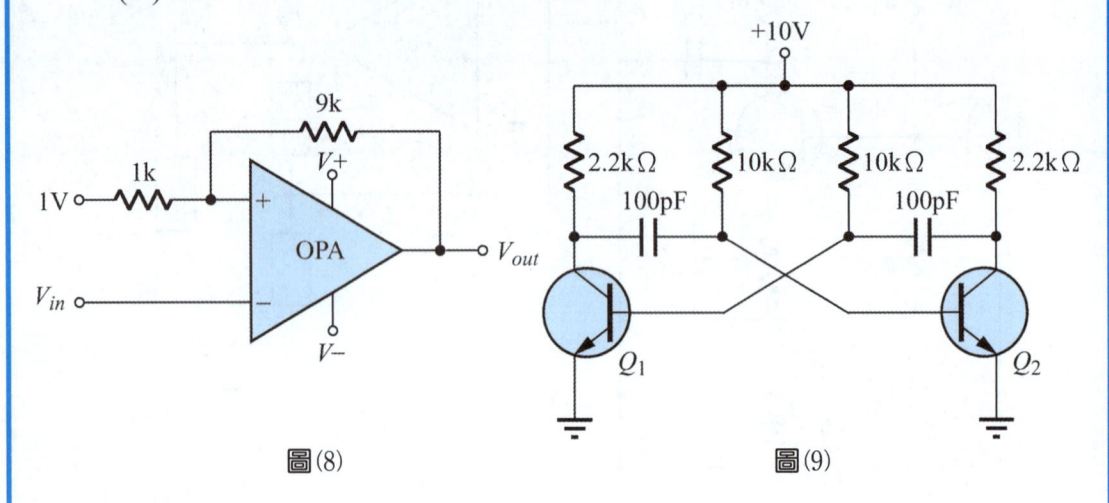

圖(8)　　　　　圖(9)

( ) 14. 下列何者電路可作為方波產生器?　(A)單穩態多諧振盪器　(B)雙穩態多諧振盪器　(C)無穩態多諧振盪器　(D)RC相移振盪器。

( ) 15. 圖(9)中,振盪出的頻率約為　(A)159kHz　(B)721kHz　(C)1442kHz　(D)1MHz　(E)361kHz。

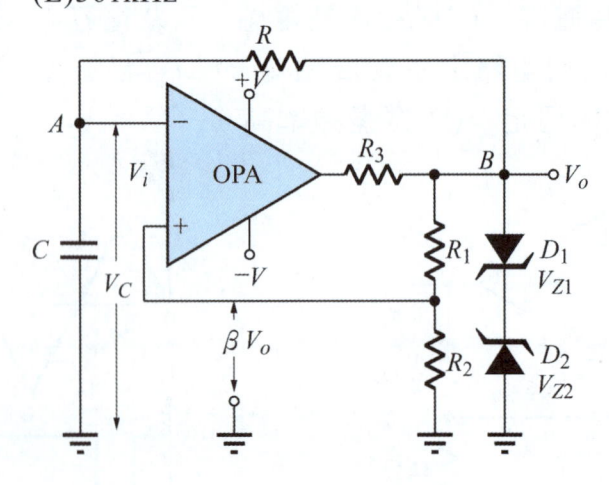

圖(10)

( ) 16.圖⑩所示運算放大器電路，其中兩個齊納二極體(Zener Diode)提供穩定正負位準電壓 $V_{Z1} = V_{Z2}$，此為何種產生器　(A)三角波　(B)方波　(C)鋸齒波　(D)正弦波。

( ) 17.如圖⑪所示電路中之反閘為史密特觸發式反閘，則此電路為 (A)無穩態脈波產生電路　(B)單穩態脈波產生電路　(C)緩衝電路　(D)移位暫存器　(E)運算放大器。

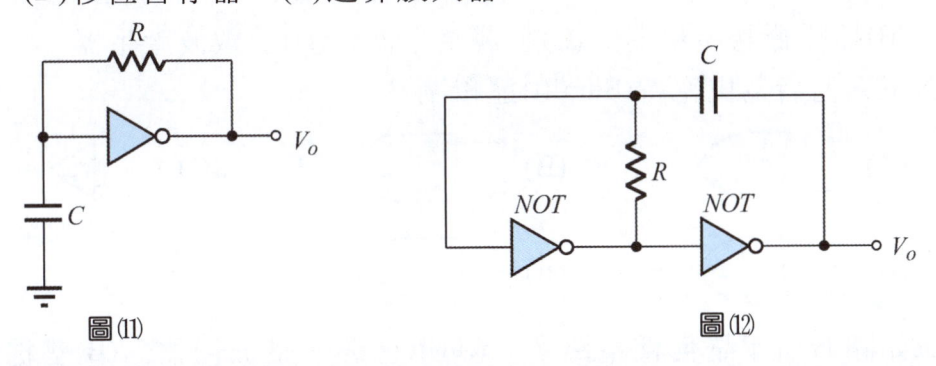

圖⑪　　圖⑫

( ) 18.如圖⑫所示之電路為何種電路？　(A)非穩態　(B)單穩態　(C)雙穩態　(D)史密特(Schmitt)　電路。

( ) 19.下列有關編號555積體電路與電阻及電容組合之電路，何者正確？ (A)方波產生器　(B)整流器　(C)放大器　(D)數位邏輯閘　(E)顯示器。

( ) 20.555 定時積體電路，共有幾支接腳？　(A)16 支　(B)14 支　(C)40 支　(D)8 支　(E)4 支。

( ) 21.如圖⑬所示為555無穩態多諧振盪器，其輸出脈波週期為 (A)$2.1RC$　(B)$1.1RC$　(C)$0.9RC$　(D)$0.7RC$。

圖⑬　　圖⑭

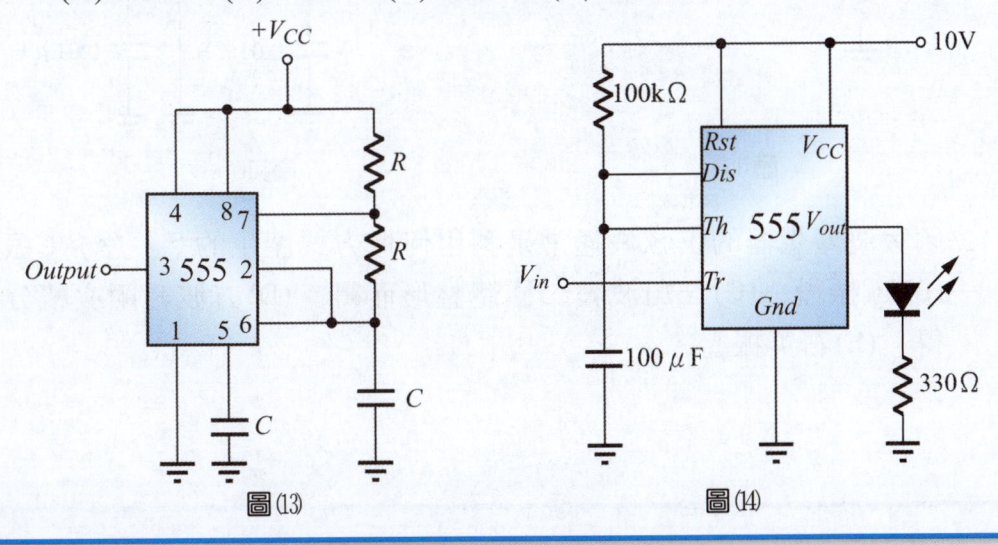

(　)22.如圖(14)所示為 555 單穩態振盪電路,當輸入端V_{in}觸發一下,LED 約亮多少時間後熄滅?　(A)6.93S　(B)10S　(C)11S　(D)14.4S。

(　)23.下列何者可將類比性信號整形成數位性信號?　(A)史密特觸發器(Schmitt trigger)　(B)帶通濾波器(band-pass filter)　(C)電壓隨耦器(voltage follower)　(D)混波器(mixer)　(E)橋式整流器。

(　)24.能產生正弦波、方波、三角波、脈波的儀表是　(A)圖形產生器　(B)掃描標誌產生器　(C)脈波產生器　(D)函數波產生器。

(　)25.下列何者為史密特(Shmitt)邏輯閘?

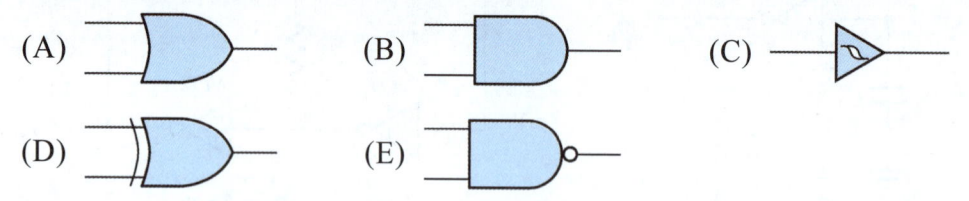

(A) (B) (C) (D) (E)

(　)26.如圖(15)所示是何種電路?　(A)單穩態多諧振盪器　(B)雙穩態多諧振盪器　(C)無穩態多諧振盪器　(D)史密特觸發電路　(E)緩衝電路。

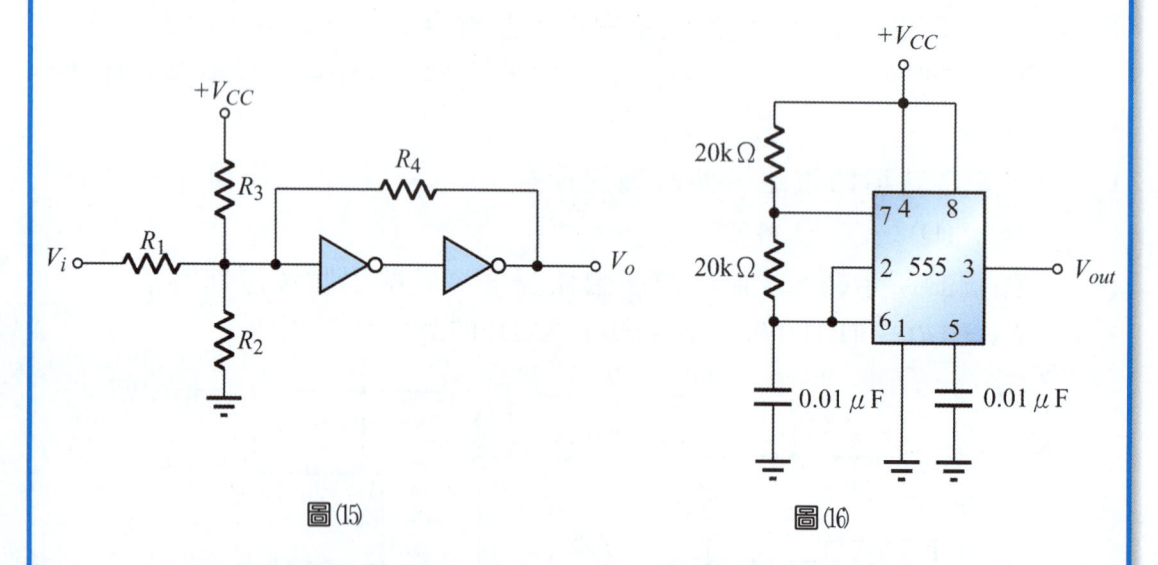

圖(15)　　圖(16)

(　)27.函數波產生器的正弦波通常是利用何種方式產生的?　(A)RC振盪　(B)LC振盪　(C)三角波經二極體整形而得　(D)方波經兩次積分而得　(E)石英振盪。

( ) 28. 圖(16)之 555 應用電路中，V_{out} 的波形是

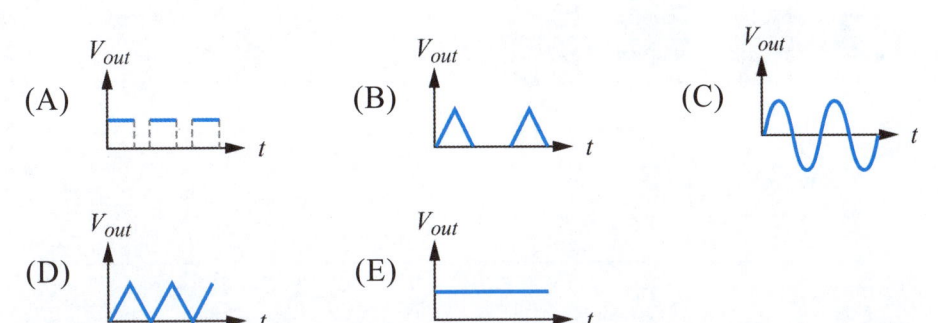

(A) 方波 (B) 半波正弦 (C) 正弦波

(D) 三角波 (E) 直流

( ) 29. 如圖(17)所示之多諧振盪器是屬於下列何者？
   (A)非穩態(Astable)   (B)單穩態(Monostable)
   (C)雙穩態(Bistable)   (D)以上皆非。

( ) 30. 圖(18)為積體電路編號 555 所組成方波產生器，其輸出之方波週期的近似值為　(A)$0.7(R_1+2R_2)C_1$　(B)$0.7(R_1+R_L)C_2$　(C)$0.7(R_1+2R_L)C_1$　(D)$0.7(R_1+2R_L)C_2$

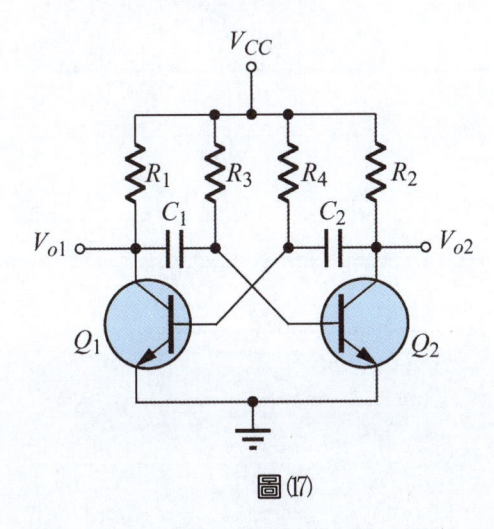

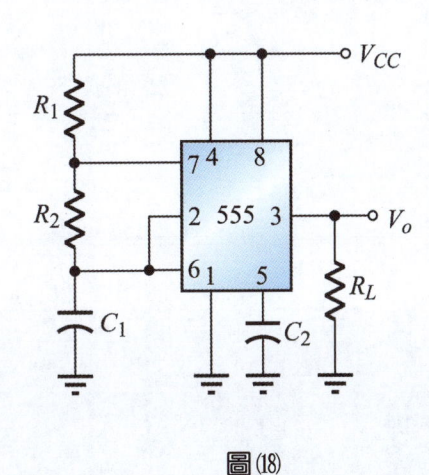

圖(17)

圖(18)

心得筆記

第4章 數位電路

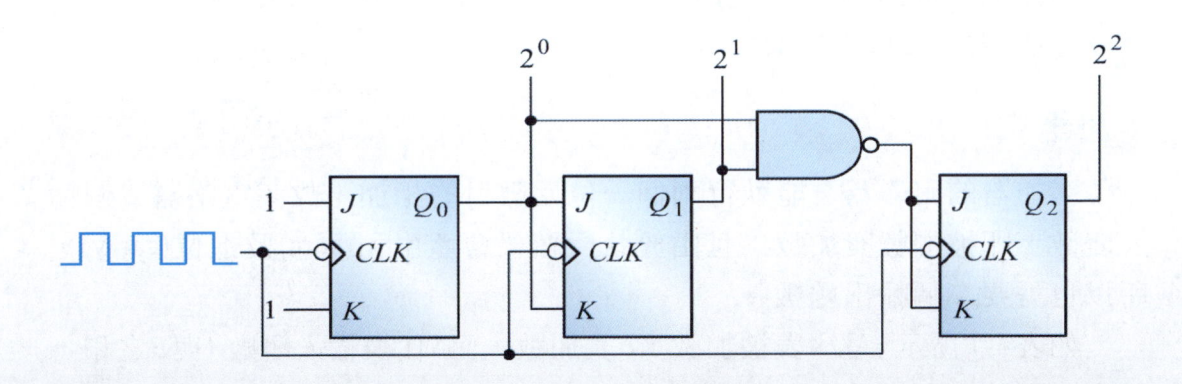

前面的章節中，大都以介紹基本元件及類比方面的電子電路居多，本章則在延續"數位邏輯"的課程，由簡單的二進位加法器到算術邏輯單元(ALU)、記憶體及目前應用極為廣泛的可程式元件(CPLD、FPGA……)；另一方面，則介紹順序邏輯的觀念、基本元件及其應用電路(移位暫存器、計數器等)。

4-1 二進位加法器

雖然計算機可以執行很複雜的運算，但是其最基本的運算，卻是二進位的相加，這種簡單的加法只有 4 種可能的情況，即

$0 + 0 = 0$

$0 + 1 = 1$

$1 + 0 = 1$

$1 + 1 = 10$

若電路只能執行兩個一位元的相加，稱為半加器(HA，Half Adder)；如果電路能執行兩個一位元及前一位元所產生的進位位元(共三個位元)，則稱為全加器(FA，Full Adder)。

半加器

半加器的定義為：能執行兩個一位元數目的相加，故該電路需二個輸入變數，即被加數與加數；且由於執行結果會產生和(sum)及進位(carry)，所以也需要二個輸出函數。

如表 4-1 所示，設 A 表被加數，B 表加數，而 S 代表輸入變數 A 與 B 之和，其進位則用 C 代表。

表 4-1 半加器之真值表

輸入	輸出
A B	C S
0 0	0 0
0 1	0 1
1 0	0 1
1 1	1 0

兩個輸出的布林函數，可以直接由真值表求出，即

和　　$S = \overline{A}B + A\overline{B} = A \oplus B$

進位　$C = AB$

所以半加器的電路如圖 4-1(a)所示，而其方塊圖的符號則如圖 4-1(b)所示。

(a)電路　　　　　　　　　　　　　　(b)符號

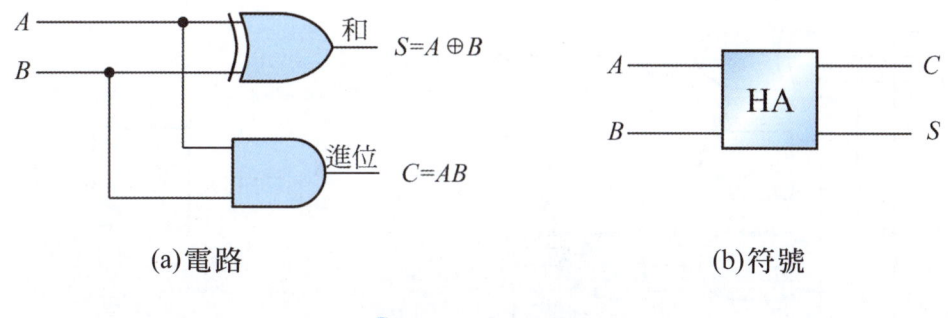

圖 4-1　半加器

全加器

全加器的定義為：能執行三個一位元的相加，所以該電路具有三個輸入變數，即被加數、加數與從前一級加法器送來的進位；而輸出仍為二個函數，即三者相加之和及進位。

如表 4-2 所示，設 A_i 表被加數，B_i 表加數，C_{i-1} 則為從前一級加法器送來的進位；而 S_i 表三者相加之和，C_i 表三者相加之進位。

表 4-2　全加器之真值表

列數	輸入 A_i	B_i	C_{i-1}	輸出 C_i	S_i
0	0	0	0	0	0
1	0	0	1	0	1
2	0	1	0	0	1
3	0	1	1	1	0
4	1	0	0	0	1
5	1	0	1	1	0
6	1	1	0	1	0
7	1	1	1	1	1

由全加器的真值表，分別得到輸出的布林函數如下：

和　　$S_i(A_i , B_i , C_{i-1}) = \Sigma(1, 2, 4, 7) = A_i \oplus B_i \oplus C_{i-1}$

進位　$C_i(A_i , B_i , C_{i-1}) = \Sigma(3, 5, 6, 7) = A_i B_i + B_i C_{i-1} + A_i C_{i-1}$

所以全加器的電路如圖 4-2(a)所示，而其方塊圖的符號則如圖 4-2(b)所示。

104 電子電路

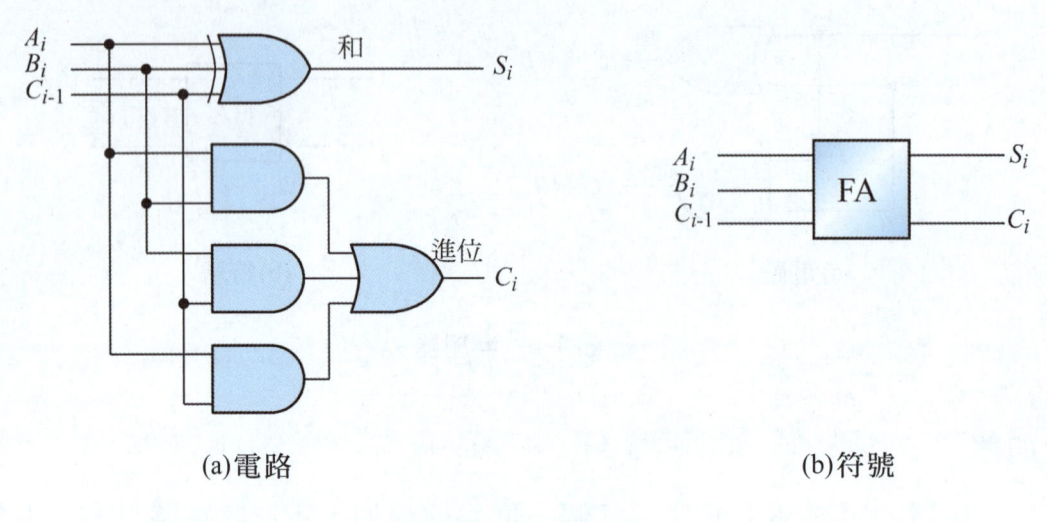

(a)電路　　　　　　　　　　　　(b)符號

● 圖 4-2　全加器

多位元的加法器可分為並加器與串加器兩種，分別介紹如下：

並加器

全加器很少單獨使用，通常係將多個全加器並列以串接方式連接成並加器(parallel adder)，一次即可完成所有位元的加法運算。

如圖 4-3 所示為四個全加器所串接而成的並加器電路，可直接執行兩個四位元的二進位數相加。

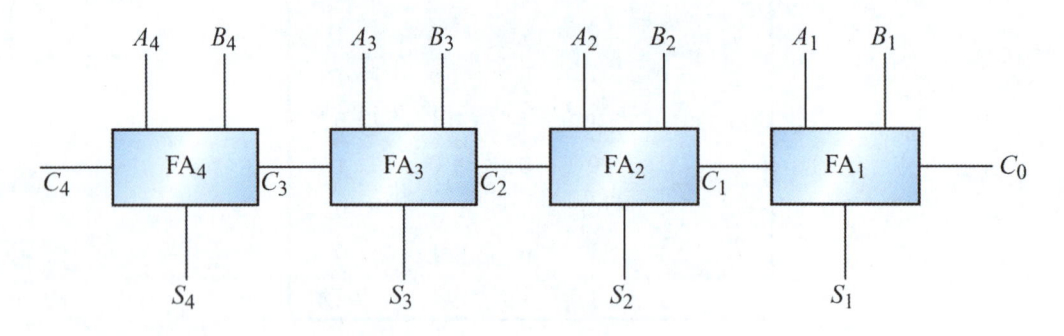

● 圖 4-3　四位元的並加器

以下為其動作狀況的說明：

 1. 設有兩個十進位數 13 與 7 要相加，其等值的二進位數分別為 $1101_{(2)}$ 與 $0111_{(2)}$，以人工計算方式如下：

$$13_{(10)} \qquad 1101_{(2)} \dashrightarrow 被加數 \qquad A_4A_3A_2A_1$$
$$\underline{+\ 7_{(10)}} \Rightarrow \underline{+0111_{(2)}} \dashrightarrow 加數 \qquad B_4B_3B_2B_1$$
$$20_{(10)} \qquad 10100_{(2)} \dashrightarrow 進位及和 \qquad C_4S_4S_3S_2S_1$$

2. 將上述的等值二進位數分別輸入圖 4-4 所示的並加器電路中，即可執行相加的運算；其中最右邊的全加器(FA$_1$)係執行兩個二進位數的 LSB 相加，由於沒有更低位元的進位，所以將前一級的進位(C_0)接地(輸入為 0)，故其作用如同半加器。

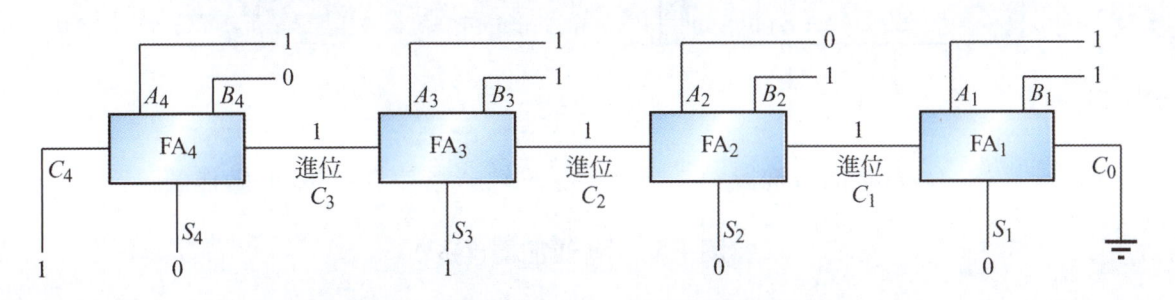

● 圖 4-4　兩個 4 位元二進位數相加的電路

3. 每個全加器運算的狀況如下：

$$\begin{array}{r} 1 \\ B_1 \Rightarrow 1 \\ \underline{+\qquad} \quad \underline{+\ 0} \\ C_1S_1 \quad 10 \end{array} \qquad\qquad \begin{array}{r} 0 \\ \Rightarrow 1 \\ \underline{+\qquad} \quad \underline{+\ 1} \\ 10 \end{array}$$

$$\begin{array}{r} 1 \\ \Rightarrow 1 \\ \underline{+\qquad} \quad \underline{+\ 1} \\ 11 \end{array} \qquad\qquad \begin{array}{r} 1 \\ \Rightarrow 0 \\ \underline{+\qquad} \quad \underline{+\ 1} \\ 10 \end{array}$$

4. 並加器執行運算的結果為 $C_4S_4S_3S_2S_1 = 10100$，與人工計算方式完全相等；所以該電路確能執行兩個四位元的二進位數相加運算。

在制式的數位 IC 產品中，編號 7483 即為四位元的並加器，其內部結構如同圖 4-3 所示；但是通常使用一個大方塊圖來代表 7483，如圖 4-5(a)所示，其中$\Sigma_4\Sigma_3\Sigma_2\Sigma_1$即為原先介紹的$S_4S_3S_2S_1(A+B$之和$)$，而其運算的動作則如圖4-5(b)所示。

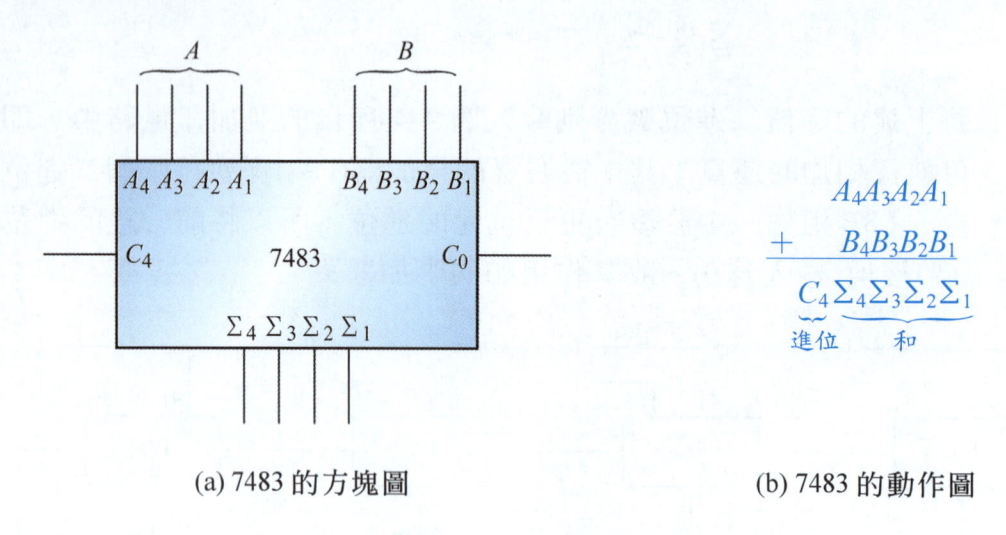

(a) 7483 的方塊圖

$$\begin{array}{r}A_4A_3A_2A_1\\+\quad B_4B_3B_2B_1\\\hline C_4\Sigma_4\Sigma_3\Sigma_2\Sigma_1\\\text{進位}\quad\text{和}\end{array}$$

(b) 7483 的動作圖

● 圖 4-5　4bit 並加器(7483)

另外，若欲組合成為8位元的並加器，只要將兩個7483串接即可；如圖4-6所示即為8位元的並加器電路，可執行兩個8位元二進位數的相加運算。

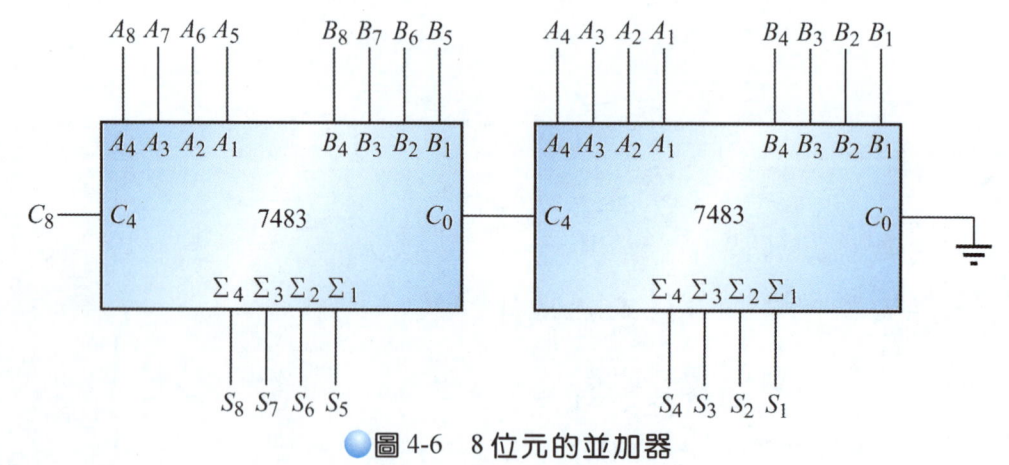

● 圖 4-6　8位元的並加器

串加器

　　串加器(serial adder)同樣亦可完成兩個n位元二進位數之相加，但只需使用一個全加器；由於每一個時脈只能完成兩個一位元的相加，故n個位元的相加則需花費$n+1$個時脈才能完成。在現今講究速度、時間的時代，已經不再使用如此慢速的電路了，故不多加詳述。

4-2 二進位減法器

在數位電路中，執行減法的運算通常都是採用取補數的方式來表示減數，也就是說，先將減數取其補數後，再與被減數相加，而獲得兩數的差；如此，即可省去另外再設計一減法器的電路，而直接使用加法器來做加／減法的運算來得方便簡單。

1的補數減法電路

如圖 4-7 所示為四位元 1 的補數減法電路；其中 4 個反相器作用為：將減數取其 1 的補數(即反相)，成為 $\overline{B_4}\overline{B_3}\overline{B_2}\overline{B_1}$，然後利用全加器進行加法作用，即 $A_4A_3A_2A_1 + \overline{B_4}\overline{B_3}\overline{B_2}\overline{B_1}$ (相當於做 $A - B$ 的運算)；若 C_4 進位端有進位，則再執行端迴進位(EAC，End Around Carry)的動作。

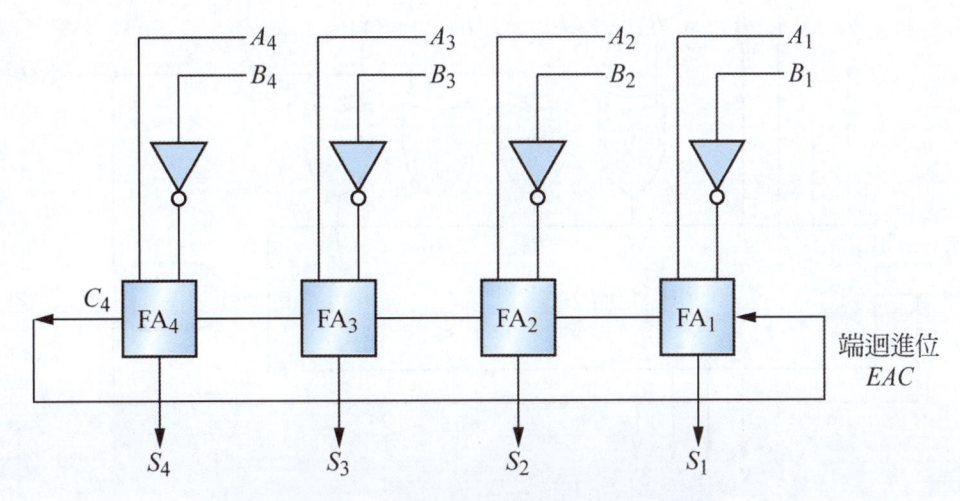

● 圖 4-7 四位元 1 的補數減法電路

例如：$5_{(10)} - 3_{(10)} = 0101_{(2)} - 0011_{(2)} = 0010_{(2)} = +2_{(10)}$，其執行運算的方式為

1. 減數 $B_4B_3B_2B_1 = 0011_{(2)}$ 經反相器後，變成 $\overline{B_4}\overline{B_3}\overline{B_2}\overline{B_1} = 1100_{(2)}$，相當於取其 1 的補數。
2. 被減數與減數的 1 補數執行加法運算，即

$$\begin{array}{r} A_4A_3A_2A_1 \\ + \quad \overline{B_4}\overline{B_3}\overline{B_2}\overline{B_1} \\ \hline C_4S_4S_3S_2S_1 \end{array} \quad \Rightarrow \quad \begin{array}{r} 0101 \\ + \quad 1100 \\ \hline 10001 \end{array}$$

3. 由於 $C_4 = 1$，故執行端迴進位(EAC)動作，即

$$
\begin{array}{rl}
& A_4A_3A_2A_1 \\
+ & \overline{B_4}\overline{B_3}\overline{B_2}\overline{B_1} \\
\hline
& C_4S_4S_3S_2S_1 \\
+ & \quad\quad C_4 \\
\hline
& S_4S_3S_2S_1
\end{array}
\Rightarrow
\begin{array}{rl}
& 0101 \\
+ & 1100 \\
\hline
& 10001 \\
+ & \quad\quad 1 \\
\hline
& 0010
\end{array}
$$

4. 運算結果為 $S_4S_3S_2S_1 = 0010_{(2)}$，由於其 MSB＝0，表示運算結果為正數，即 $+2_{(10)}$。

將圖4-7稍加修改，利用 XOR 閘的特性，即可輕易完成1的補數加／減法電路，如圖4-8所示之電路。

當SUB＝0時，作加法器使用，執行 $A_4A_3A_2A_1 + B_4B_3B_2B_1$ 運算作用。

當SUB＝1時，作減法器使用，執行 $A_4A_3A_2A_1 - B_4B_3B_2B_1$ 運算作用。

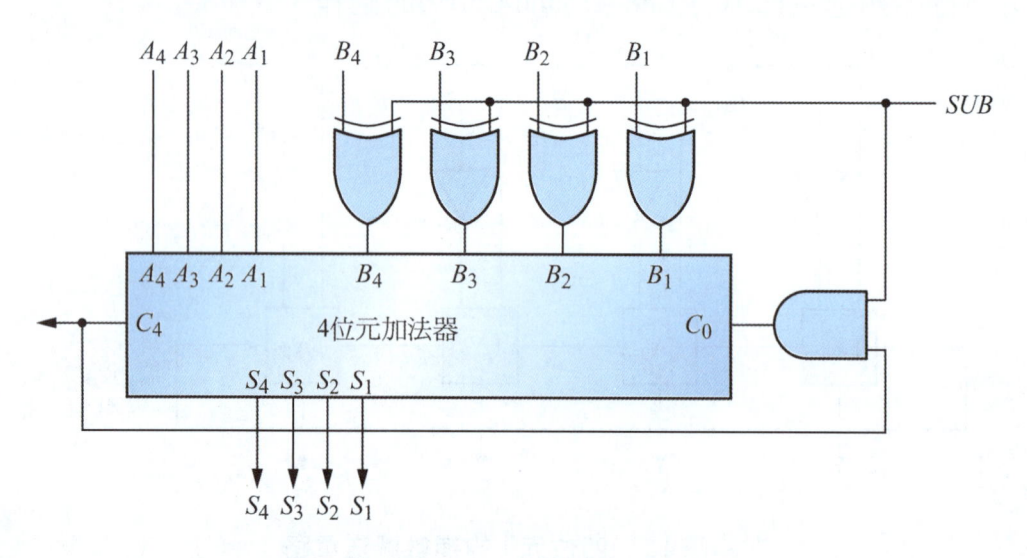

● 圖4-8　四位元1的補數加／減法電路

2的補數減法電路

如圖4-9所示為四位元2的補數加／減法電路，該電路與圖4-8不同處在於作減法時，使用2的補數方式(當SUB＝1時，經 XOR 閘，取得減數的1的補數 $\overline{B_4}\overline{B_3}\overline{B_2}\overline{B_1}$；且由於 SUB＝1＝$C_0$，所以在最右邊的全加器產生加1的動作，形成取得減數的2的補數，即 $\overline{B_4}\overline{B_3}\overline{B_2}\overline{B_1} + 1$)。因為採用2的補數方式作減法，所以不論 C_4 進位端為何(1或0)，都捨去不用；由於電路較為簡單，這也是一般的計算機均採用此種方式的主要原因。

第四章　數位電路

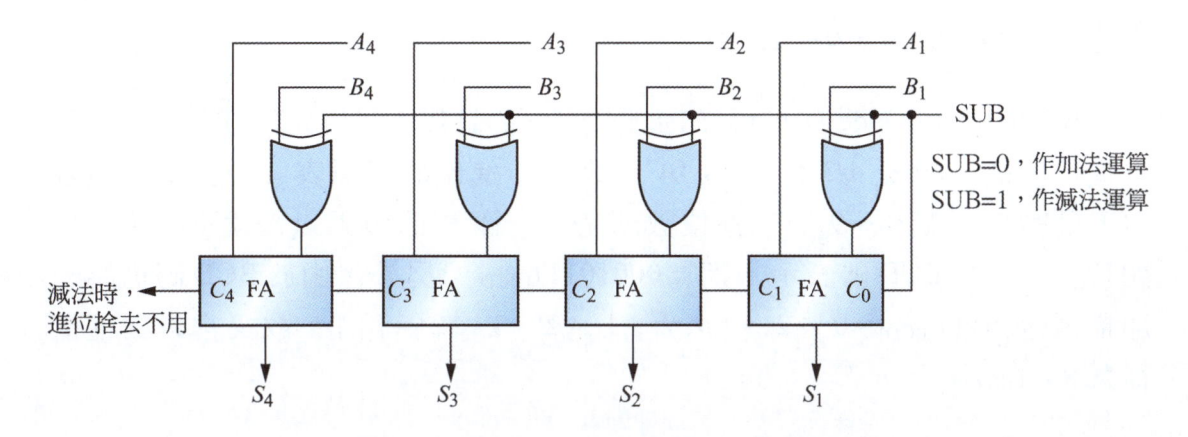

```
                A₄          A₃          A₂          A₁
                │B₄         │B₃         │B₂         │B₁
                │ │         │ │         │ │         │ │
              [XOR]       [XOR]       [XOR]       [XOR]────SUB
                                                            SUB=0，作加法運算
                                                            SUB=1，作減法運算
            ┌────┐      ┌────┐      ┌────┐      ┌────┐
  減法時，← C₄ FA ├─ C₃ │ FA ├─ C₂ │ FA ├─ C₁ │ FA │C₀
  進位捨去不用 └─┬──┘      └─┬──┘      └─┬──┘      └─┬──┘
              S₄          S₃          S₂          S₁
```

● 圖 4-9　四位元 2 的補數加／減法電路

例如：$5_{(10)} - 3_{(10)} = 0101_{(2)} - 0011_{(2)} = 0010_{(2)} = +2_{(10)}$，其執行運算的方式為

1. 當 SUB 控制端為 1 時，該電路執行減法運算，減數經由 *XOR* 閘作用，變成 $\overline{B_4}\overline{B_3}\overline{B_2}\overline{B_1} = 1100_{(2)}$。

2. 由於 SUB = 1，所以被減數與減數之 1 的補數及 $C_0(C_0 = SUB = 1)$ 三者執行加法運算，即

$$
\begin{array}{cc}
C_0 & 1 \\
A_4 A_3 A_2 A_1 & 0101 \\
+\ \overline{B_4}\,\overline{B_3}\,\overline{B_2}\,\overline{B_1} \quad\Rightarrow & +\ 1100 \\
\hline
C_4\ S_4\ S_3\ S_2\ S_1 & 10010
\end{array}
$$

3. 不論 C_4 進位端為何，均捨去；而 $S_4 S_3 S_2 S_1 = 0010_{(2)}$，由於 MSB = 0，表示運算結果為正數，即 $+2_{(10)}$。

4-3　BCD 碼加減法器

　　由於日常生活中所用的數字顯示裝置，如數位式三用電表、數位式溫度計、數位式體重計等，都是以十進位的方式來表示的；所以，若電路能直接執行十進位的加、減運算，那麼，在資料傳送到顯示電路之前，就不用多加一數碼的轉換電路(二進位數轉換成十進位數)。

4-3.1 BCD 碼加法器

BCD(Binary Code Decimal 二進位十進碼)是以 4 個位元(bit)來表示一個十進位的數。如表 4-3 所示為 BCD 碼與十進碼的對照表,由表中可發現 BCD 碼的前 10 碼(0～9)與二進位數碼完全一樣,而 10 碼以後就不同了。例如 $17_{(10)}$,若以 BCD 碼表示,則為 $00010111_{(BCD)}$;另外,由於 BCD 碼仍為一加權碼(如 $0111_{(BCD)} = 0 \times 2^3 + 1 \times 2^2 + 1 \times 2^1 + 1 \times 2^0 = 7_{(10)}$),故又常以其權值稱為 8421 碼。

表 4-3 BCD 碼與十進碼的對照表

BCD 碼	十進碼
0000	0
0001	1
0010	2
0011	3
0100	4
0101	5
0110	6
0111	7
1000	8
1001	9
00010000	10
00010001	11
00010010	12
⋮	⋮
00100000	20
⋮	⋮

如表 4-4 所示為兩個 BCD 碼以二進位方式相加的情形,可概略分為兩部份來討論。

1. 當兩數之和小於 10 (即和為 0～9)時,由於 BCD 碼與二進碼相同,故不用作任何補償。
2. 當兩數之和大於 9 (即和為 10～18)時,由於 BCD 碼與二進碼不相同,故必須作補償;而補償的方法則為──將兩數之和減去 10,並產生進位作用;其運算方式如下:

被加數＋加數＝和

$A_{(BCD)} + B_{(BCD)} = S_{(2)} - 10_{(10)}$

$\qquad\qquad\qquad = S_{(2)} - 1010_{(2)}$

$\qquad\qquad\qquad = S_{(2)} + (1010_{(2)}$ 取 2 的補數$)$

$\qquad\qquad\qquad = S_{(2)} + 0110_{(2)}$

$\qquad\qquad\qquad =$ 正確的 BCD 碼

表 4-4　兩個 BCD 碼相加的情形

十進數	二進位加法 進位 C'_4	S'_4	S'_3	S'_2	S'_1	BCD 碼加法 進位 C_4	S_4	S_3	S_2	S_1
0	0	0	0	0	0	0	0	0	0	0
1	0	0	0	0	1	0	0	0	0	1
2	0	0	0	1	0	0	0	0	1	0
3	0	0	0	1	1	0	0	0	1	1
4	0	0	1	0	0	0	0	1	0	0
5	0	0	1	0	1	0	0	1	0	1
6	0	0	1	1	0	0	0	1	1	0
7	0	0	1	1	1	0	0	1	1	1
8	0	1	0	0	0	0	1	0	0	0
9	0	1	0	0	1	0	1	0	0	1
10	0	1	0	1	0	1	0	0	0	0
11	0	1	0	1	1	1	0	0	0	1
12	0	1	1	0	0	1	0	0	1	0
13	0	1	1	0	1	1	0	0	1	1
14	0	1	1	1	0	1	0	1	0	0
15	0	1	1	1	1	1	0	1	0	1
16	1	0	0	0	0	1	0	1	1	0
17	1	0	0	0	1	1	0	1	1	1
18	1	0	0	1	0	1	1	0	0	0

如圖 4-10 所示為一個 10 進位數的 BCD 碼加法器；茲舉一個例子來驗證說明其運算動作的方式。假設 $A = 6_{(10)} = 0110_{(2)}$，$B = 8_{(10)} = 1000_{(2)}$ 時，其和 $S'_4 S'_3 S'_2 S'_1 = 1110_{(2)}$，由於此值已超過 $9_{(10)}(= 1001_{(2)})$，使得進位輸出為 1，故校正電路作加 $6_{(10)}(= 0110_{(2)})$ 的補償動作，而補償後的和 $S_4 S_3 S_2 S_1 = 0100_{(2)} = 4_{(10)}$ 則為正確的 BCD 碼；若以算術式表示：

112 電子電路

則為

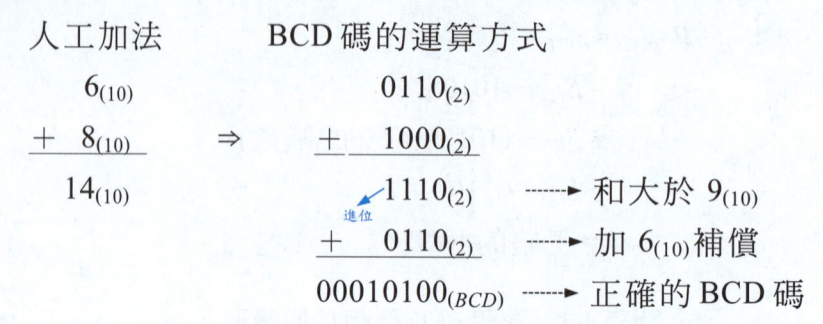

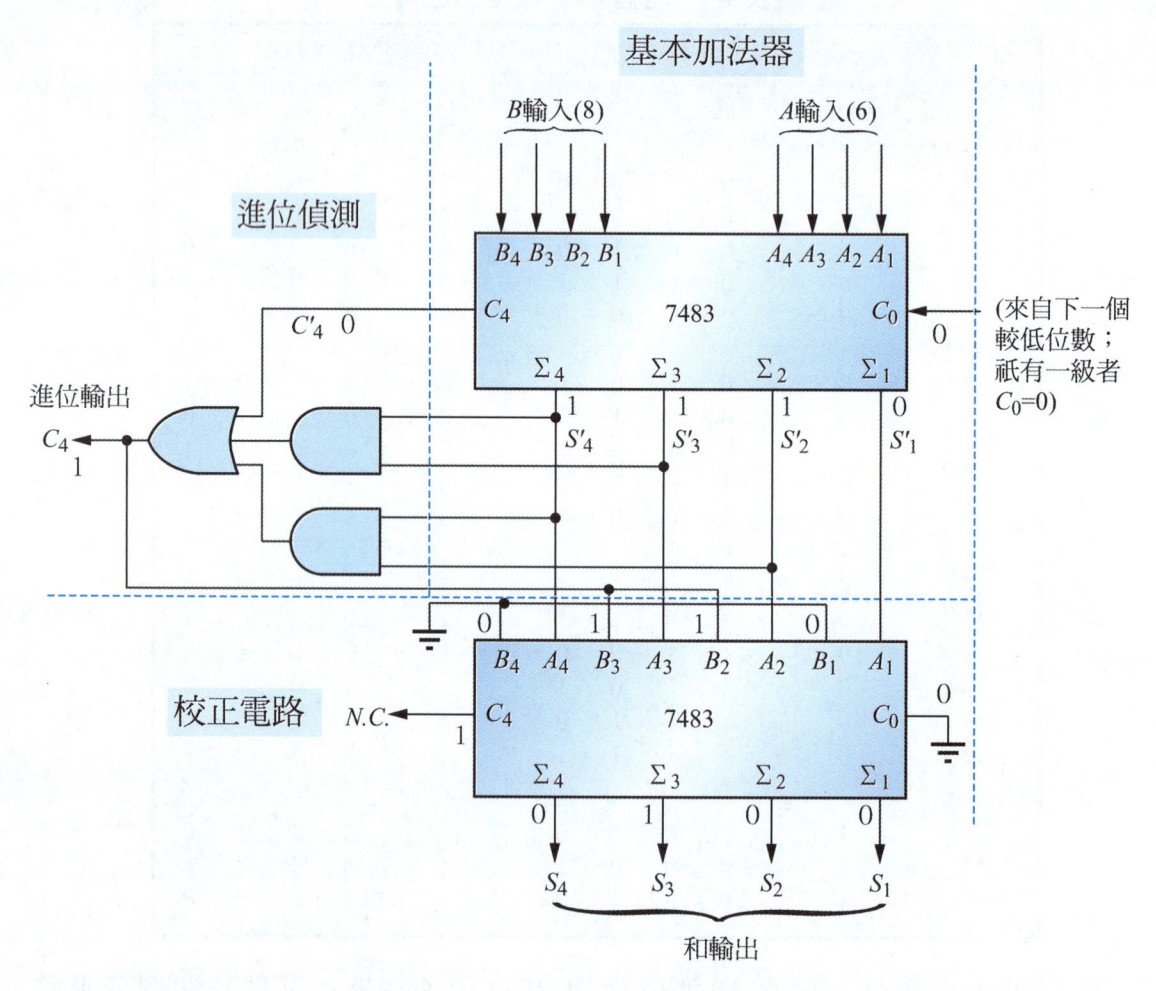

人工加法	BCD 碼的運算方式
$6_{(10)}$	$0110_{(2)}$
$+\ 8_{(10)}$ ⇒	$+\ 1000_{(2)}$
$14_{(10)}$	$1110_{(2)}$ ——▶ 和大於 $9_{(10)}$
	(進位)
	$+\ 0110_{(2)}$ ——▶ 加 $6_{(10)}$ 補償
	$00010100_{(BCD)}$ ——▶ 正確的 BCD 碼

●圖 4-10　一位數的 BCD 碼加法器

4-3.2 BCD 碼減法器

BCD 碼減法器如同二進位減法器的方式,基本上也是利用"補數"的觀念,再藉著 BCD 碼加法器來執行減法運算;由於 BCD 碼為一種 10 進位碼,所以其補數有 9 的補數與 10 的補數兩種;如圖 4-11 所示則為一位數(4bit)的 BCD 碼減法器方塊圖。

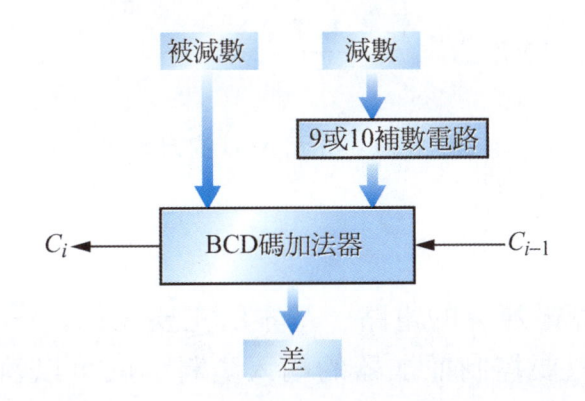

◉圖 4-11 一位數的 BCD 碼減法器方塊圖

由於現今的 BCD 碼運算,不論是加法或減法,皆可由 CPU 的指令或電腦軟體(程式)輕易去完成,所以已經很少用硬體電路去實現了,故不多作說明,可參考附錄中的詳細介紹。

4-4 算術邏輯單元

算術邏輯單元(ALU,Arithmetic Logic Unit)為一含有多種運算的組合邏輯電路,既可執行一些基本算術運算,又可執行一些邏輯運算。ALU 本身有許多的選擇線,可選擇單元中的某種運算,選擇線在 ALU 內被解碼,所以 n 條選擇線可以指定 2^n 種不同的運算。

如圖 4-12 所示為一個 4 位元 ALU 的方塊圖,分別為 4 位元的 A 資料與 B 資料輸入至 ALU 內執行運算,結果則由 F 端輸出;其中,模式選擇輸入線(S_2)可決定 ALU 是算術運算或是邏輯運算,而功能選擇輸入線(S_1、S_0)則可指出要執行的是算術運算中的某一種運算或是邏輯運算中的某一種運算;由於有兩條功能選擇線,所以不論算術運算或邏輯運算,皆有四種運算;而進位輸入(C_{in})與進位輸出(C_{out})則只有在算術運算時才有意義。

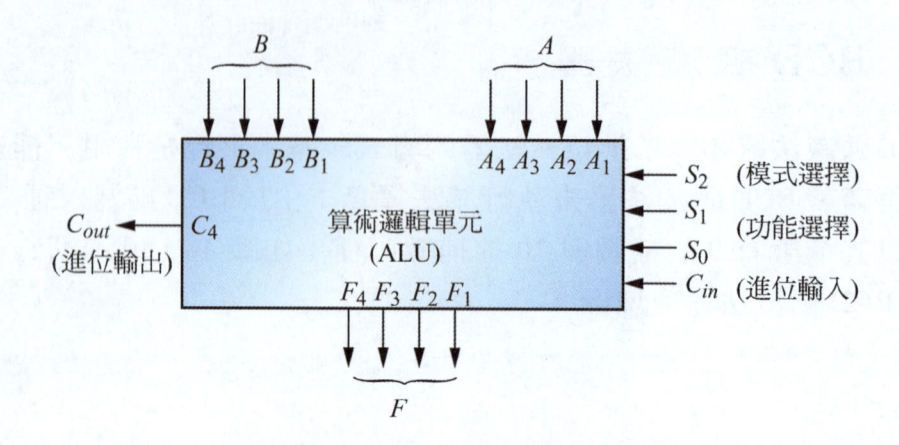

●圖 4-12　4 位元 ALU 的方塊圖

算術運算單元

ALU 內有關算術運算的電路，基本的主要元件為一並加器(由許多全加器串接而成)，只要控制並加器的輸入資料，就可以執行不同的算術運算；以下舉幾個簡單的算術運算，如圖 4-13 所示，來說明算術運算單元的神奇變化。

1. 加法：其原理如同 4-1 節所述。
2. 具進位的加法：其原理如同 4-1 節所述。

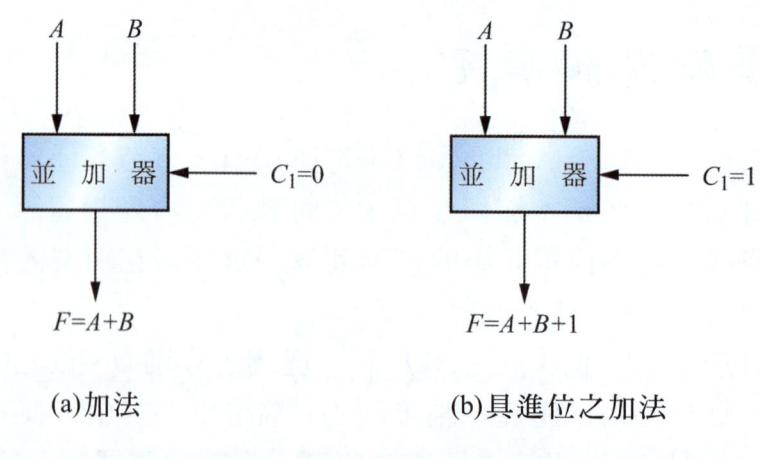

(a) 加法　　　　　　　　　　(b) 具進位之加法

●圖 4-13　ALU 的算術運算

(c) 減法 $F=A+\overline{B}+1$

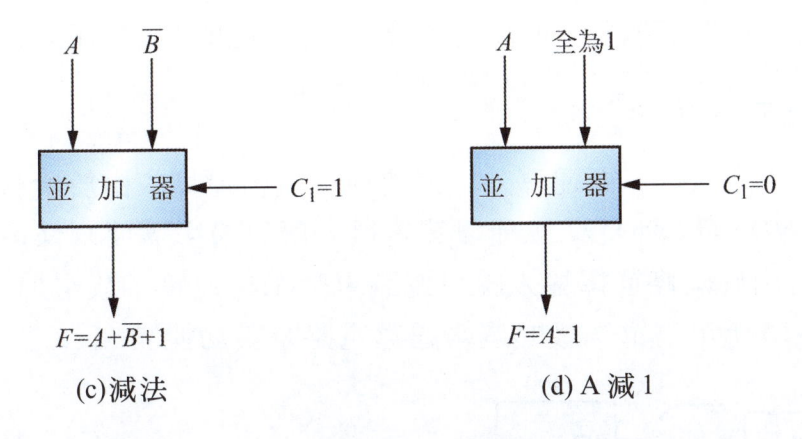

(d) A 減 1 $F=A-1$

● 圖 4-13 （續）

3. **減法**：採用 2 的補數方式，其原理如同 4-2 節所述。

4. **遞減**：即 $A \leftarrow A-1$，每執行一次，A 就減 1，假設 $A = 0100_{(2)} = 4_{(10)}$，而 B 全部為 1，則 $F = 0011_{(2)} = 3_{(10)}$，故此動作具有每次減 1 的作用。

$$
\begin{array}{r}
A \\
+\ B \\
\hline
F
\end{array}
\Rightarrow
\begin{array}{r}
0100_{(2)} \\
+\ 1111_{(2)} \\
\hline
10011_{(2)}
\end{array}
$$

進位捨去

如圖 4-14 所示為單一級(可執行兩組各 1 位元數目)的算術運算電路；其中，當

(1) $S_1 S_0 C_i = 010$ 時，執行 $A_i + B_i$ 功能，即 $F_i = A_i + B_i$

(2) $S_1 S_0 C_i = 011$ 時，執行 $A_i + B_i + 1$ 功能，即 $F_i = A_i + B_i + 1$

(3) $S_1 S_0 C_i = 101$ 時，執行 $A_i + \overline{B_i} + 1$ 功能，即 $F_i = A_i - B_i$

(4) $S_1 S_0 C_i = 110$ 時，執行 $A_i - 1$ 功能，即 $F_i = A_i - 1$

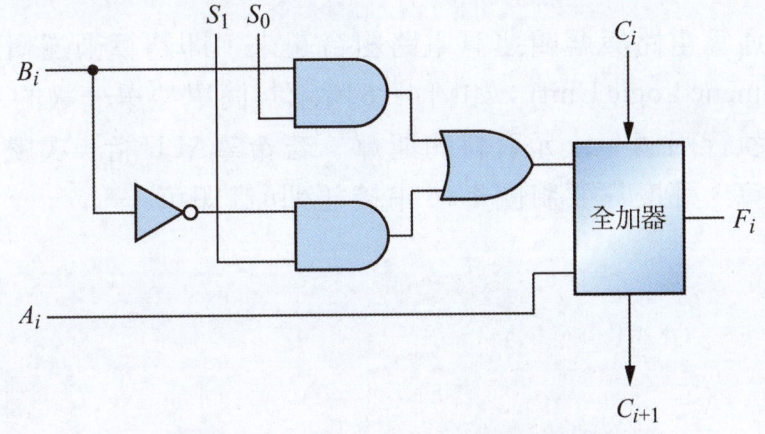

● 圖 4-14   單一級的算術運算電路

所以該電路共可執行8種算術運算(部份功能的說明省略)。

邏輯運算單元

ALU除了能執行算術運算外，還能執行邏輯運算；由於所有的邏輯運算皆可由 AND、OR 與 NOT 三種運算獲得，所以最少需要兩條選擇輸入線 (S_1、S_0)，而由於兩條選擇輸入線可選到 $4(2^2=4)$ 種運算，故常加入 XOR 運算；如圖4-15所示為單一級的邏輯運算電路及其功能表。

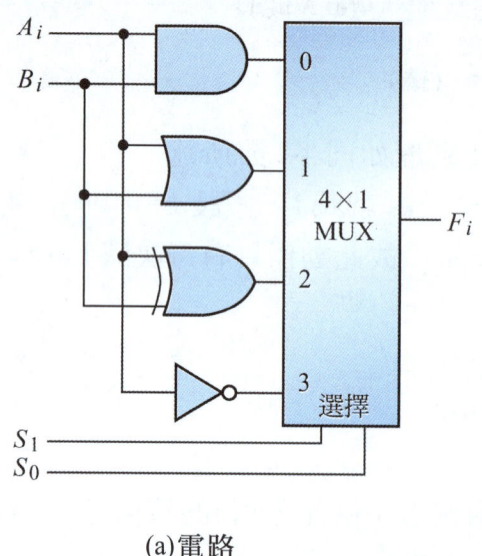

S_1	S_0	輸出	微運算
0	0	$F=A \wedge B$	AND
0	1	$F=A \vee B$	OR
1	0	$F=A \oplus B$	XOR
1	1	$F=\overline{A}$	補數

(a)電路　　　　　　　　　(b)功能表

● 圖4-15　單一級的邏輯運算電路

算術邏輯(運算)單元

將算術運算電路與邏輯運算電路組合起來，即為算術邏輯(運算)單元(ALU，Arithmetic Logic Unit)；如圖4-16所示為簡單型單一級的ALU電路，該電路只能執行兩個一位元資料的運算；若希望ALU能一次處理兩組 n 位元資料的運算，那麼只要將圖4-16串接並列 n 個即可。

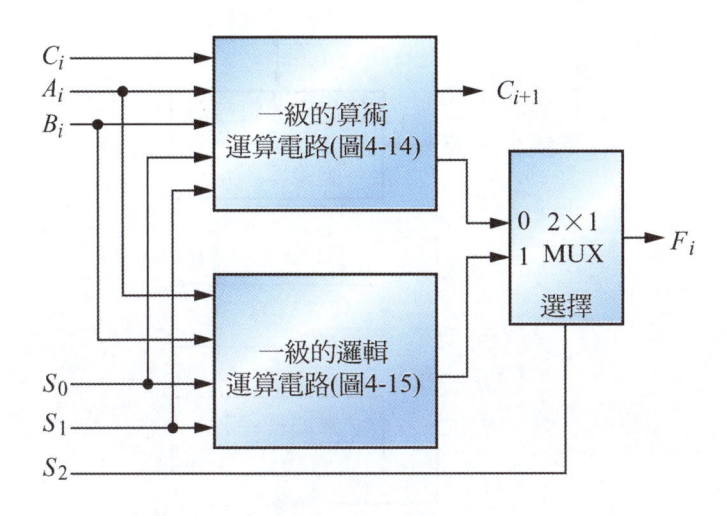

圖 4-16　簡單型單一級 ALU 之方塊圖

4-5　累加器

　　早期的處理機(processor)常將某一暫存器(register 註1)與其他暫存器分開，而此暫存器特稱為累加器或累積器(accumulator，常以A或ACC代表)；其名稱的由來為──當計算機(俗稱電腦)要執行許多資料的相加時，首先會將這些資料分別存在別的暫存器或記憶體(註2)中，並且將累加器(A)清除為 0，然後將要相加的資料與清除後的累加器(A＝0)相加後，其和回存至累加器，之後，第二筆資料則再與累加器相加，其和又回存至累加器，如此，持續至所有的資料"累加"完畢，故稱之。

　　如圖 4-17 為使用累加器的處理機單元方塊圖，由圖中可知 ALU 所執行的運算結果，均會自動存回至累加器，所以累加器為處理機中使用最頻繁的暫存器。例如早期 8bit 之 CPU 或 MCS-48 及 MCS-51 系列的單晶片及新進的 80X86 系列 CPU 均可見其蹤跡哦！

> 註　1. 暫存器也稱為記錄器，是由正反器(雙穩態多諧振盪電路)所組成的記憶體，用以暫時儲存資料，其單位面積的記憶容量通常較小，但存取的速度較快。
> 2. 記憶體通常指電腦中的主記憶體，其單位面積的記憶容量通常較大，但存取的速度較慢。

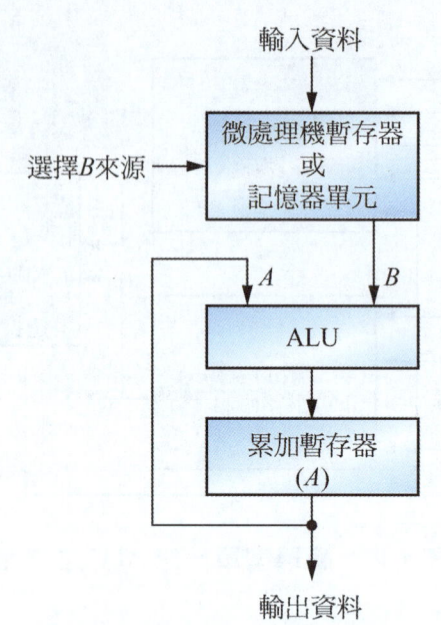

○圖 4-17　使用累加暫存器的微處理機方塊圖

4-6　記憶體

　　記憶體(memory)的功用是用來儲存程式與資料，由於半導體記憶體(常稱為主記憶體)具有速度快、體積小、價格便宜及使用便利等優點，因此廣泛使用於個人電腦、行動電話(大哥大)、數位照相機、數位攝影機、電子字典、IC卡等等，在現代生活中，幾乎是無所不在。

　　記憶體大致可分為主記憶體(main memory)及輔助記憶體(auxiliary memory)，以下大略敘述二者的分別：

1. **主記憶體**：又稱為一次記憶體(primary memory)或暫存記憶體(temporary memory)，此類記憶體可由CPU直接存取資料，且要執行的程式，也必需放在這兒才能執行。主記憶體又可分為唯讀記憶體(ROM)與隨機存取記憶體(RAM)兩大類。

2. **輔助記憶體**：又稱為二次記憶體(secondary memory)或永久記憶體(permanent memory)，此類記憶體需透過I/O方式存取資料，所以存取速度較慢；常用於資料的保存、備份或套裝軟體(package software)的存放等，但有時也作為主記憶體不夠用時的程式虛擬記憶體使用。常見的輔助記憶體有磁碟(如硬碟、軟碟、光碟等)、磁帶、IC卡等。

4-6.1 唯讀記憶體(ROM)

唯讀記憶體(ROM，Read Only Memory，亦稱僅讀記憶體)，顧名思義，就是一般的使用者只能由此記憶體讀出資料，而不能將資料寫入至此記憶體(但程式設計者或硬體工程人員則除外)。ROM通常用於存放固定不變的程式或資料，如電腦中的BIOS ROM、BASIC ROM及印表機的字型ROM等等；由於在電源消失之後，ROM所儲存的資料並不會消失，所以又稱為非揮發性(non-volatile)記憶體；常見的ROM有下列數種：

⑴光罩式 ROM (Mask ROM)：如圖4-18所示，其記憶細胞為二極體矩陣(製程上都以MOSFET取代二極體)，此種ROM只能由半導體工廠製造，因需製作資料光罩(mask)，必須有基本的數量才夠成本，屬於量產訂製型的。在結構圖中，每一列與每一行的交叉點均為一個記憶細胞；當交叉點有二極體連接時，相當於記錄邏輯 "0" 的資料，而沒有二極體連接的交叉點，則相當於記錄邏輯 "1" 的資料。Mask ROM的通用編號為23XX系列，例如編號2364 (8K × 8bits)的IC。

輸	入	輸		出	
A_1	A_0	D_3	D_2	D_1	D_0
0	0	1	0	0	1
0	1	0	0	1	0
1	0	1	1	0	1
1	1	0	1	1	0

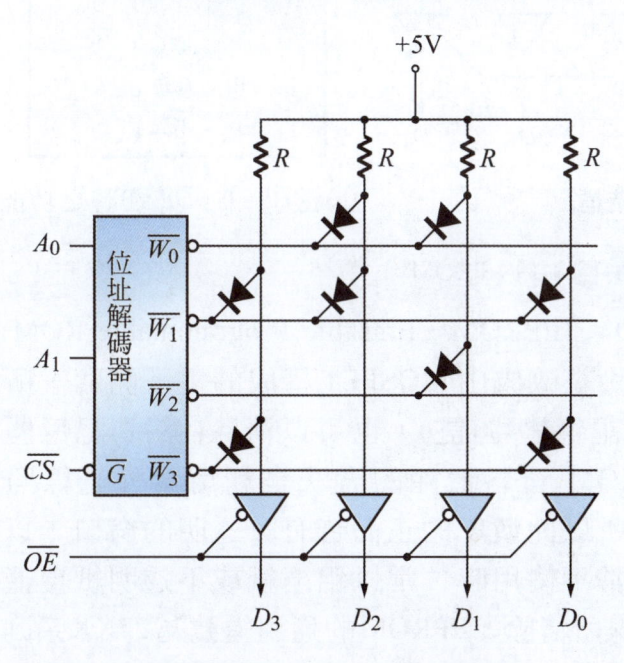

(a) $2^2 \times 4$ Mask ROM 結構　　(b) 當 $\overline{CS}=0$，$\overline{OE}=0$ 時之功能表

圖 4-18　Mask ROM

(2) 可規劃的 ROM (PROM，Programmable ROM)，又稱為可規劃一次的 ROM (OTPROM，One Time PROM)，如圖 4-19 所示，其記憶細胞為附有保險絲的二極體矩陣，使用者可以使用ROM燒錄器 (Programmer 或 Writer) 來燒錄自己的資料，由於保險絲燒斷後無法再復原，所以僅能燒錄一次；PROM的通用編號為25XX系列，例如編號 25128 (16K × 8bits) 的 IC。

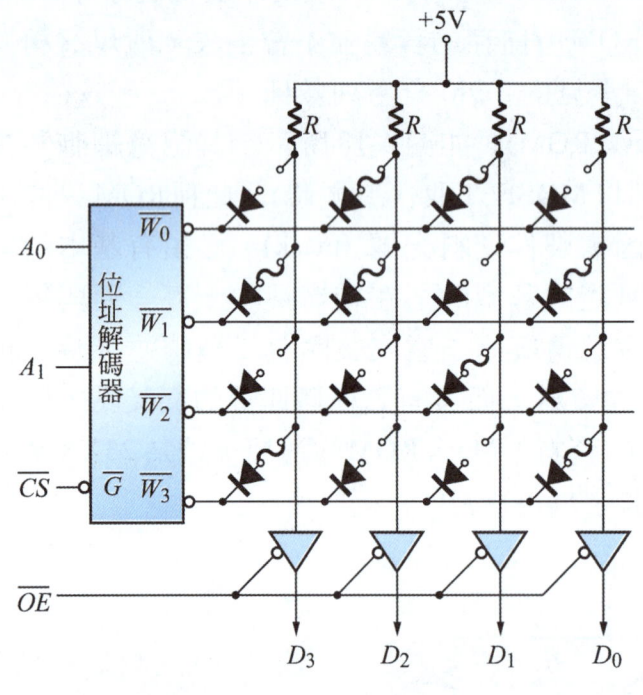

輸 入		輸 出			
A_1	A_0	D_3	D_2	D_1	D_0
0	0	1	0	0	1
0	1	0	0	1	0
1	0	1	1	0	1
1	1	0	1	1	0

(a) $2^2 \times 4$ 的PROM結構　　(b) 當 $\overline{CS}=0$，$\overline{OE}=0$ 時之功能表

● 圖 4-19　PROM

(3) 可清除可規劃的 ROM (EPROM，Erasable Programmable ROM)，乃是將 PROM 的保險絲改成由 MOSFET 構成的電子開關，所以可以將資料燒錄至記憶體中(**註**)，也可以清除(擦拭)記憶體中的資料。由於 EPROM 資料清除的方法是利用紫外光線照射 15～30 分鐘左右，所以此型IC的正面皆有一透明的窗口，以利紫外光照射；但平常不使用時，常以鋁箔紙或不透明紙覆蓋，以免資料被紫外光線所清除。EPROM的通用編號為27XX系列，如編號 27512 (64K × 8bits)、27256 (32K × 8bits)的 IC。

註　燒錄的方式是加上較高的脈波電壓，如 25V、21V、12.5V 等。

剛買來全新的 EPROM 由於所有的 MOSFET 皆不導通，所以讀出來的資料皆為邏輯"1"，若其資料匯流排 (data bus) 為 8bit，則讀出之資料為FFH。

⑷電子清除可規劃的ROM (EEPROM，Electrically Erasable Programmable ROM)，或簡稱EAROM (Electrically Alterable ROM)，EEPROM 亦可以寫成E^2 PROM。其記憶細胞類似EPROM，但資料的燒寫與清除方式，則皆以電氣方式來完成(註1)。由於單位面積的密度較低，所以價格較貴，但自從快閃記憶體 (Flash Memory，註2) 技術問世後，EEPROM 的價格正急速下降中，而其用途則日益增廣，例如：數位相機、數位隨身聽、行動電話(大哥大)、PDA (個人數位處理器)及IC卡等等。EEPROM的通用編號為28XX系列，如編號 2816 (2K×8bit)、2864 (8K×8bit)；而 Flash ROM (或 Flash Memory) 則為 28F001 (Intel 128K × 8bit)、Am28F010 (AMD 128K × 8bit) Am 28F020 (AMD 256K × 8bit) 等編號。

> 註
> 1. EEPROM 是利用反向高電壓 (12V～25V) 來清除資料的，約需花費數秒即可清除資料，而清除時間與記憶容量成正比。
> 2. Flash Memory 的特色如下：①單位面積的密度非常高，因此價格較 EEPROM 低很多。②較 EEPROM 更低的消耗功率。③寫入資料的方式是一個區塊一個區塊的方式，而 EEPROM 則是一個 byte 一個 byte 的方式。

4-6.2 隨機存取記憶體(RAM)

隨機存取記憶體 (RAM，Random Access Memory)是一種可以隨時寫入與讀出資料的記憶體，所以又稱為讀寫記憶體 (RWM，Read Write Memory)。當電源消失時，RAM所儲存的資料亦會消失，故為一種揮發性(volatile)記憶體，常用於儲存暫時性的資料或程式，而RAM大致可分為兩種：

1. 靜態RAM (SRAM，Static RAM)

SRAM 之基本記憶細胞為正反器 (FF，Flip Flop)，如圖 4-20 所示為 1bit SRAM的儲存電路(動作原理請參考附錄)，由圖中可發現 1bit的記憶單元最少需4個以上的電晶體，所以SRAM在晶片上單位面積的記憶容量(Kbits)較動態記憶體(DRAM)小很多，故價格較貴、且體積大，消耗功率也大；但是由於其資料的存取速度快(已有存取時間小於 5nS 的產

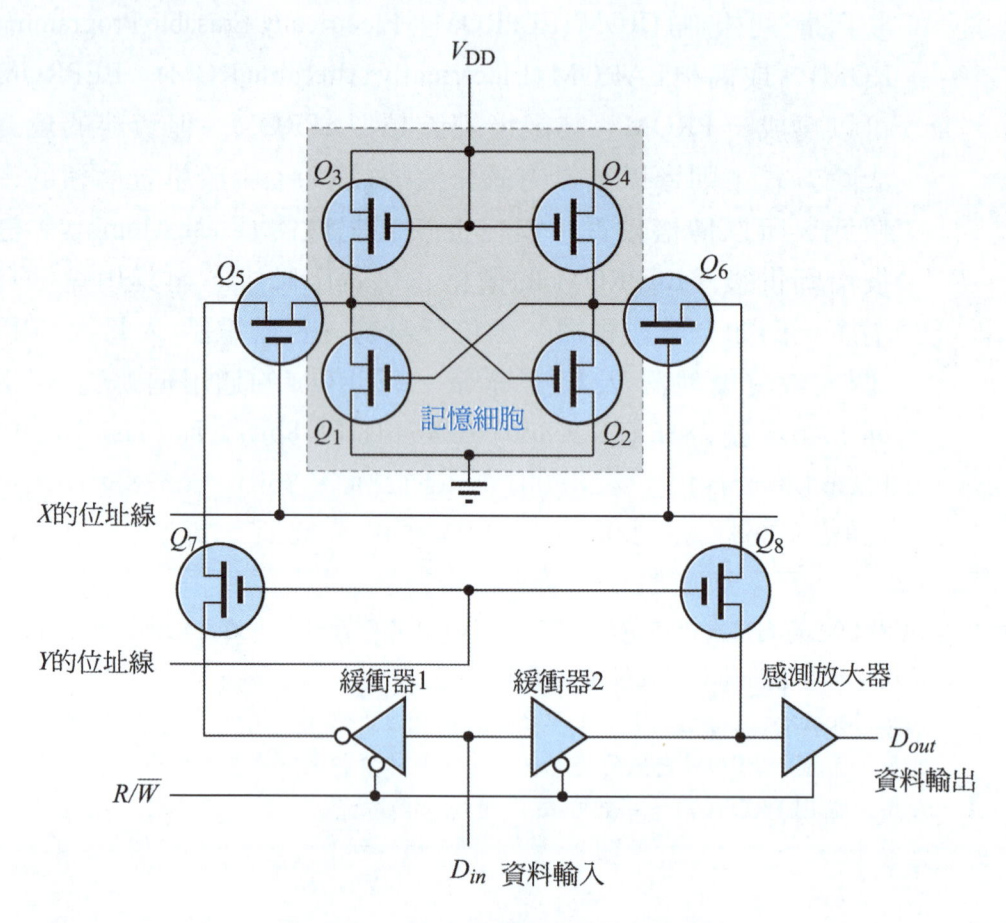

● 圖 4-20　1 位元的 SRAM 電路

品問世)，所以廣泛作為快取記憶體 (Cache Memory，註)，電腦週邊裝置(硬碟、光碟、印表機……等)的資料緩衝(data buffer)記憶體；其通用編號為 2XXX 及 6XXX 等，例如 2114 (1K × 4bits)、6116 (2K × 8bits) 及 62256 (32K × 8bits)等。

> 註　快取記憶體為介於 CPU 與主記憶體 (DRAM) 間的記憶體，主要用於提高電腦 (或 CPU) 的執行效率(或速度)。

2. 動態 RAM(DRAM，Dynamic RAM)

　　DRAM 基本記憶細胞為 MOSFET 閘極對地間的雜散電容器，如圖 4-21 所示為 1bit DRAM 的儲存電路(動作原理請參考附錄)，由於結構較簡單，所以 DRAM 在晶片上單位面積的記憶容量較靜態記憶體(SRAM)大很多，故價格較便宜，且由於體積小、消耗功率低，故常作為微電腦系統的主記憶體。

　　由於儲存在雜散電容器上的電荷會逐漸消失，造成資料的消失，所以必須在電荷尚未漏失至資料不正確前便予以刷新(refresh，註)。此外，由於每當讀出資料的同時，必須做寫入的動作，否則電容器上的電荷會因而被改變，此種讀出方式被稱為破壞性的讀出。

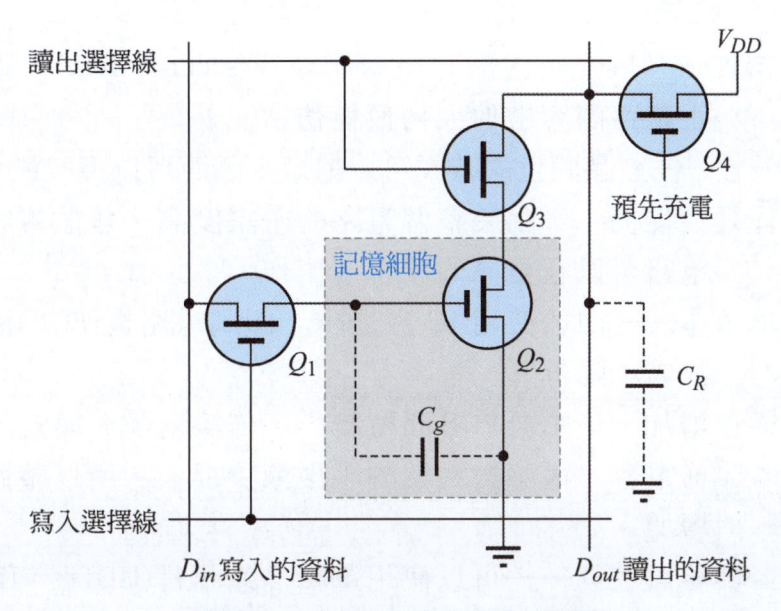

● 圖 4-21　1 位元的 DRAM 電路

> 註　在約 2～8ms 時間內，必須將每個電容器上的資料作一次虛擬讀出(並未真正傳送至輸出端)與寫入的動作，稱為 refresh (刷新、更新、復新、再新……)。

4-7 可程式邏輯元件

可程式邏輯元件 (PLD，Programmable Logic Device)是一種數位積體電路，可以讓使用者自由設計其邏輯功能；所以PLD其實含蓋了PROM (Programmable ROM)、PAL (Programmable Array Logic)、PLA (Programmable Logic Array)、CPLD (Complex PLD)、FPGA (Field Programmable Gate Array) 等可程式邏輯元件。

PLD早期便是為了取代制式的IC (SSI、MSI)而問世，然而隨著半導體材料與製造技術的進步，PLD 在某些方面甚至已經可以取代 LSI、VLSI，但是這已不是PLD廣受喜愛的主要原因，因為使用PLD可獲得下列幾項優點：

1. 保密性──只要將內部的保密保險絲(security fuse)燒斷，即可防止電路內容被他人拷貝模仿。
2. 時效性──產品問世的時間可以縮短，因而可以獲取最大的利基。
3. 工作速度提高──由於整個電路的密集度高，雜散電容少，因而電路可以在更高的頻率下工作。
4. 降低成本──由於使用 IC 數變少，印刷電路板(PCB)面積變小，故成本降低。
5. 可靠度增加──由於PCB面積變小，佈線變少、變短，產生的分佈電容、電感對系統的干擾減少很多，所以整體的可靠度增加。
6. 設計與維護容易──可以使用邏輯描述語言(HDL、VHDL 等語言)、電路圖等自動化工具完成設計、模擬，且可重複燒錄，故在設計與維護上均十分便利。

PLD以其內部結構來分類，大致可分為下列三大類：

1. 簡單型PLD (SPLD，Simple PLD)

此型 PLD 的內部就是一種二層的 *AND-OR* 邏輯陣列，*AND* 的輸入端或 *OR* 的輸入端具有可程式化(可規劃)的保險絲陣列；此外，某些 PLD 的輸出部份還具有暫存器、輸出回饋(feedback)及三態輸出等結構。

在 SPLD 中，有的只能燒錄一次(PAL)，有的則如 EPROM 般，利用紫外光線清除資料，即可重複燒錄(EPLD)；另有的則利用電氣方式清除資料，亦可重複燒錄(GAL、PEEL)(註)。

由於 SPLD 不能在電路上隨時規劃(ISP，In Systen Program)，若欲重新規劃則必須將元件由電路中取出，利用專用的燒錄器來燒錄，之後再插回原電路中工作，是非常不方便的方式；所以，逐漸被支援 ISP 的 CPLD 及 FPGA 所取代。

註：
1. PAL (Programmable Array Logic)：為 PLD 最早的產品，只能燒錄一次，但價格十分便宜。
2. EPLD (Erasable PLD)：用 CMOS EPROM 技術，故可重複燒錄，但須使用紫外光線清除資料。
3. GAL (Generic Array Logic)：應用 EEPROM 技術，故可重複燒錄，且使用電子方式清除資料。
4. PEEL (Programmable Electrically Logic)：內部結構功能與 GAL 相似，但可重複燒錄 1000 次以上，壽命更長更實用。

PLD 的 AND 與 OR 閘的表示方式，通常如圖 4-22 所示，其中符號"×"為可燒斷的保險絲符號；若"×"存在，則表示保險絲未燒斷。如圖 4-23 所示的電路，即可用較為簡便的畫法表示，其中符號"·"代表一個固定結構不可規劃；而圖 4-24 則為 AND、OR 陣列皆可規劃的結構。

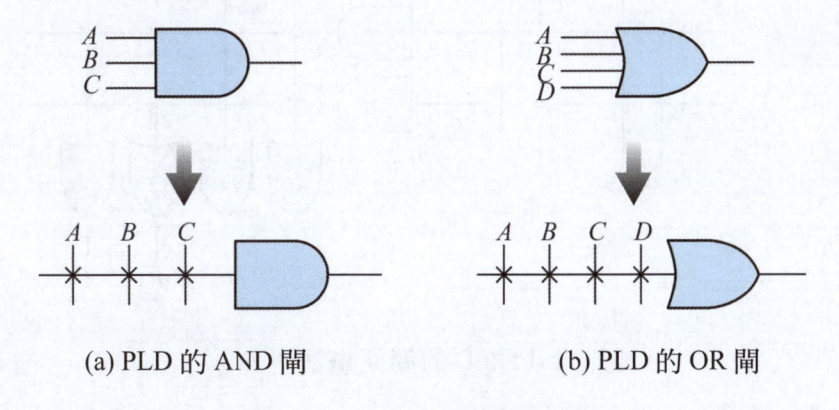

(a) PLD 的 AND 閘　　　　(b) PLD 的 OR 閘

● 圖 4-22　PLD 的邏輯閘表示法

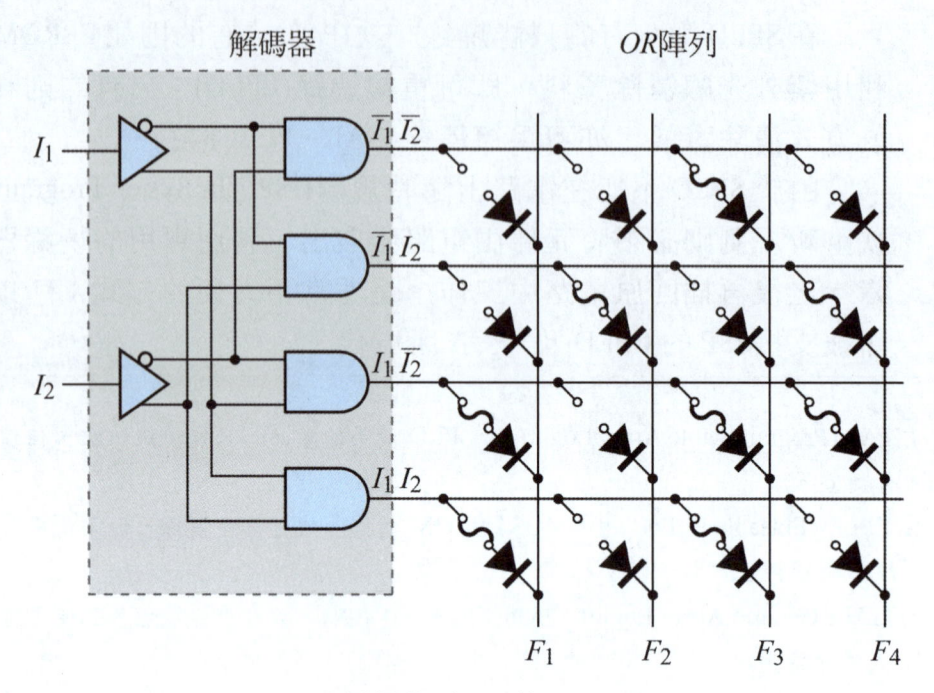

(a) 已規劃的 $2^2 \times 4$ 位元 PROM

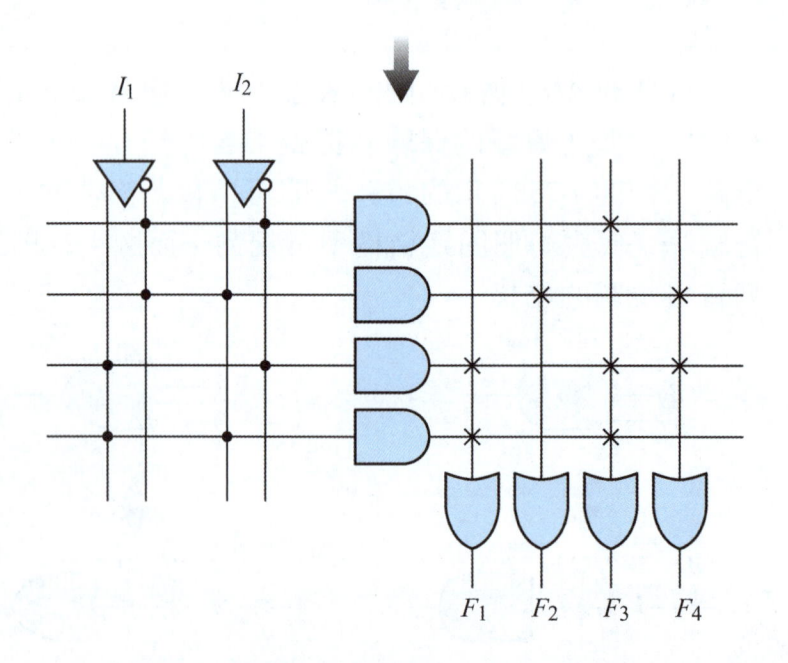

(b) PLD 的簡便畫法

圖 4-23　PLD 的畫法

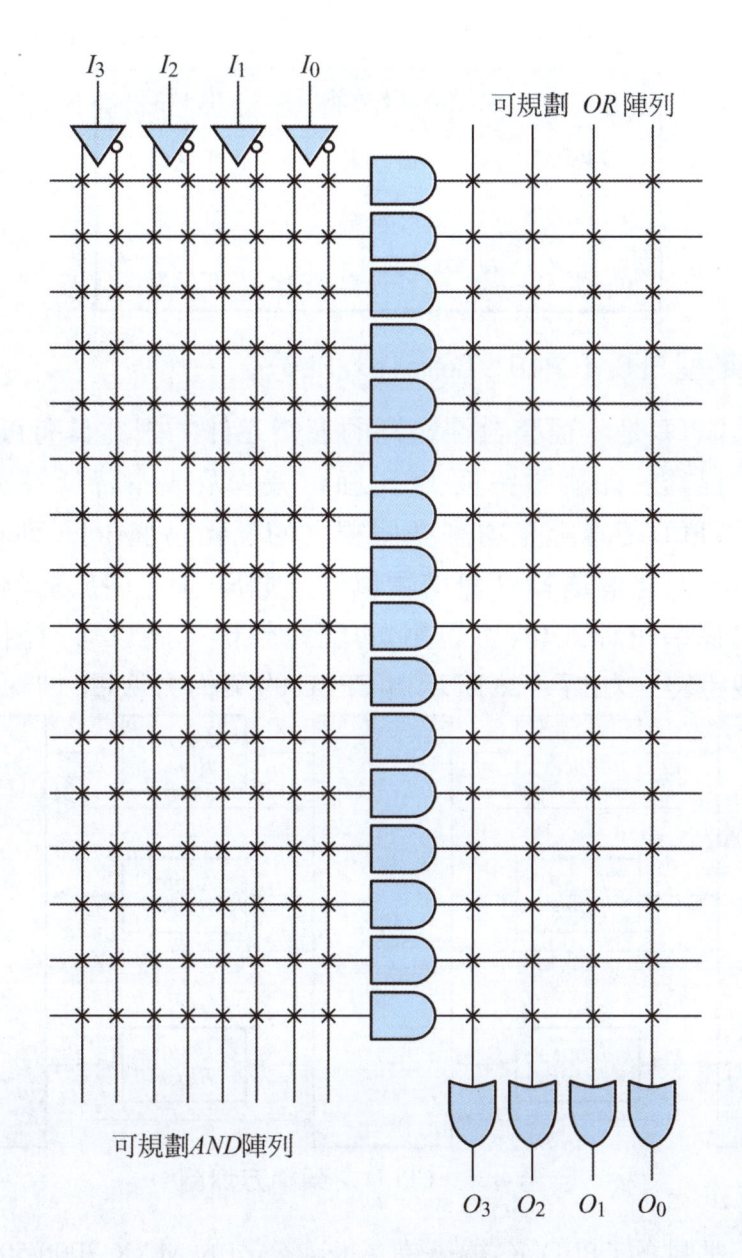

● 圖 4-24　PLA 結構

　　SPLD 若依 *AND*、*OR* 陣列可程式(規劃)與否來劃分，可分為 PROM、PAL 及 PLA 三者，表 4-5 所示即為其不同點。

■表4-5 PROM、PAL、PLA 三者的差異

種類	AND 陣列	OR 陣列
PROM	固 定	可規劃
PAL	可規劃	固 定
PLA	可規劃	可規劃

2. 複雜型 PLD（CPLD，Complex PLD）

CPLD 是一種整合性較高的邏輯元件，因此具有可靠度增加、性能提升、印刷電路板(PCB)面積減少及成本降低等優點。

CPLD 基本上是由許多個獨立的邏輯區塊(logic block)所組合而成的，而每個邏輯區塊均類似於一個 SPLD。由於邏輯區塊間的相互關係為可程式化(可規劃)的配線架構，所以可以組合成複雜的大型電路，如圖 4-25 所示為 CPLD 的架構方塊圖。

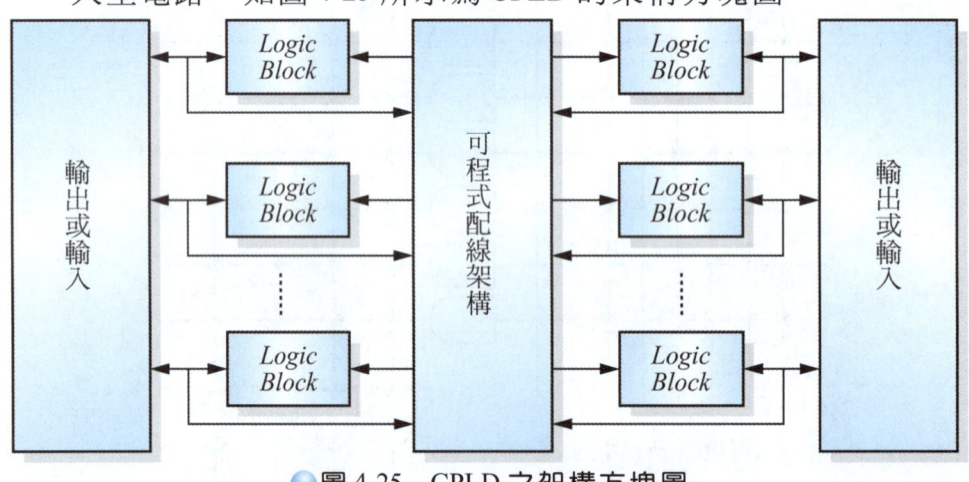

● 圖 4-25 CPLD 之架構方塊圖

常見的 CPLD IC 編號有 Altera 公司的 MAX 3000/5000/7000/9000 系列，Xilinx 公司的 XC9500 系列、Cool Runner 系列等；一般而言，CPLD 可規劃的邏輯閘數約在 1000～7000Gate 之間。

3. FPGA 可程式邏輯元件

FPGA (Field Programmable Gate Array，現場可規劃閘陣列)是在一顆超大型積體電路(VLSI)中，均勻地配置了一大堆的可程式邏輯區塊(CLB，configurable Logic Block)。每個 CLB 都擁有基本的組

合邏輯和順序邏輯電路，而且在每個CLB和CLB之間均勻地配置一大串的可程式配線(routing)，只要控制這些配線就可以將一個個單獨的CLB組合成複雜的大型電路；最後再利用分佈於外圍的可程式輸入輸出區塊(IOB，Input/Output Block)，提供 FPGA 和外部電路的界面，如圖 4-26 所示。

　　在FPGA元件中的邏輯區塊(CLB)、輸入輸出區塊(IOB)和配線(routing)，不但都是可程式化，且還可以像讀寫 RAM 一樣的隨時載入並更新設計，就像是利用電腦輔助配線的麵包板一樣地方便，所以使用者可以很容易地設計、製作出自己所需要的系統，因此應用在設計使用者的原型機(prototyping)或少量生產之產品，FPGA 元件可以說是最佳的實驗器材。只是由於 IC 接腳個數上的限制，其啟始設定程序必須用串列訊號來控制讀寫動作，所以稍微慢了些。此外，由於 FPGA 內部邏輯區塊連接，需依配線來構成使用者的系統，所以其處理速度比專用積體電路(ASIC，Application Specific Integrated Circuit，**註**)還慢。

　　若以規劃的方式可分為兩種，一為SRAM型FPGA，另一則為Anti-fuse 型 FPGA；其中 SRAM 型的 FPGA 具有可重複程式化的優點，且元件密度高，暫存器眾多，常用於 10,000 閘以上的大型設計，適合做複雜的時序邏輯，如數位訊號處理(DSP，Digital Signal Process)、I/O 介面控制、資料路徑傳輸控制(高速 HUB)、PCI 介面控制等等；而Anti-fuse類型的FPGA則具有抗幅射、耐高低溫、低消耗功率及速度快的優點，所以在太空運用和軍事規格上有較多的優勢，且由於其邏輯閘數可用性較高，應用電路較為簡單，單價也較便宜，故常用於需求量小的產品，然而卻僅能燒寫一次，為其較大的缺點。

> **註** 專用(或特用)積體電路(ASIC)，為提供一個特殊應用場合所使用的積體電路元件，如硬碟機、掃描器等……，在其電路板上均可發現有一、二顆各家所特有的ASIC，其目的在使系統電路整合更有效率，並使成本下降，提升產品之競爭力；另一方面又可以使電路之設計增加保密性，不易被盜拷，由於須向IC製造公司訂做，所以需求量要較龐大，才能符合成本。

常見的 FPGA IC 編號有 Xilinx 公司的 Virtex、XC4000 系列及 Altera、Lattice 等公司的產品；其中，Xilinx 公司則是 FPGA 的發明者。

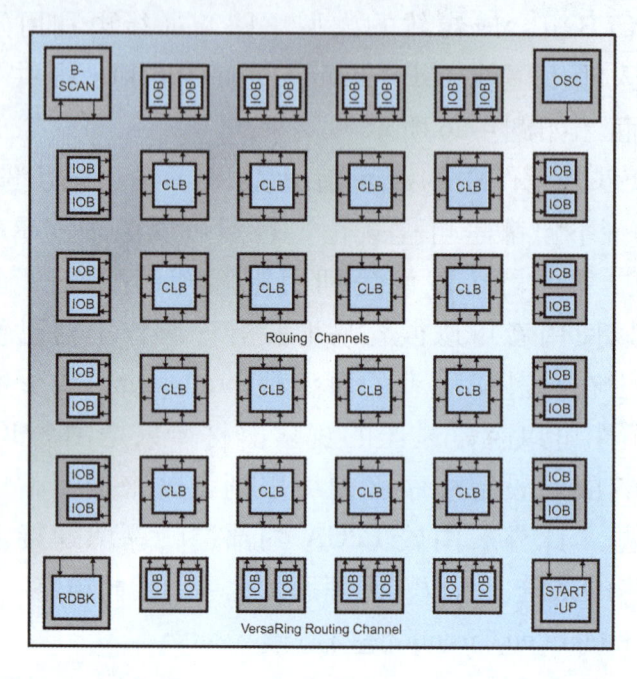

● 圖 4-26　基本的 FPGA 方塊圖(摘自 Xilinx 公司資料手冊)

4-8　順序邏輯

數位邏輯電路大致可分為組合邏輯(combination logic)與順序邏輯(sequential logic)兩種，如圖 4-27 所示。所謂組合邏輯是由許多邏輯閘所組成的電路；它的輸出可以直接由輸入組合的型式表示出來，而與電路的過去輸入情況無關；也就是說：組合邏輯的輸出可用布林函數來描述；輸出的狀況僅與當時輸入的狀態有關。

順序邏輯，也稱為時序邏輯或循序邏輯，除了具有組合邏輯的電路與功能外，尚含有記憶裝置；它的輸出除了與當時的輸入有關外，還受記憶裝置所處的狀態影響；而記憶裝置的狀態，則是由先前輸入的狀態所決定；換句話說；順序邏輯的輸出，不僅由目前輸入的狀態決定，還受到時間因素的影響。

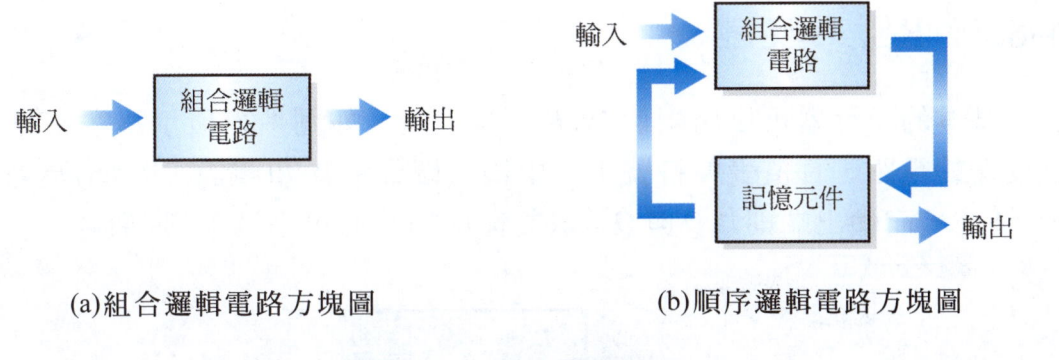

(a)組合邏輯電路方塊圖　　　　(b)順序邏輯電路方塊圖

● 圖 4-27　數位邏輯電路

4-8.1　正反器

在數位邏輯電路中，兩種最常用的元件分別為邏輯閘與正反器(FF，Flip Flop)；而正反器正是順序邏輯電路中的基本記憶元件；由於正反器就是雙穩態多諧振盪器，所以它有兩個輸出端，彼此以相反的穩定狀態輸出，如圖 4-28 所示即為正反器的符號，$\overline{Q}$ 輸出端的狀態恆為 Q 輸出端的反相(或補數)；另外，正反器有一個或一個以上的輸入端，從輸入端輸入的訊號可能造成正反器改變輸出狀態，而一旦某一輸入訊號造成正反器進入某種輸出狀態時，正反器就會一直停留在該狀態(即使該輸入訊號已經終止了)，直到下一個輸入訊號來臨才有可能再度致使正反器進入另一種輸出狀態；這種具有"記憶"的特性就是正反器的特點。

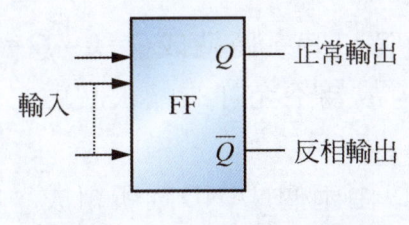

● 圖 4-28　正反器的符號

正反器在數位邏輯電路中主要功用有 (1)儲存資料(記憶體) (2)改變資料的型式，如串列、並列的變換(移位暫存器) (3)計數(計數器) (4)控制其他元件。

4-8.2 RS 正反器

基本的正反器可以用兩個 NOR 閘來完成,如圖 4-29 所示為常見的 RS 正反器的電路、真值表與符號;其中輸入端分別為 R(重設,Reset)及 S(設定,Set),而輸出端則為 Q 與 $\overline{Q}$;依其輸出的狀態可分為下列 4 種:

R	S	Q_{n+1}
0	0	Q_n
0	1	1
1	0	0
1	1	*

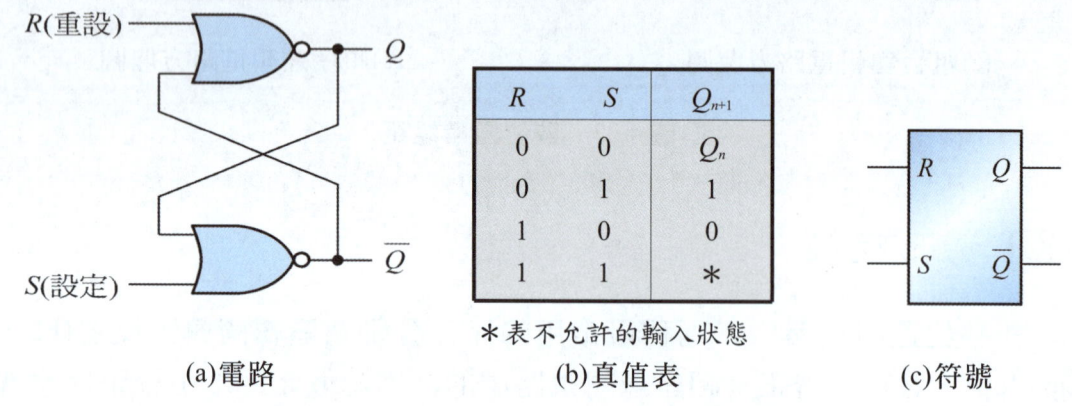

＊表不允許的輸入狀態

(a)電路　　(b)真值表　　(c)符號

● 圖 4-29　NOR 閘組成的 RS 正反器(電栓)

1. 當輸入端 $R=0$、$S=0$ 時,RS 正反器的下一個狀態(Q_{n+1})與先前的狀態(Q_n)相同,即輸出不變。
2. 當輸入端 $R=0$,$S=1$ 時,不論 RS 正反器原先的輸出狀態為何,輸出端 Q 都會變為 1。
3. 當輸入端 $R=1$,$S=0$ 時,不論 RS 正反器原先的輸出狀態為何,輸出端 Q 都會變為 0。
4. 當輸入端 $R=1$,$S=1$ 時,將造成 $Q=0$,$\overline{Q}=0$ 的不合理情況(因為 $\overline{Q}$ 恆為 Q 的反相),故為不允許的輸入狀態,此情況常稱為競賽(race 註)。

RS 正反器當然也可以由兩個 NAND 閘所組成,如圖 4-30 所示為其電路與真值表;由真值表中可知——當輸入端 $R=0$,$S=0$ 時,將造成 $Q=1$,$\overline{Q}=1$ 的不合理情況,故亦為不允許的輸入狀態。

> 註　在實際的 IC 電路中是不會造成 $Q=\overline{Q}$ 的情況。

第四章　數位電路

(a)電路

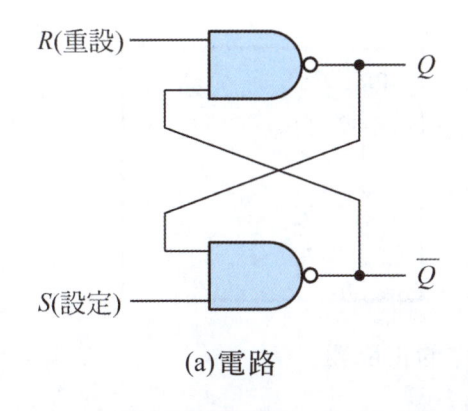

R	S	Q_{n+1}
0	0	*
0	1	1
1	0	0
1	1	Q_n

(b)真值表

● 圖 4-30　NAND 閘組成的 RS 正反器(電栓)

　　由於實用的正反器皆有一個時鐘(clock)脈波輸入端(常以CK或CLK表示)，用以控制正反器能在某一個時間點動作，以便數千、數萬個正反器能同時一起動作；所以，先前介紹的RS正反器，由於沒有時脈(CLK)輸入端，嚴格來說，只能稱為RS電栓(latch)而已。

　　如圖 4-31 所示為常見具有 CLK 輸入端的控制方式，圖(a)為輸入的時脈由 0 轉態為 1 的瞬間(即正緣觸發，常以↑表示)，正反器才會動作。圖(b)為輸入的時脈由 1 轉態為 0 的瞬間(即負緣觸發，常以↓表示)，正反器才會動作。

(a)正緣觸發型的正反器　　　　(b)負緣觸發型的正反器

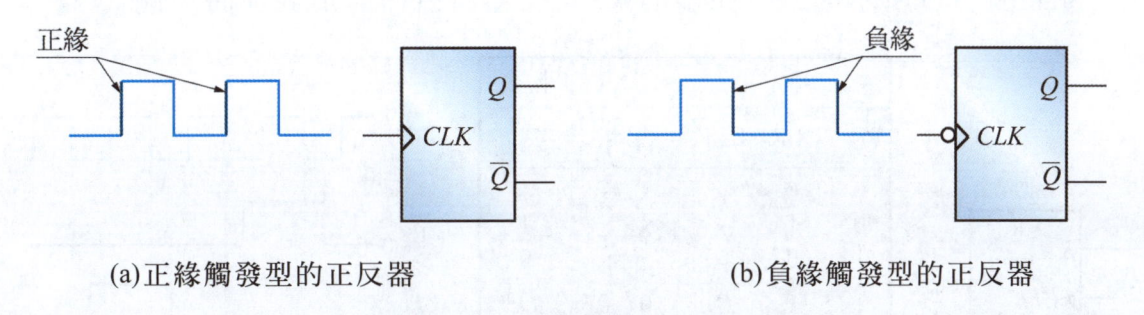

● 圖 4-31　時鐘脈波的觸發方式

　　由於順序邏輯的電路，通常要有預先設定(預設，preset)或清除(clear)的功能；所以，典型的正反器通常都有預設(常以PR表示，即使Q=1的功能)及清除(常以 CLR 表示，即使Q=0的功能)輸入端，如圖 4-32 所示，在所有的輸入控制端中，PR 及 CLR 具有最高的優先權。

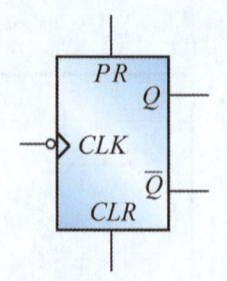

PR	CLR	Q_{n+1}
0	0	Q_n
0	1	0
1	0	1
1	1	*

(a)高態動作的正反器

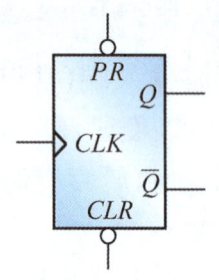

PR	CLR	Q_{n+1}
0	0	*
0	1	1
1	0	0
1	1	Q_n

(b)低態動作的正反器

圖 4-32　預設與清除的控制功能

如圖 4-33 所示則為較完整的 RS 正反器符號、真值表與時序圖。

輸　　入					輸出
PR	CLR	CLK	S	R	Q_{n+1}
0	0	×	×	×	*
0	1	×	×	×	1
1	0	×	×	×	0
1	1	↑	0	0	Q_n
1	1	↑	0	1	0
1	1	↑	1	0	1
1	1	↑	1	1	*

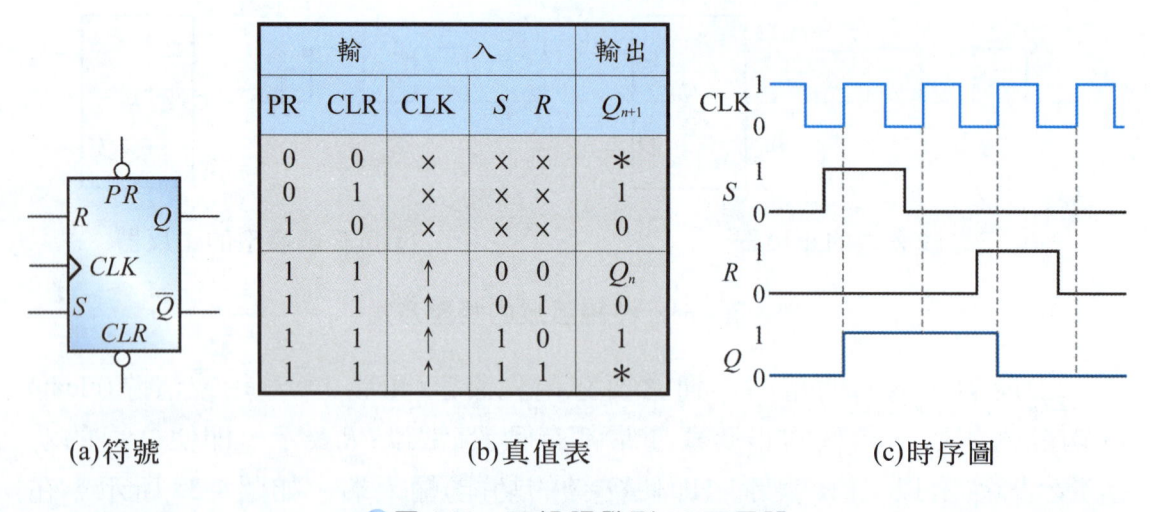

(a)符號　　　　(b)真值表　　　　(c)時序圖

圖 4-33　正緣觸發型 RS 正反器

4-8.3 JK 正反器

JK 正反器可以改善 RS 正反器的競賽情況,如圖 4-34 所示為負緣觸發 JK 正反器的符號、真值表與時序圖;其中 J 輸入端相當於 RS 正反器的 S 輸入端,而 K 輸入端則相當於 RS 正反器的 R 輸入端,只是當 J=K=1 時,且時脈負緣來臨時,Q 輸出端的狀態恆為原來狀態的反相($Q_{n+1}=\overline{Q}_n$),稱為恆變或反轉(toggle),而其餘的情況則皆與 RS 正反器相同。

輸		入			輸出
PR	CLR	CLK	J	K	Q_{n+1}
0	0	×	×	×	*
0	1	×	×	×	1
1	0	×	×	×	0
1	1	↓	0	0	Q_n
1	1	↓	0	1	0
1	1	↓	1	0	1
1	1	↓	1	1	$\overline{Q}_n$

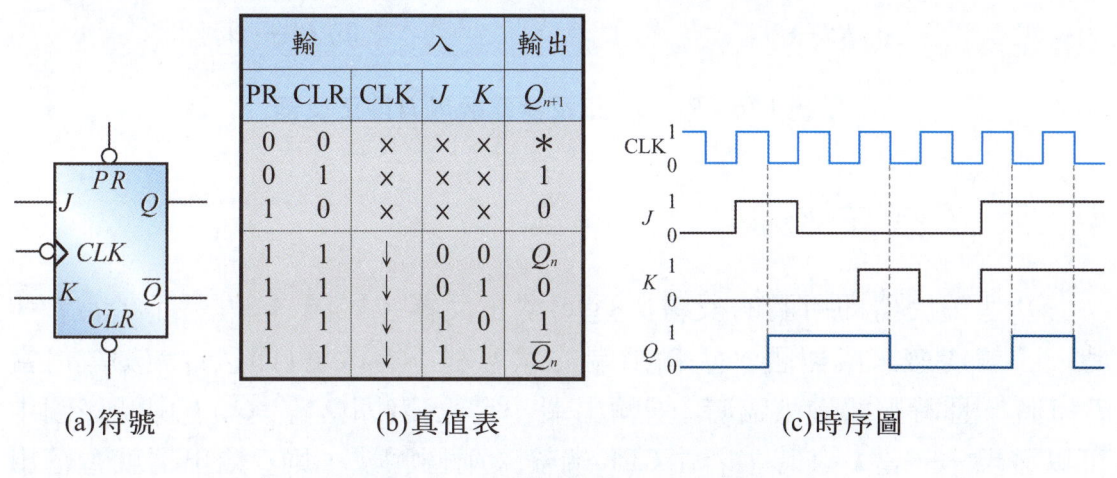

(a)符號　　(b)真值表　　(c)時序圖

● 圖 4-34　負緣觸發型 JK 正反器

4-8.4 D 型正反器

如圖 4-35 所示為 D (delay) 型正反器,其特性為:當 D=0 時,且時脈負緣來臨時,Q 輸出端就變為 0,反之,當 D=1 時,且時脈負緣來臨時,Q 輸出端就變為 1;因此,D 型正反器好像一個專門儲存從 D 輸入端進來資料的記憶裝置。

輸入	輸出
D	Q_{n+1}
0	0
1	1

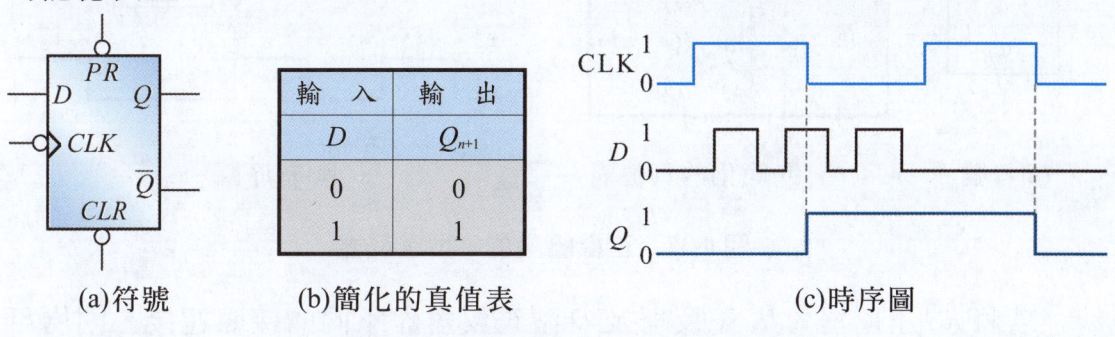

(a)符號　　(b)簡化的真值表　　(c)時序圖

● 圖 4-35　負緣觸發型的 D 型正反器

D型正反器由於構造簡單且容易儲存暫時性資料，所以廣泛用於移位暫存器、強生(Johnson)計數器及資料暫存器等電路中。另外，若將RS正反器、JK正反器作不同的接線連接，則均可變成D型正反器，如圖4-36所示。

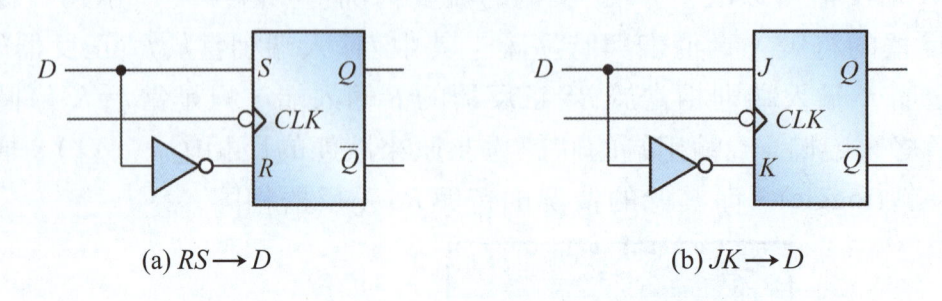

(a) $RS \rightarrow D$

(b) $JK \rightarrow D$

圖 4-36　RS、JK 正反器轉換成 D 型正反器

4-8.5　T 型正反器

T 型正反器即所謂的反轉(toggle)型正反器，如圖 4-37 所示，當 $T=0$ 時，不論觸發來臨與否，Q 輸出端的狀態都不會改變(即 $Q_{n+1} = Q_n$)，但當 $T=1$ 時，且時脈觸發來臨時，Q 輸出端一定恆變(即 $Q_{n+1} = \overline{Q_n}$)；由時序圖中可以發現——當 $T=1$ 時，若由 CLK 端輸入兩個脈波，則 Q 輸出端就會輸出一個脈波，所以，每個 T 型的正反器皆具有除 2 的功能，而且只要是輸入週期性脈波，不論其工作週期(duty cycle)為何，輸出波形一定為方波(工作週期為 50%)。

輸入		輸出
T	CLK	Q_{n+1}
0	×	Q_n
1	0	Q_n
1	1	Q_n
1	↓	Q_n
1	↑	$\overline{Q_n}$

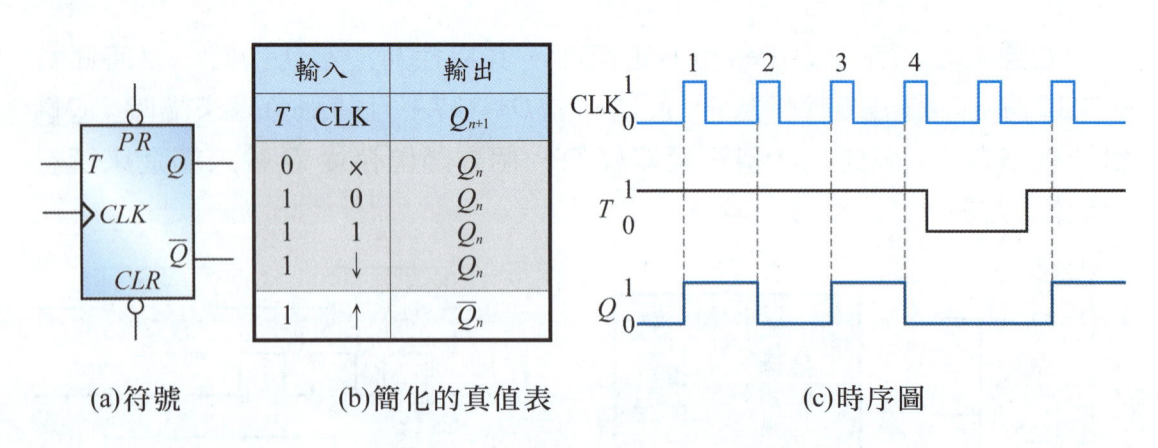

(a)符號　　(b)簡化的真值表　　(c)時序圖

圖 4-37　正緣觸發的 T 型正反器

若將 RS 正反器、JK 正反器及 D 型正反器作不同的接線連接，則均可變成 T 型正反器，如圖 4-38 所示。

(a) RS→T (b) JK→T (c) D→T

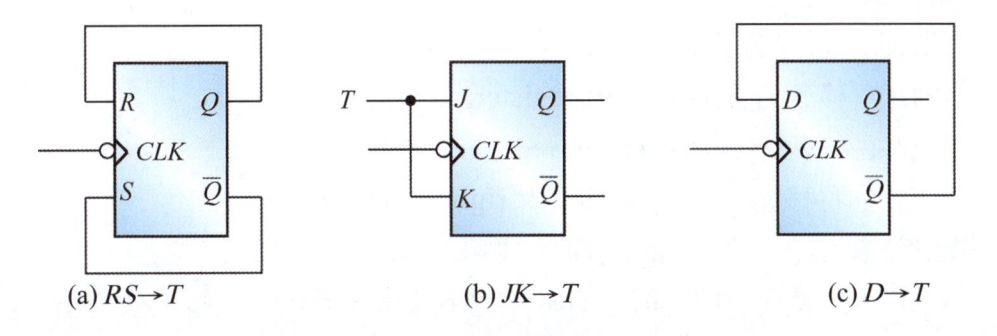

● 圖 4-38　各種正反器轉換成 T 型正反器

例題 4-1　如圖(1)所示之電路，f_{in} 為 10kHz 的週期性脈波，且波形的工作週期為30%，試求 f_o 的頻率與其工作週期。

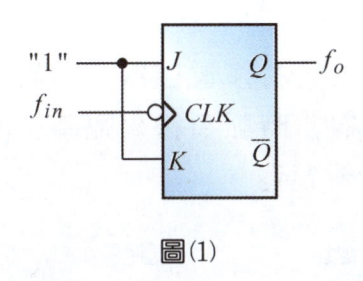

圖(1)

解　(1) 由於該電路等效於 T 型正反器，且 T=1，所以具有除 2 的功能，故

$$f_o = \frac{f_{in}}{2} = \frac{10\text{kHz}}{2} = 5\text{kHz}$$

(2) 由於 f_{in} 為週期性脈波，所以輸出端 f_o 的波形為方波，故其工作週期為 50%。

4-9　移位暫存器

　　暫存器(register)是由一群記憶元件(如正反器等)所組成的一種電路，用以暫時儲存資料；由於每一個記憶元件只能儲存 1 bit 的資料，因此在電路的設計上，就必須考慮如何將資料移入或移出暫存器，而具有上述功能的暫存器，稱為移位(shift)暫存器。

　　移位暫存器的電路，基本上是一群含有清除與預設輸入端的 D 型正反器組合，有時則依功能需求而再加上一些邏輯閘，常用於數位邏輯電路的輸入／輸出部份，以方便資料的暫時儲存，或作為串列與並列的轉換之用。

若依資料的傳遞方向可分為：
    (1)左移暫存器(shift left register)
    (2)右移暫存器(shift right register)
    (3)左右移暫存器(shift left & right register)

若依資料輸入、輸出的處理方式可分為：
    (1)串列輸入串列輸出(SISO，Serial In Serial Out)移位暫存器。
    (2)串列輸入並列輸出(SIPO，Serial In Parallel Out)移位暫存器。
    (3)並列輸入串列輸出(PISO，Parallel In Serial Out)移位暫存器。
    (4)並列輸入並列輸出(PIPO，Parallel In Parallel Out)移位暫存器。

4-9.1 左右移暫存器

如圖4-39所示為4位元的右移暫存器，由於所有D型正反器之時脈輸入端皆並接在一起，所以每當時脈負緣來臨時，其資料($Q_D Q_C Q_B Q_A$)則由左向右移位一次，故稱右移暫存器。

(a)電路

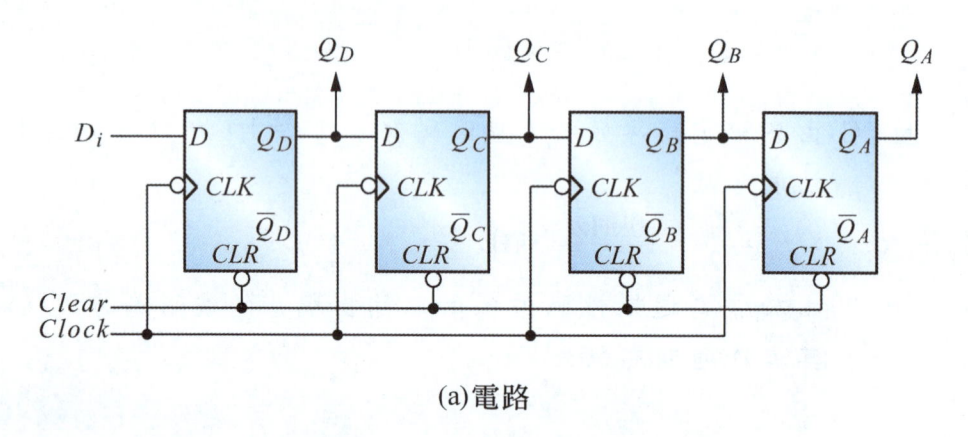

圖4-39　4位元右移暫存器

(b)時序圖

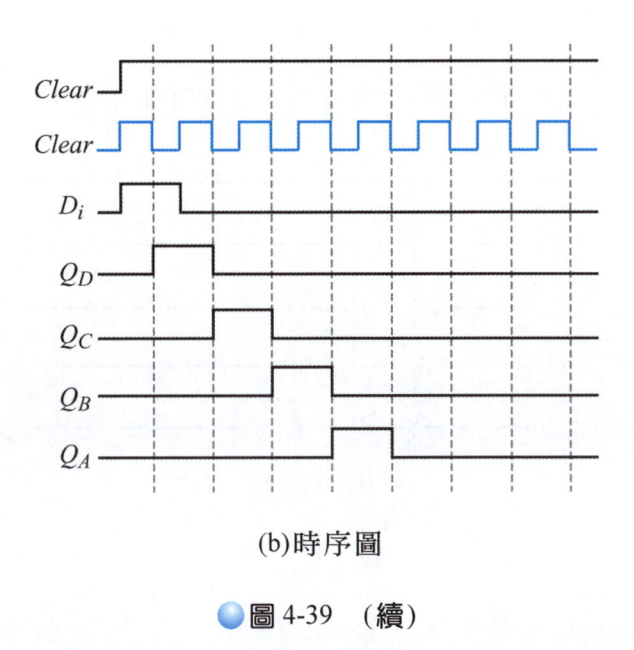

● 圖 4-39 （續）

如圖 4-40 所示則為 4 位元的左移暫存器，由於所有的 D 型正反器皆同時動作，所以每當時脈負緣來臨時，其資料($Q_D Q_C Q_B Q_A$)則由右向左移位一次，故稱為左移暫存器。

(a)電路

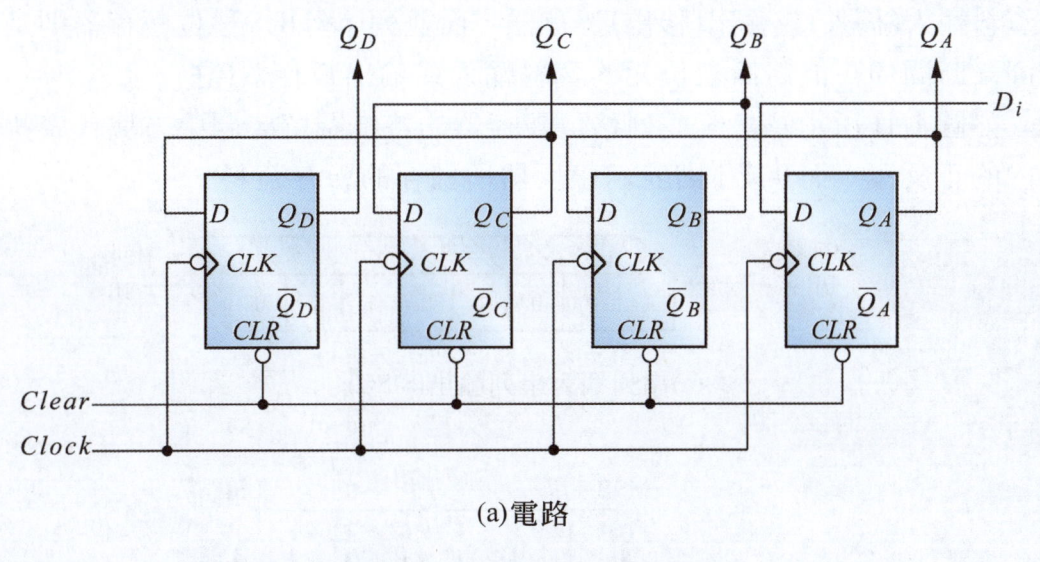

● 圖 4-40　4 位元左移暫存器

(b)時序圖

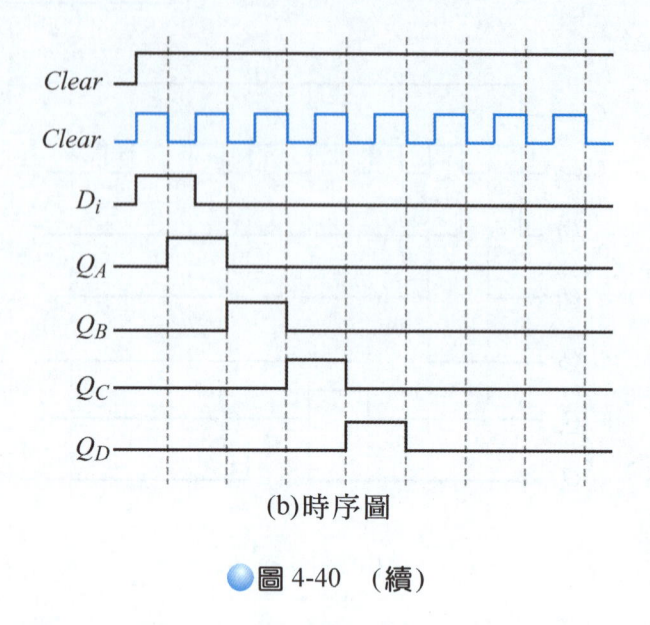

● 圖 4-40　（續）

若暫存器具有使資料左、右移的功能，就稱為左右移暫存器。

4-9.2　串並列移位暫存器

所謂串列(serial)移位暫存器是指在同一時間中，僅能將一個位元(1bit)的資料輸入(移入)或輸出(移出)暫存器，而並列(parallel)移位暫存器則是指在同一時間中，能將所有位元的資料輸入或輸出暫存器(註)。

如圖 4-41 所示為串、並列移位暫存器的特性圖解，圖中方塊代表暫存器內的正反器，而 0 或 1 則表示正反器所儲存的暫存資料。

(a)串列輸入串列輸出(SISO)

(b)串列輸入並列輸出(SIPO)

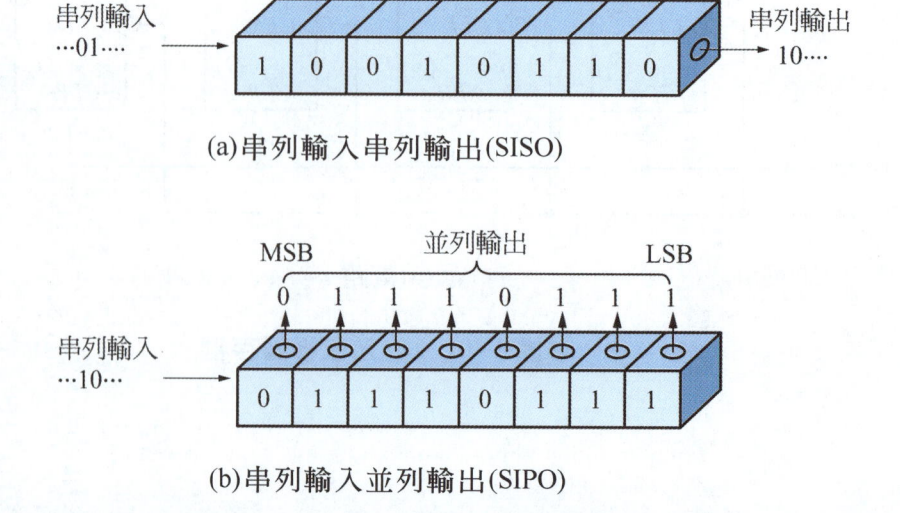

● 圖 4-41　串並列移位暫存器的圖解

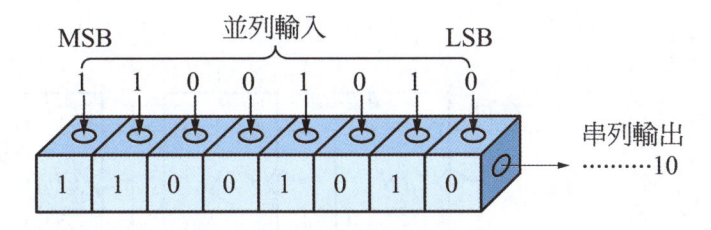

(c)並列輸入串列輸出(PISO)

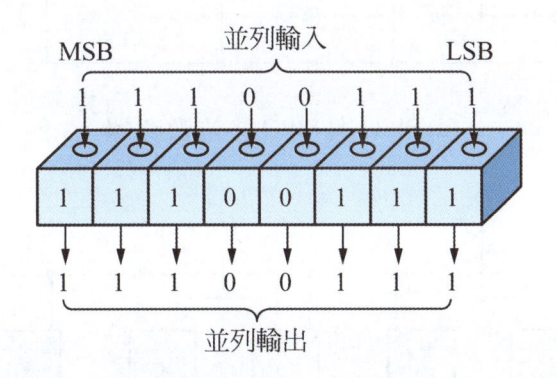

(d)並列輸入並列輸出(PIPO)

● 圖 4-41 （續）

> 註　移位暫存器的所有位元，通常為 8、16、32、64 等位元。

　　如圖 4-42 所示則為實際的移位暫存器電路；在(a)圖中，若資料由D_A端輸入，而只能從Q_C輸出，稱為 SISO 移位暫存器；若資料仍由D_A端輸入，而從Q_A、Q_B、Q_C一起輸出，則稱為 SIPO 移位暫存器。在(b)圖中，若資料由D_A、D_B、D_C一起輸入，而只能從Q_C輸出，稱為 PISO 移位暫存器；若資料仍由Q_A、Q_B、Q_C一起輸入，而從Q_A、Q_B、Q_C一起輸出，則稱為 PIPO 移位暫存器。不曉得同學有否發現，其實(b)圖亦可做為 SISO 與 SIPO 移位暫存器。

　　所以，在現有的制式規格的成品(IC)中，常常可涵蓋兩樣以上的功能，如編號 74164 能做 SISO 與 SIPO 的功能，而編號 74198 則能做 SISO、SIPO、PISO 及 PIPO 的左、右移功能(註)。

> 註　有關 74164 與 74198 的 IC 資料，請參考附錄。

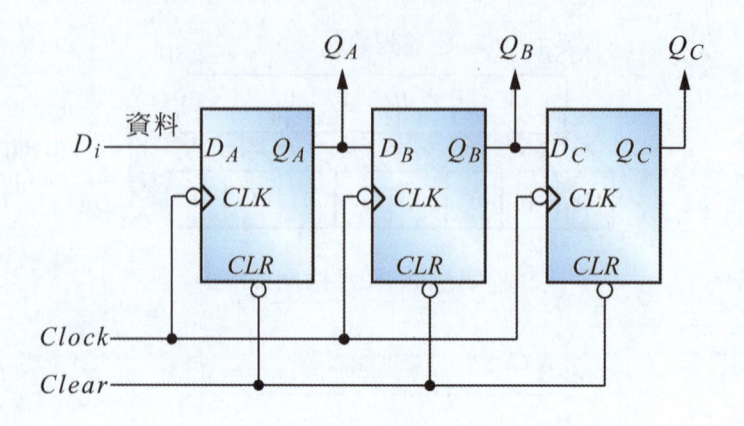

(a) SISO 與 SIPO 移位暫存器

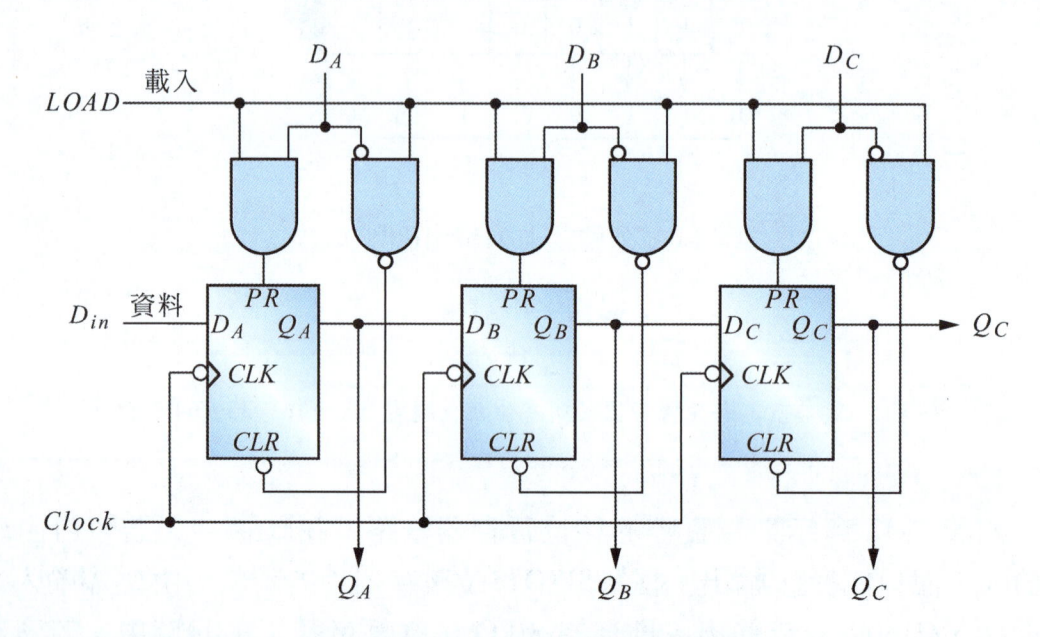

(b) PISO 與 PIPO 移位暫存器

● 圖 4-42　移位暫存器的邏輯電路

4-10 計數器

計數器(counter)是數位邏輯系統中用途最廣且變化最多的部份之一，利用計數器在某一段時間內所收到(計數)的脈波數，可以精確計算出脈波的頻率、週期，甚至某一動作過程需花費多少時間，而達到計時、計數與順序控制的功能；所以廣泛用於數位三用表、電子表、電腦、雷達、物理量的計數(如工廠飲料數量的計數、化學藥品混合物的計量等)及工廠生產流程的順序控制等等皆是。

計數器其實也是一種暫存器，所以當然由正反器與一些邏輯閘所組成，依時脈的連接方式，可分為下列兩種：

1. 非同步(asynchronous)計數器

如圖 4-43 所示，每個正反器的輸出均作為下一個正反器時脈的輸入，所以，當前一個正反器動作後，下一個正反器才有可能動作，宛如水的漣波一般，一級一級地傳遞，故又稱為漣波(ripple)計數器或異步計數器(註)。

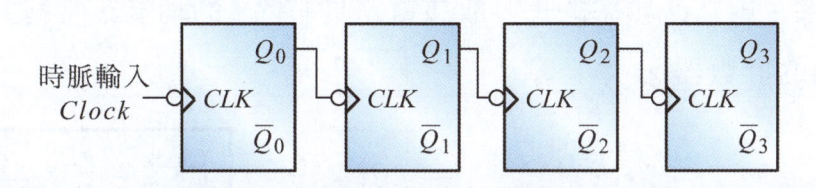

● 圖 4-43　漣波計數器的時脈輸入方式

2. 同步(synchronous)計數器

如圖 4-44 所示，每個正反器的時脈輸入端都並接在一起，所有的正反器皆在同一時間動作，故可減少傳遞延遲時間，因而加快執行的速度，但其缺點則為：設計上較麻煩，且硬體電路較複雜。

> 註　只要計數器中的正反器不能同時動作，皆稱為異步計數器。

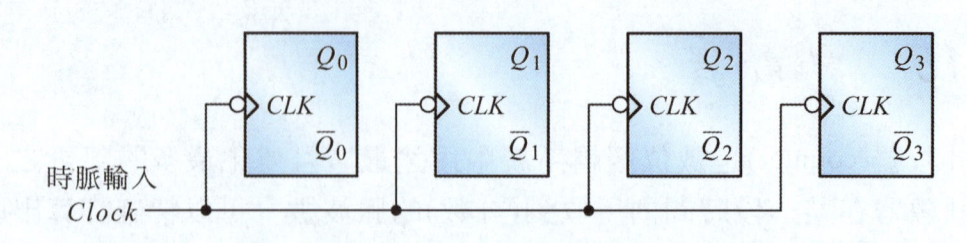

圖 4-44 同步計數器的時脈輸入方式

此外，若依計數器的計數方式又可分為

1. 上數計數器(up counter)：計數的順序由小至大，每計數一次，計數值就加 1。

2. 下數計數器(down counter)：計數的順序由大至小，每計數一次，計數值就減 1。

4-10.1　漣波計數器

如圖 4-45 所示之電路，JK正反器的連接方式如同T型正反器，所以每個正反器均具有除 2 的功能，也就是──Q_0的頻率為時脈輸入頻率的$\frac{1}{2}$，而Q_1的頻率，則為Q_0頻率的$\frac{1}{2}$，故該電路具有除 4 的功能，常稱為 4 模(modules-4)的計數器。

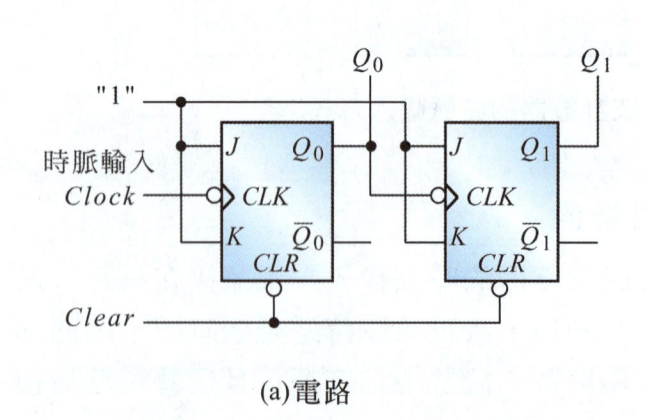

Clock	Q_1	Q_0
0	0	0
1	0	1
2	1	0
3	1	1
4	0	0
5	0	1
⋮	⋮	⋮

(a)電路　　(b)狀態表

圖 4-45　4 模漣波計數器

(c)時序圖

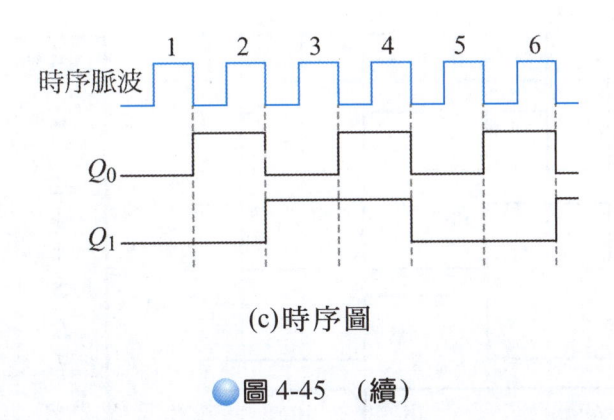

圖 4-45　(續)

　　當所需的模數非2^n模(註)時，最常採用的簡便方式就是回授清除法，如圖4-46所示。若欲使計數器設定為6模數時，只要計數器計數至$6_{(10)} = 110_{(2)}$ ($= Q_2Q_1Q_0$)時，即清除所有的正反器(即$Q_2Q_1Q_0 = 000$)，使計數器重新計數即可；同理，若欲設定為5模的計數器，則只須將Q_2及Q_0的輸出接至NAND閘即可。

目前最常見的漣波計數器IC有：

　　在TTL IC方面：7490、7492、7493等編號。

　　在CMOS IC方面：4020、4024、4040等編號。

(a)電路

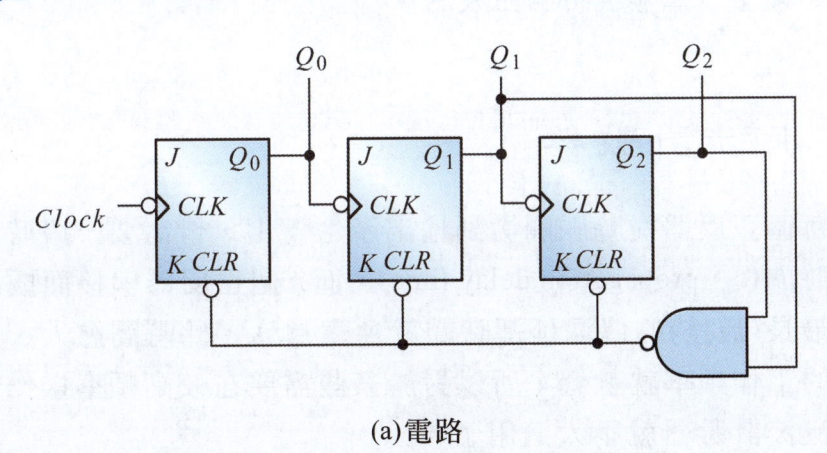

圖 4-46　6模漣波計數器

> 註　n表示計數器電路中正反器的個數。

146 電子電路

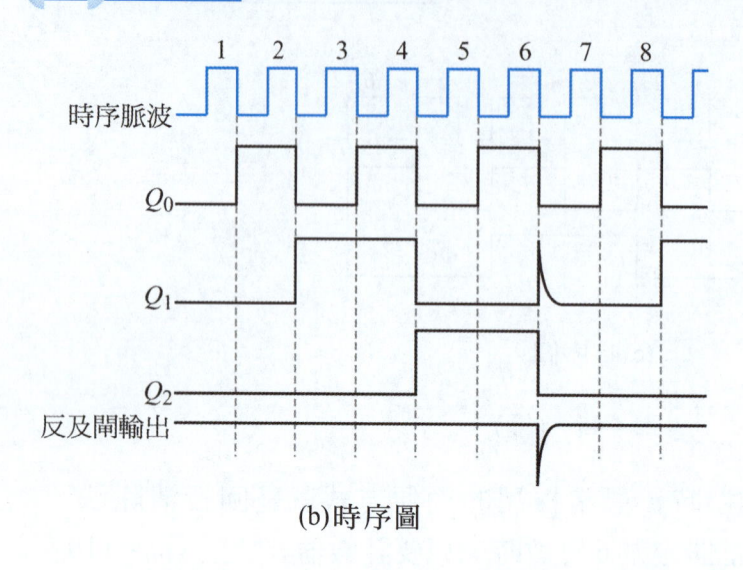

(b)時序圖

Clock	Q_2	Q_1	Q_0
0	0	0	0
1	0	0	1
2	0	1	0
3	0	1	1
4	1	0	0
5	1	0	1
6	1/0	1/0	0
7	0	0	1
8	0	1	0
⋮	⋮	⋮	⋮

(c)狀態表

● 圖 4-46 （續）

例題 4-2 欲設計一個60模的漣波計數器，最少需要使用多少個正反器？

解 由於每個正反器最多可具有除2的功能，所以依$2^n \geq$模數(n為正反器的個數)，得$2^n \geq 60$，$n = 6$
故最少需使用6個正反器。

4-10.2 同步計數器

　　由於每個正反器從時脈觸發到輸出產生變化，皆需要一段時間，稱為**傳遞延遲時間**(t_p, propagation delay time)，而 n 個正反器串接而成的漣波計數器，其最長(最差)的傳遞延遲時間就會變為nt_p，此時間愈大，則計數器所能操作的工作頻率就愈低，所以對於某些需要在較高頻率操作的應用電路而言，漣波計數器就不太適用了。

　　同步計數器剛好可以改善此項缺點，如圖4-47所示為8模計數器，由於所有的正反器皆同時動作，故不論任何狀態下，當時脈邊緣來臨時，只需經過一個正反器的傳遞延遲時間(t_p)，所有的輸出端($Q_2Q_1Q_0$)都能出現正確的狀態；所以同步計數器可以應用在較高的頻率(或速度)下工作，然而其缺點則為設計上較為麻煩且電路亦較為複雜。不過，目前制式規格的成品(IC)頗多，所以，通常直接採用適用的IC。常見的IC編號如下：

74160、74162為可預設與清除的同步BCD碼計數器

74161、74163為可預設與清除的同步二進碼計數器

74192為可預設與清除，且可上／下數的同步BCD碼計數器

74193為可預設與清除，且可上／下數的同步二進碼計數器。

(a)電路

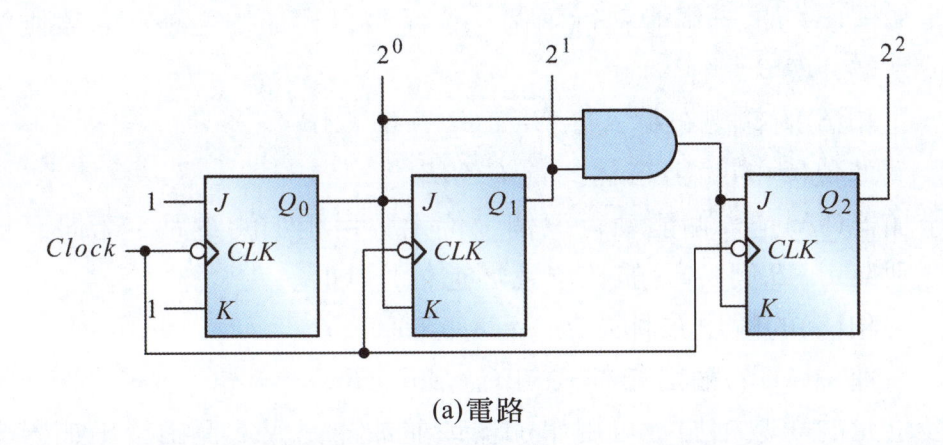

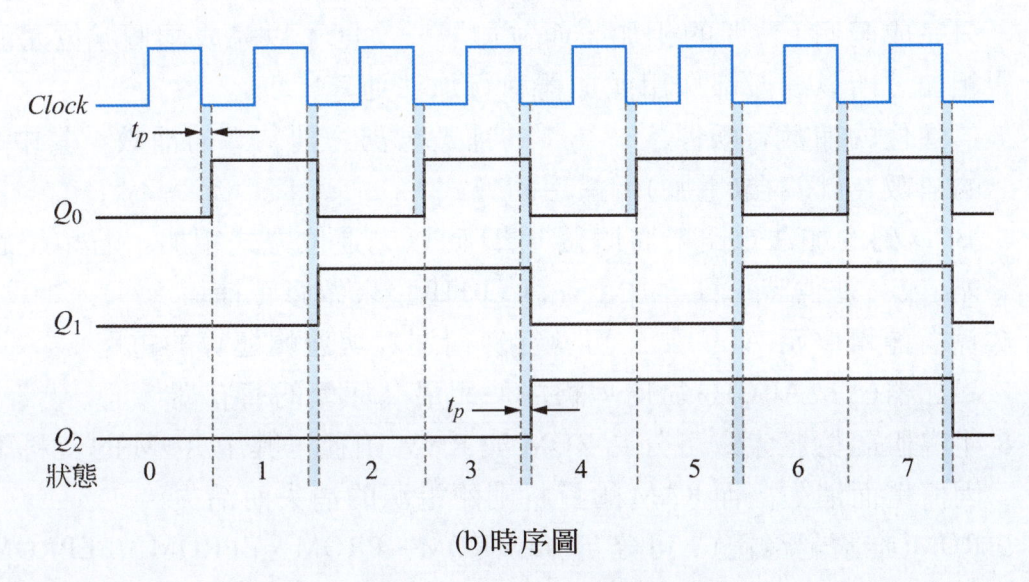

(b)時序圖

● 圖4-47　8模同步計數器

重點整理

1. 半加器(HA)是一個能執行兩個一位元數目相加的電路；若設兩輸入分別為 A 與 B，則

    和(S)的輸出布林式為 $S = A \oplus B = \bar{A}B + A\bar{B}$

    進位(C)的輸出布林式為 $C = AB$

2. 全加器(FA)是一個能執行三個一位元數目相加的電路；若設三輸入分別為 A_i、B_i 與 C_{i-1}(前一位元之進位)，則

    和(S_i)的輸出布林式為 $S_i = A_i \oplus B_i \oplus C_{i-1}$

    進位(C_i)的輸出布林式為 $C_i = A_iB_i + B_iC_{i-1} + A_iC_{i-1}$

3. 多位元的兩數相加，可用串加器或並加器完成；但由於串加器一次只完成兩個 1 位元的相加，而並加器一次則可以完成兩個 n 位元的相加，所以一般都採用並加器執行加法運算。

4. 二進位的補數有兩種，一為 1 的補數，另一則為 2 的補數，其中 2 的補數為計算機(電腦)所採用的方式。

5. BCD 碼的加法電路乃將兩個 BCD 碼以二進位方式相加，若和超過 $9_{(10)}$ 或有進位時，則再加上 $6_{(10)}(= 0110_{(2)})$ 來做修正補償。

6. 算術邏輯單元(ALU)為一可執行算術運算與邏輯運算的電路。

7. 累加器(A 或 ACC)是微處理機中使用最為頻繁的暫存器。

8. 半導體記憶體大致可分為 ROM 與 RAM 兩種，其中 ROM 的資料不因停電而消失，而 RAM 的資料則隨電源的消失而消失。

9. ROM(唯讀記憶體)，可分為 Mask ROM、PROM、EPROM、EEPROM 四種，其中 EPROM、EEPROM 均可重複燒寫，但 EPROM 使用紫外光線清除資料，而 EEPROM 則使用逆向電壓清除資料。

10. RAM(隨機存取記憶體)可分為 SRAM、DRAM 兩種，兩者的比較如下：

靜態記憶體(SRAM)	動態記憶體(DRAM)
基本結構由正反器組成，為非破壞性讀出方式	基本架構為 MOSFET 的閘極對地的雜散電容作記憶元件，為破壞性讀出方式
不用刷新(refresh)	每隔 2～8ms 須刷新一次
存取速度較快，常為 cache RAM	存取速度較慢
單位面積的記憶容量較小，故單價較貴	單位面積的記憶容量較大，故單價較便宜
消耗功率較大	消耗功率較小

11. 可程式邏輯元件(PLD)為一種使用者可依元件規格自行設計、規劃、燒錄其內部邏輯組合的 IC。
12. 在順序邏輯電路中的基本記憶元件就是正反器，也就是雙穩態多諧振盪器，所以可以儲存 1 位元的資料，同時也是組成 SRAM 的主要架構。
13. 暫存器是由一群記憶元件(常用 D 型正反器)所組成的一種電路，用以暫時儲存資料。
14. 計數器依時脈輸入方式可分為非同步(漣波)計數器與同步計數器兩種；若所有的正反器可在同一個時脈控制下改變狀態，即稱為同步計數器，反之則稱為非同步計數器。
15. 在計數器中，正反器的使用個數(n)以計數器的模數(M)的關係如下：
    $2^n \geq M$

習題四

( ) 1. 電路中輸出和輸入的電壓或電流為非連續性的變化，只有高和低兩種狀態時，此電路稱為 (A)類比電路 (B)數位電路 (C)微分電路 (D)積分電路。

( ) 2. 若半加器之兩輸入端為 A 及 B，和輸出為 S，進位輸出為 C，則下列何者錯誤？ (A)$S=\overline{A}B+A\overline{B}$ (B)$C=AB$ (C)$S=A\oplus B$ (D)$C=\overline{A}+\overline{B}$。

( ) 3. 全加器的輸入為 A、B、C，則其和輸出布林函數 S 為 (A)$A\oplus B\oplus C$ (B)$A\odot B\odot C$ (C)$AB+BC+CA$ (D)$\overline{A}B+A\overline{C}+BC$。

( ) 4. 以 4 個位元來表示十進制 7 的 2 補數，從最高有效位元(MSB)開始依序為 (A)1001 (B)1000 (C)0101 (D)1010 (E)1100。

( ) 5. 二進制的減法過程中，下列那一項敘述正確？ (A)「被減數」與「減數」相加 (B)「被減數的補數」與「減數的補數」相加 (C)「被減數之 2 的補數」與「減數」相加 (D)「被減數」與「減數之 2 的補數」相加。

( ) 6. 有關記憶體的敘述，下列何者錯誤？ (A)ROM中的資料不因斷電而消失 (B)DRAM存取資料的速度比SRAM快 (C)磁碟可當作輔助的記憶體 (D)EPROM可重覆燒錄多次使用。

( ) 7. 下列敘述中，對DRAM而言，何者不正確？ (A)只有一條資料線 (B)採用多工位址傳輸方式 (C)資料的儲存不受電源斷電之影響 (D)可讀可寫且需刷新(refresh)。

( ) 8. 以下就靜態隨機存取記憶體(SRAM)之敘述何者有錯誤？ (A)由正反器(Flip Flop)所構成 (B)以電容的充放電特性來儲存 0 與 1 的資料 (C)電源消失後資料隨即消失 (D)不須定時作刷新(refresh)。

( ) 9. 數位電路中的正反器，其工作情形有如 (A)無穩態多諧振盪器 (B)單穩態多諧振盪器 (C)雙穩態多諧振盪器 (D)鬆弛振盪器(Relaxation oscillator)。

( ) 10. 如圖(1)為 NOR 閘組成 RS 電閂(Latch)，下列敘述何者有誤？
（註：H：代表高電位，L：代表低電位）

(A)$S=L$,$R=L$則Q不變　(B)$S=H$,$R=L$則$Q=L$　(C)$S=H$,$R=L$則$Q=H$　(D)$S=L$,$R=H$則$Q=L$　(E)$S=H$,$R=H$則形成競賽狀態(race condition)。

圖(1)

圖(2)

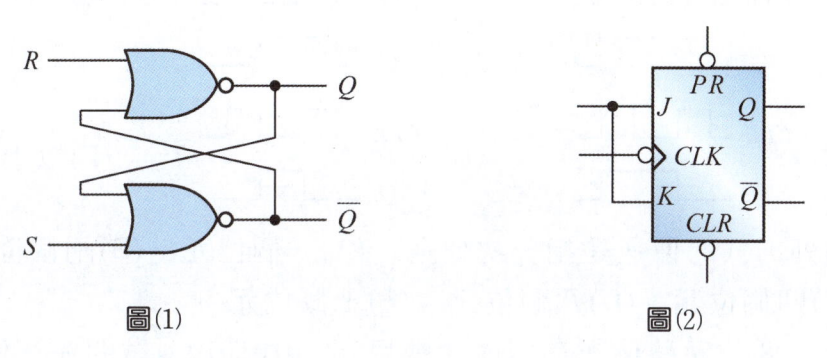

(　)11.如圖(2)所示等效何種型式之正反器？　(A)T型正反器　(B)J-K正反器　(C)D型正反器　(D)R-S正反器。

(　)12.承上題,當$J=1$時,若輸入之脈波頻率為1kHz,則輸出Q之脈波頻率為　(A)2kHz　(B)1kHz　(C)500Hz　(D)250kHz。

(　)13.有關正緣觸發J-K正反器之敘述,下列何者為正確的？　(A)當$J=K=1$且時序脈波上升時,使輸出變為原來的補數　(B)當$J=K=1$且時序脈波下降時,使輸出變為原來的補數　(C)當$J=K=1$且時序脈波不變時,使輸出變為原來的補數　(D)當$J=K=0$且時序脈波上升時,使輸出變為原來的補數　(E)當$J=K=0$且時序脈波下降時,使輸出變為原來的補數。

(　)14.如將J-K正反器之兩輸入端接成圖(3)所示,則成為何種電路？　(A)R-S正反器　(B)T型正反器　(C)D型正反器　(D)解碼器　(E)以上皆非。

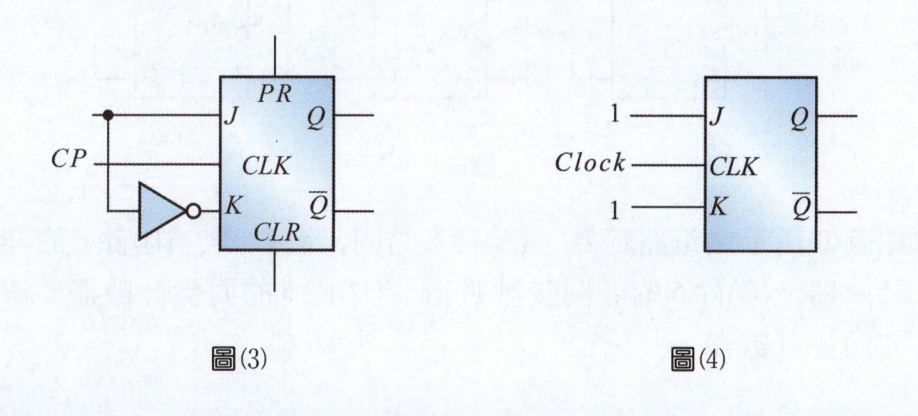

圖(3)

圖(4)

( ) 15. 如圖(4)所示為一邏輯電路，圖中 JK 正反器(flip flop)為正緣觸發，且 J＝K＝1，則下列輸入(clock)及輸出(Q)何者為正確？
(A) CLK / Q   (B) CLK / Q   (C) CLK / Q   (D) CLK / Q   (E)以上皆非。

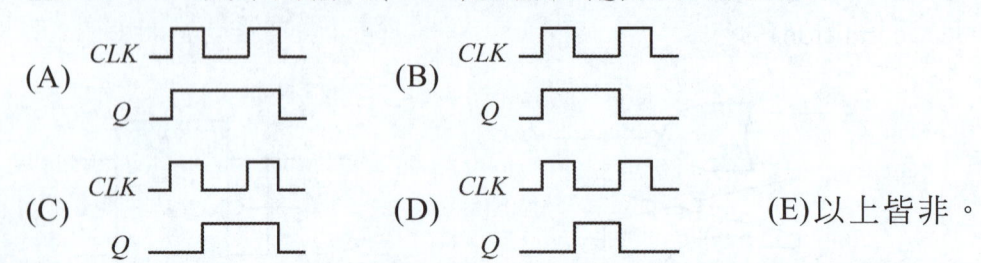

( ) 16. 串列方式的傳送是指一次傳送　(A)一個位元　(B)兩個位元　(C)四個位元　(D)八個位元　(E)十個位元。

( ) 17. 有一 8 位元移位暫存器內含數目為 10101010。試問在三個移位時序脈波過後，若將"0"填入空位中，則暫存器中的內含為何？(假設此暫存器為左移暫存器)　(A)01010000　(B)10101000　(C)00010101　(D)10100000。

( ) 18. 欲設計一個非同步 12 模計數器，至少需要幾個正反器？　(A)3 個　(B)4 個　(C)5 個　(D)6 個。

( ) 19. 欲設計一個同步模 100(Mode 100)之計數器，至少需要幾個正反器？　(A)9 個　(B)8 個　(C)7 個　(D)6 個。

( ) 20. 可以由 0 依序計數至 7 後再由 0 重新計數之計數器，我們稱之為　(A)8 模計數器　(B)3 模計數器　(C)6 模計數器　(D)256 模計數器。

( ) 21. 如圖(5)所示之計數器，若自 CP 輸入計時脈波頻率為 20kHz，則輸出 C 之頻率為　(A)10 kHz　(B)6.67 kHz　(C)5 kHz　(D)2.5 kHz。

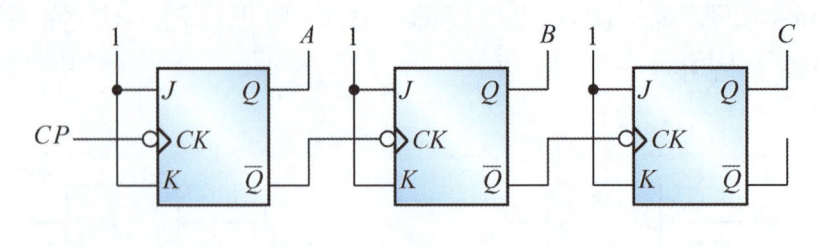

圖(5)

( ) 22. 如圖(6)所示之電路係為　(A)除 8 的同步計數器　(B)除 6 的非同步計數器　(C)除 5 的非同步計數器　(D)除 5 的同步計數器　(E)除 6 的同步計數器。

圖(6)

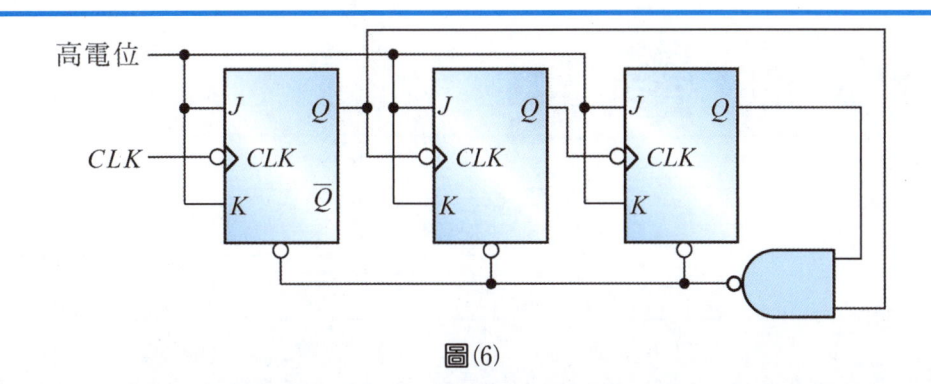

(　　) 23. 圖(7)所示，若輸入 CLK 的時脈頻率為 8MHz，其 Q_1 輸出頻率為
　　　　(A)1MHz　(B)2MHz　(C)4MHz　(D)8MHz　(E)16MHz。

圖(7)　　　　　　　　　圖(8)

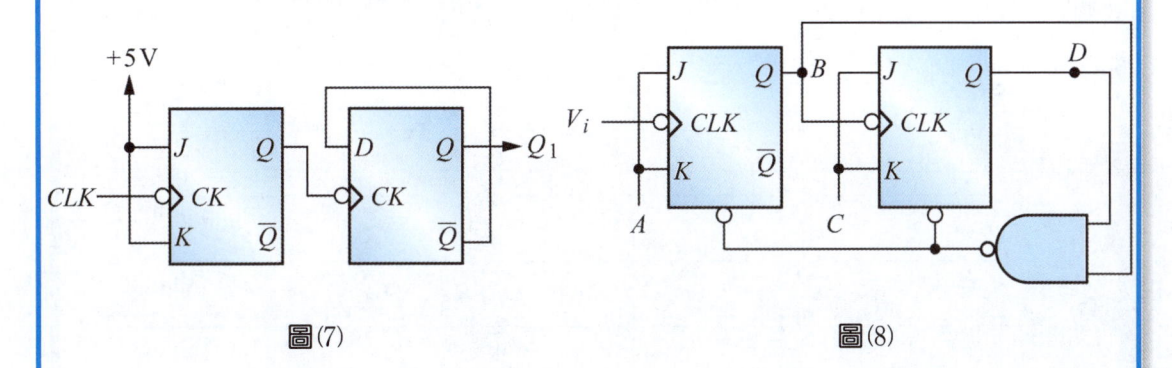

(　　) 24. 如圖(8)所示，V_i 為 12kHz，0 到 5V 方波，若 A = C = 5V，則 B 點與 D 點的頻率為　(A)B = 6kHz，D = 3kHz　(B)B = 6kHz，D = 1.5kHz　(C)B = 4kHz，D = 4kHz　(D)B = 3kHz，D = 3kHz　(E)B = 4kHz，D = 2kHz。

(　　) 25. 承上題，若 A = 5V，C = 0V，則 B 點與 D 點的頻率為　(A)B = 3kHz，D = 6kHz　(B)B = 0kHz，D = 6kHz　(C)B = 0kHz，D = 3kHz　(D)B = 6kHz，D = 0kHz　(E)B = 3kHz，D = 0kHz。

心得筆記

第5章 訊號處理電路

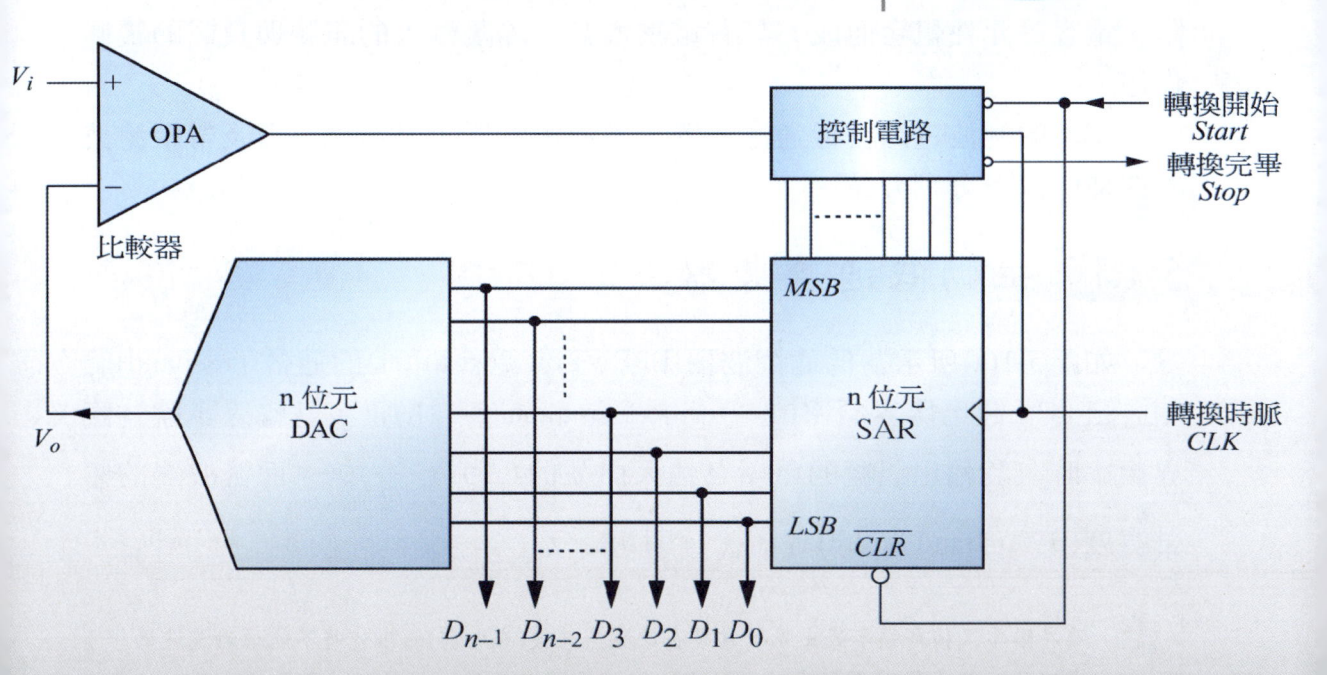

從大自然界經感測裝置所取得的類比訊號，通常經一連串的處理、轉換成數位訊號，以方便微處理機(或微電腦)因時、因地、因人來控制處理；而最後，通常再將微處理機的輸出(數位訊號)轉換成類比訊號，才能驅動大部份的電機輸出設備。在這整個過程中，常常需要對訊號做濾波、積分、微分、取樣、整形或類比／數位訊號互換處理，最後再送至顯示裝置顯示；而這些正是本章所要介紹的內容。由於整形電路部份在史密特觸發器(3-3節)與函數波產生器(3-5節)中頗多著墨，故不再重複介紹。

5-1　主動濾波器

對訊號做處理的濾波器(filter)為一個能使某一特定頻帶的輸入訊號通過，而頻帶以外的訊號則被衰減濾除的電路。一般而言，濾波器可分為被動濾波器(passive filter)與主動濾波器(active filter)兩種。所謂的被動濾波器乃由電阻、電容及電感等被動元件所組成的，不具任何放大(增益)作用的電路；而主動濾波器(也稱為有功濾波器)則常使用運算放大器，配合電阻、電容等元件組合而成，具有電壓增益、隔離輸入的訊號與負載的緩衝作用。

基本的濾波電路有低通濾波器、高通濾波器、帶通濾波器及帶拒濾波器四種，以下分別介紹。

5-1.1　主動低通濾波器

如圖 5-1(a)所示為低通濾波器(LPF，Low Pass Filter)的通帶(passband)範圍，自 0Hz 起至臨界頻率(f_c，critical frequency，註)止，當輸入訊號為臨界頻率時，其輸出訊號的電壓為輸入訊號的 0.707 ($\frac{1}{\sqrt{2}}$)倍，而濾波器的頻帶寬度(BW，Band Width)等於 f_c，即 $BW = f_c$

> 註　臨界頻率又稱為頻率截止點，意謂在此頻率之後(或之前)的訊號將不能通過濾波器。當訊號的頻率為臨界頻率時，輸出訊號的電壓將為輸入訊號的 0.707 倍；若以功率值計算，恰為輸入訊號的 $\frac{1}{2}$，故稱為半功率點；若以dB值計算，則衰減(下降)3dB，所以也常稱為−3dB 點。

(a)理想與實際的響應曲線

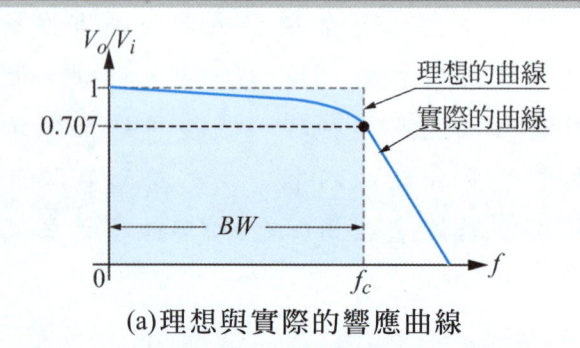

● 圖 5-1　低通濾波器響應曲線

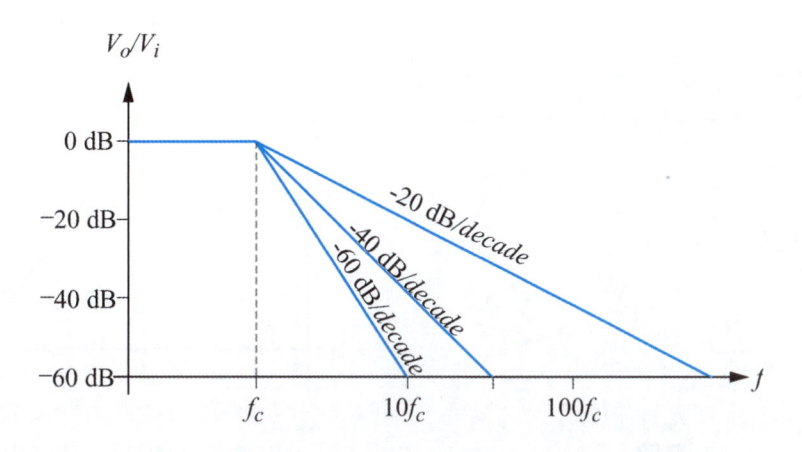

(b) 一、二、三階低通濾波器響應曲線的比較

圖 5-1　（續）

　　在圖 5-1(b) 圖中的 －20dB/decade(**註**)的下降曲線可由一節簡單的 RC 網路完成，而其他更高斜率之下降曲線，則必須連接更多節的 RC 網路才能完成。習慣上，每一節 RC 網路，稱為一階或一極(pole)。

　　如圖 5-2 所示為一節 RC 網路與 OPA 所組成的一階主動低通濾波器，其響應曲線的下降斜率為 －20dB/decade，而其臨界頻率(f_c)為

$$f_c = \frac{1}{2\pi RC}$$

　　由於 OPA 的接法為非反相放大器，所以在帶通範圍(低於f_c)的電壓增益(A_v)為

$$A_v = 1 + \frac{R_1}{R_2}$$

> **註**　輸入訊號之頻率每上升 10 倍時，其增益(V_o/V_i)即衰減(下降) 20dB。

(a)電路　　　　　　　　　　(b)響應曲線(已正規化)

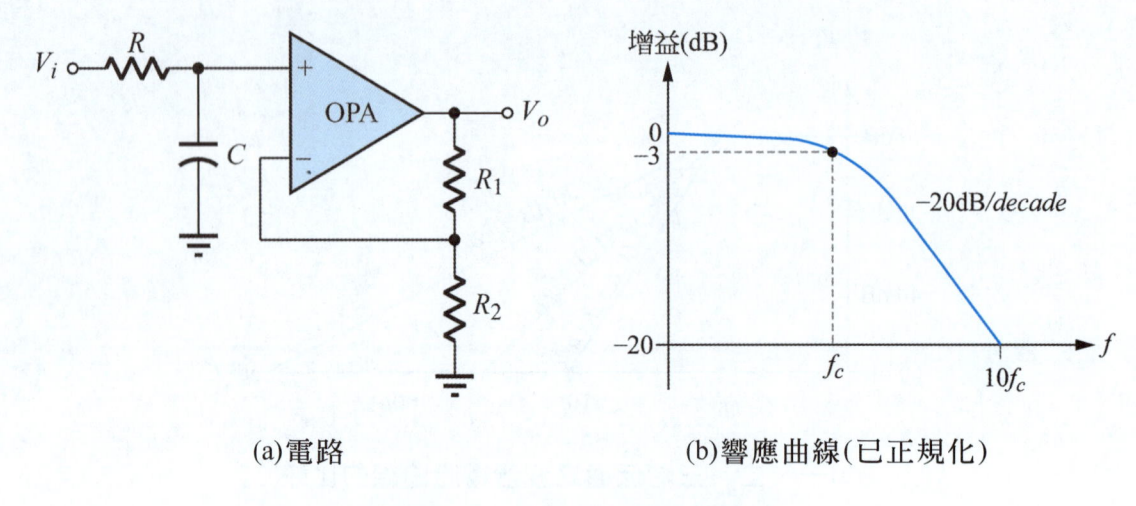

圖 5-2　一階主動低通濾波器

> **註** 已正規化(normalized)：由於主動濾波器具有放大作用(如$A_v = 1 + \dfrac{R_1}{R_2}$)，故其頻率截止點為中頻段下降$-3$dB處；而非$\dfrac{V_o}{V_i}$的0.707。

主動低通濾波器有很多種，如圖5-3所示即為常見的巴特渥斯(Butter-Worth)二階主動低通濾波器；由於使用二節 RC 網路(由R_A、C_A組成一節，另一節則由R_B、C_B組成)，而每一節 RC 網路可產生-20dB/decade 的衰減率，所以可產生-40dB/decade 的下降斜率；其臨界頻率(f_c)為

$$f_c = \frac{1}{2\pi\sqrt{R_A R_B C_A C_B}}$$

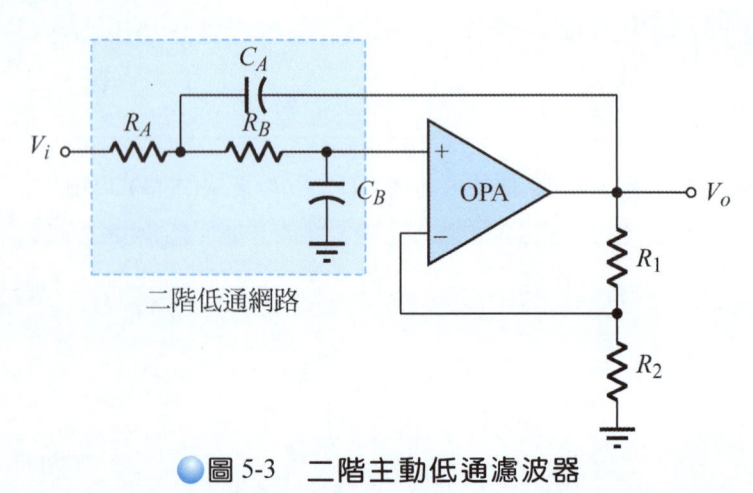

二階低通網路

圖 5-3　二階主動低通濾波器

第五章　訊號處理電路

通常為了簡單方便起見，都設計 R_A 與 R_B 相等，而 C_A 與 C_B 相同，即 $R_A = R_B = R$，$C_A = C_B = C$，所以其臨界頻率 (f_c) 為

$$f_c = \frac{1}{2\pi RC}$$

而其電壓增益 (V_o/V_i) 仍由 R_1 與 R_2 決定，即 $A_V = 1 + \dfrac{R_1}{R_2}$

例題 5-1　如圖(1)所示之低通濾波器，當 $R_A = R_B = R_1 = R_2 = 1\text{k}\Omega$，$C_A = C_B = 0.02\mu\text{F}$，試求其頻帶寬度(BW)與電壓增益 $A_V(V_o/V_i)$ 各為多少？

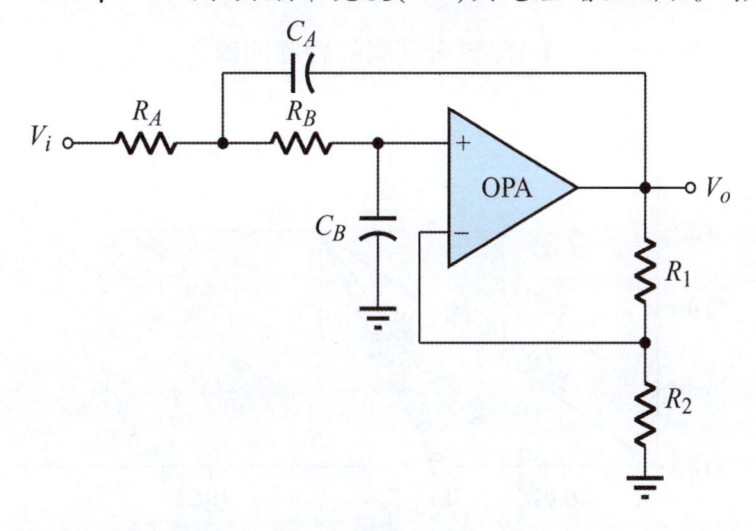

圖(1)

解　(1) $\text{BW} = f_c = \dfrac{1}{2\pi\sqrt{R_A R_B C_A C_B}} = \dfrac{1}{2\pi RC} = \dfrac{1}{2\pi \times 10^3 \times 0.02 \times 10^{-6}}$
　　　　　　　　$= 7.96\text{k(Hz)}$

　　(2) $A_V = \dfrac{V_o}{V_i} = 1 + \dfrac{R_1}{R_2} = 1 + \dfrac{1\text{k}}{1\text{k}} = 2$

5-1.2　主動高通濾波器

如圖 5-4 所示為高通濾波器(HPF，High Pass Filter)的頻率響應曲線，當輸入訊號的頻率低於臨界頻率 f_c 時，輸入訊號將被大幅度地衰減而視為濾除；反之，當輸入訊號的頻率高於 f_c 時，則視為輸入訊號可以通過而輸出。在輸入訊號為 f_c 時，其輸出訊號的電壓仍為輸入訊號的 $0.707\left(\dfrac{1}{\sqrt{2}}\right)$

倍；若輸入信號的頻率低於 f_c 時，則每多一節 RC 網路，將使其頻率響應曲線的遞增率增加 20dB/decade。

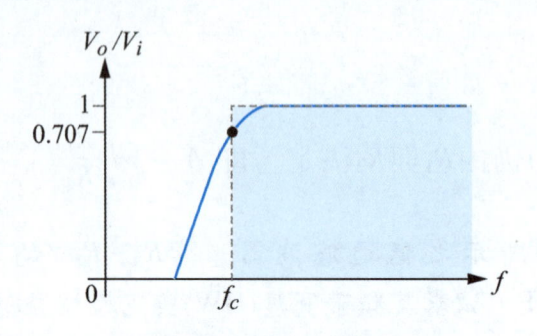

(a)理想與實際的響應曲線

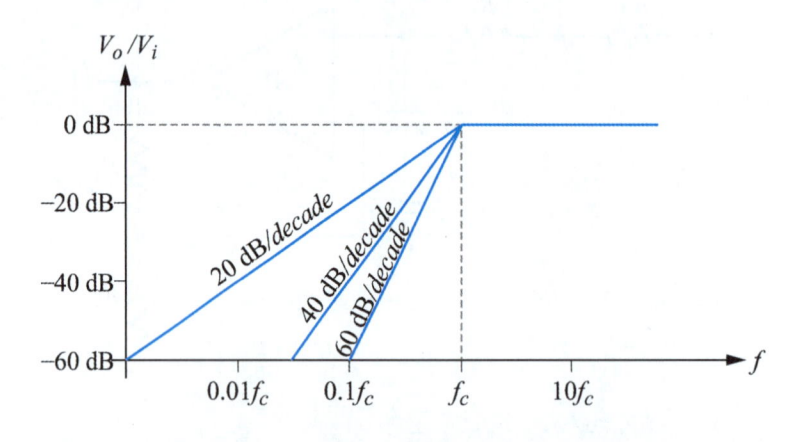

(b)一極、二極與三極響應曲線的比較

圖 5-4　高通濾波器響應曲線

　　如圖 5-5 所示為一節 RC 網路與 OPA 所組成的單極主動高通濾波器，由電路可知——高通濾波器與低通濾波器的差別在於 R、C 位置剛好相反，其餘的則皆相同，所以高通濾波器的臨界頻率 f_c 仍為

$$f_c = \frac{1}{2\pi RC}$$

而其電壓增益 A_V 亦仍為

$$A_V = 1 + \frac{R_1}{R_2}$$

第五章　訊號處理電路

(a)電路　　　　　　　　　(b)響應曲線(已正規化)

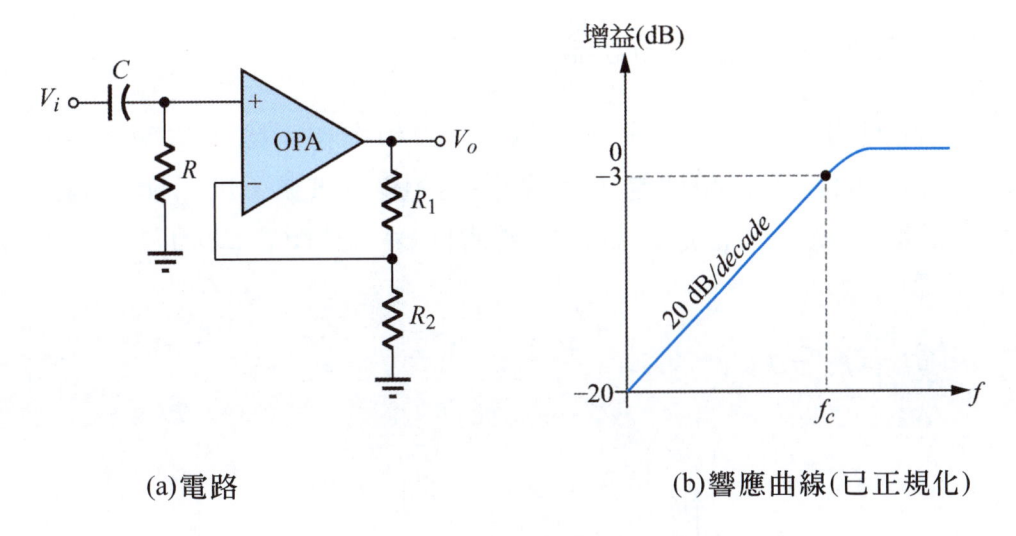

● 圖 5-5　一階主動高通濾波器

如圖 5-6 所示為二階主動高通濾波器，其臨界頻率(f_c)電壓增益(A_V)均與二階主動低通濾波器相同，即

$$f_c = \frac{1}{2\pi\sqrt{R_A R_B C_A C_B}}$$

$$A_V = 1 + \frac{R_1}{R_2}$$

而其頻率響應曲線增加的斜率為 + 40 dB/decade。

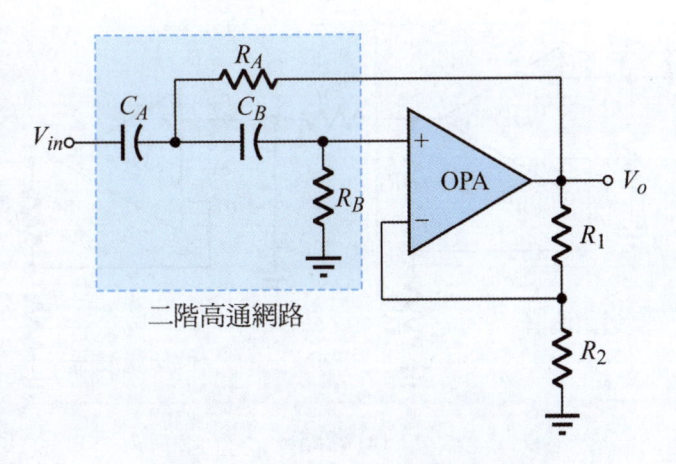

二階高通網路

● 圖 5-6　二階主動高通濾波器

5-1.3 主動帶通濾波器

帶通濾波器(BPF，Band Pass Filter)會讓頻率在下臨界頻率(f_{c1})與上臨界頻率(f_{c2})間的輸入訊號通過，其餘頻率的輸入訊號，則予與大幅衰減而濾除，如圖 5-5 所示為帶通濾波器的響應曲線，其頻寬(BW)為上、下臨界頻率之差值，即

$$BW = f_{c2} - f_{c1}$$

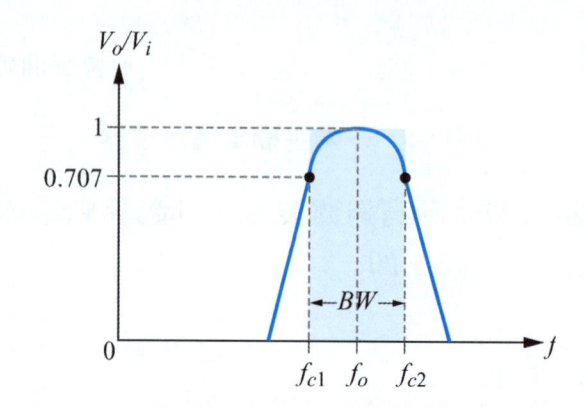

● 圖 5-5　帶通濾波器的理想與實際響應曲線

只要將低通濾波器與高通濾波器串接(順序可互換)，即可構成帶通濾波器，如圖 5-6 所示即為主動帶通濾波器，其中

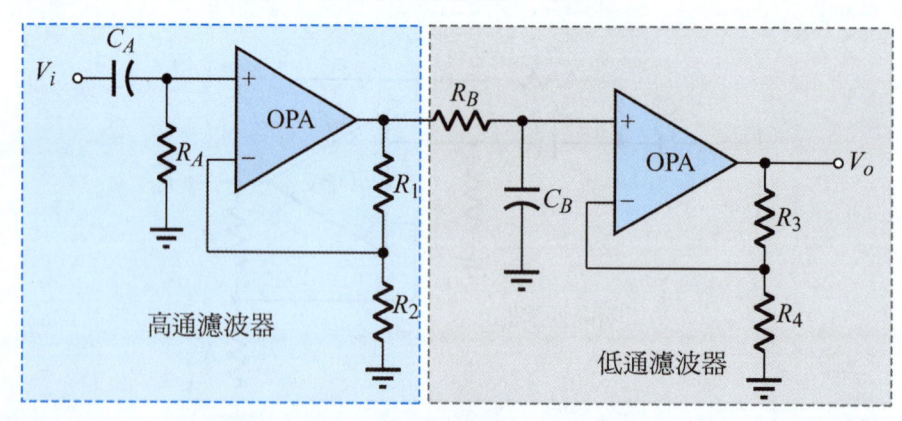

(a)電路

● 圖 5-6　主動帶通濾波器

增益(dB)

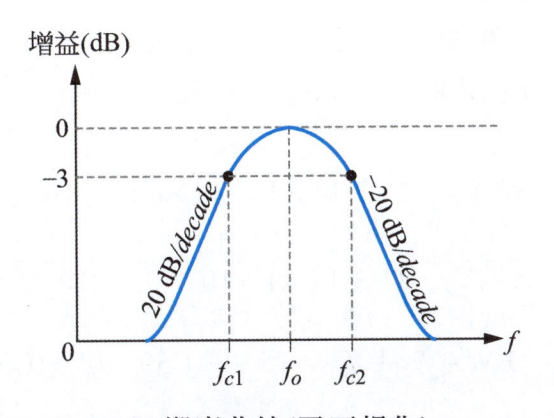

(b)響應曲線(已正規化)

圖 5-6　（續）

下臨界頻率　$f_{c1} = \dfrac{1}{2\pi R_A C_A}$　（高通濾波器所產生的）

上臨界頻率　$f_{c2} = \dfrac{1}{2\pi R_B C_B}$　（低通濾波器所產生的）

電壓增益　$A_V = \dfrac{V_o}{V_i} = A_{V1} \times A_{V2} = (1 + \dfrac{R_1}{R_2})(1 + \dfrac{R_3}{R_4})$

例題 5-2　如圖(2)所示之帶通濾波器，當 $R_A = R_B = 1\text{k}\Omega$，$C_A = 0.01\mu\text{F}$，$C_B = 0.1\mu\text{F}$ 時，其頻寬(BW)為多少？

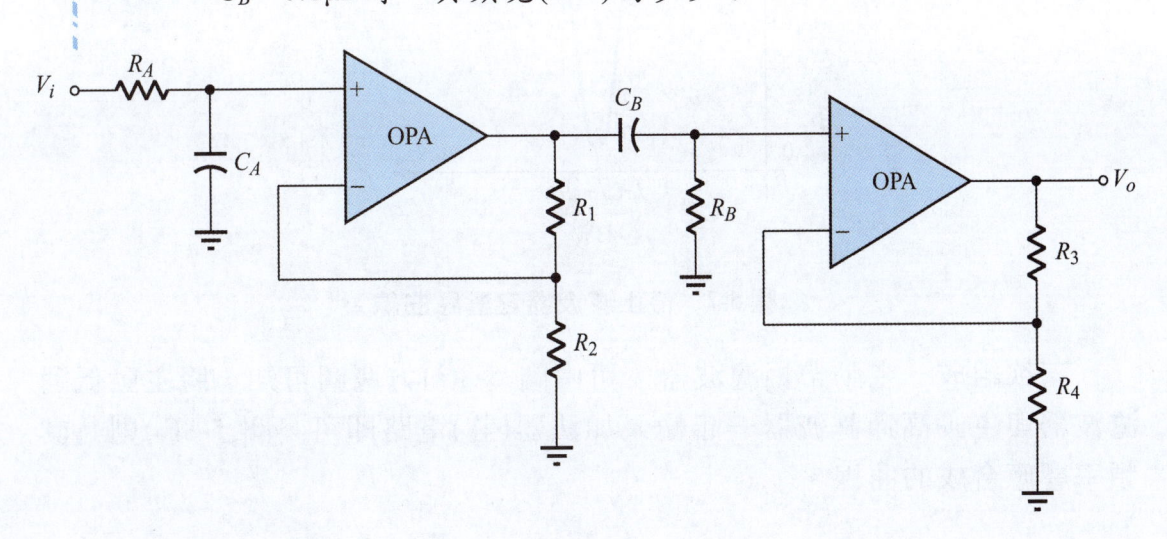

圖(2)

解 首先判斷何者為高通濾波器(求得f_{c1})，何者為低通濾波器(求得f_{c2})，所以

$$f_{c2} = \frac{1}{2\pi R_A C_A} = \frac{1}{2 \times 3.14 \times 1 \times 10^3 \times 0.01 \times 10^{-6}} \approx 15.9\text{k(Hz)}$$

$$f_{c1} = \frac{1}{2\pi R_B C_B} = \frac{1}{2 \times 3.14 \times 1 \times 10^3 \times 0.1 \times 10^{-6}} \approx 1.59\text{k(Hz)}$$

故頻寬　BW = $f_{c2} - f_{c1}$ = 15.9 − 1.59 = 14.31(kHz)

5-1.4　主動帶拒濾波器

帶拒濾波器(BRF, Band Reject Filter)的工作情形恰與帶通濾波器相反，即拒絕(排斥)某一頻寬內之輸入訊號通過，而讓其他頻率的輸入訊號通過；如圖 5-7 所示為帶拒濾波器的響應曲線；有時帶拒濾波器也稱為帶止(band stop)或陷波(notch)濾波器。

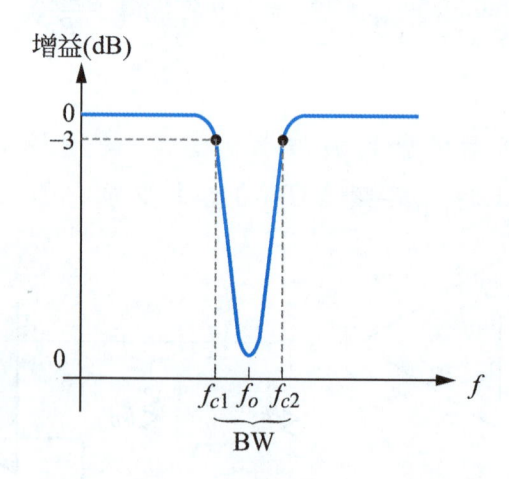

● 圖 5-7　帶止濾波器之響應曲線

若欲組成一主動帶拒濾波器，可由圖 5-8(a)方塊圖可知，將主動低通濾波器與主動高通濾波器一起輸入加法器(註)電路即可，圖 5-8(b)則為其頻率響應合成的曲線。

第五章　訊號處理電路

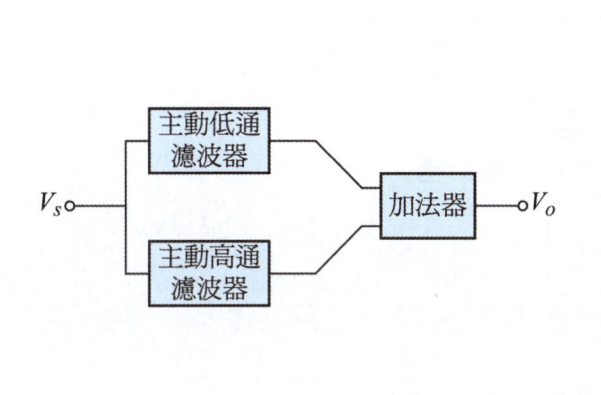

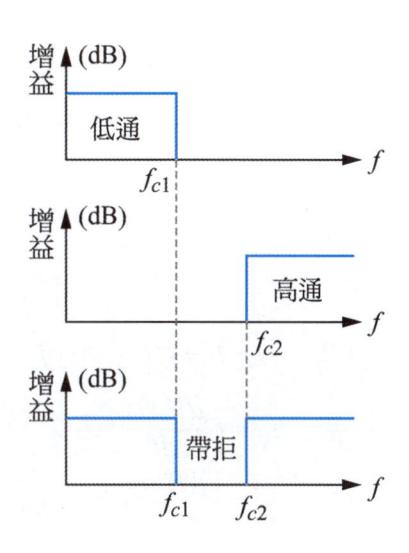

(a)主動帶拒濾波器的方塊圖　　(b)理想的帶拒濾波器的頻率響應

圖 5-8　主動帶拒濾波器

> 註　加法器電路可參考 2-3 節反相加法器部份。

5-2　積分器和微分器

　　在訊號的處理電路上，積分器(integrator)和微分器(differentiator)是兩種不可缺少的電路，因為積分器能將輸入訊號做積分運算，所以是構成鋸齒波或三角波的重要電路，而且在類比對數位轉換器(ADC)的類型中也有應用。微分器則可以將輸入訊號做微分運算，所以常被用來產生脈波或分辨波形的變化量(斜率)有多少。

5-2.1　積分器

　　只要將 OPA 反相放大器的回授電阻器換成電容器，如圖 5-9 所示就是一個常用的積分器(註)；積分器主要是利用固定的電流對電容器充電、放電作用，而得到隨著時間上升或下降的斜波，也就是輸出電壓(V_o)為輸入電壓(V_i)對時間的積分關係，即

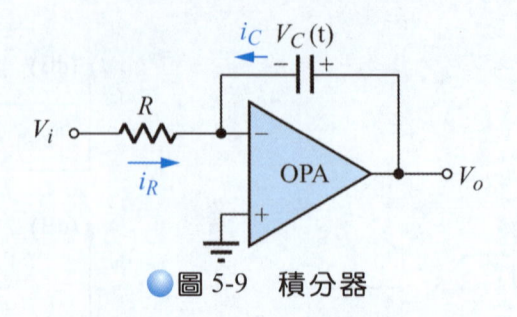

166　電子電路

▲ 圖 5-9　積分器

因為　$Q = It = CV$，所以　$I = C\dfrac{V}{t}$

故　$i_C = C\dfrac{dV_c(t)}{dt}$

因為　$i_R = \dfrac{V_i(t)}{R}$　（OPA 虛接地 $V_- = V_+ = 0V$）

且　$i_R = -i_C$　（OPA 輸入阻抗 ∞）

所以　$\dfrac{V_i(t)}{R} = -C\dfrac{dV_c(t)}{dt} = -C\dfrac{dV_o(t)}{dt}$　（$V_o(t) = V_C(t)$）

故　$V_o(t) = -\dfrac{1}{RC}\int_0^t V_i(t)dt + V_C(0)$

其中 $V_C(0)$ 為 $t=0$ 時，電容器上的電壓降，如同數字計算時的起始值，一般均以 0V 視之，所以常見的積分器輸出電壓 V_o 為

$$V_o(t) = -\dfrac{1}{RC}\int_0^t V_i(t)dt$$

註　由於輸入從 OPA 的反相輸入端，所以 V_o 帶有負號，而該電路一般皆以米勒(Miller)積分器稱之。

例題 5-3　如圖(3)所示之電路，當輸入波形為 1kHz，$V_{P-P} = 10V$ 之方波時，其輸出電壓波形為何？（設 $t=0$ 時，$V_C = 0V$）

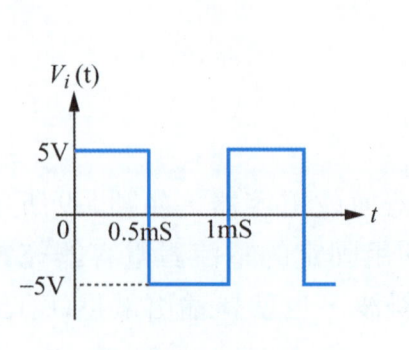

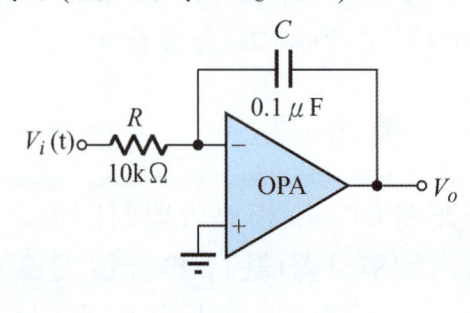

圖(3)

解 (1)在正半週(0～0.5mS)時

$$V_o(t) = -\frac{1}{RC}\int_0^{t1} V_i(t)dt + V_C(0)$$

$$= -\frac{1}{10\times10^3 \times 0.1\times10^{-6}}\int_0^{0.5\times10^{-3}} 5dt + 0$$

$$= -2.5 \text{ (V)}$$

(2)在負半週(0.5mS～1mS)時

$$V_o(t) = -\frac{1}{RC}\int_{t1}^{t2} V_i(t)dt + V_c(t1)$$

$$= -\frac{1}{10\times10^3 \times 0.1\times10^{-6}}\int_{0.5\times10^{-3}}^{1\times10^{-3}} -5dt + (-2.5)$$

$$= 2.5 + (-2.5) = 0 \text{(V)}$$

所以其輸出波形如下圖所示

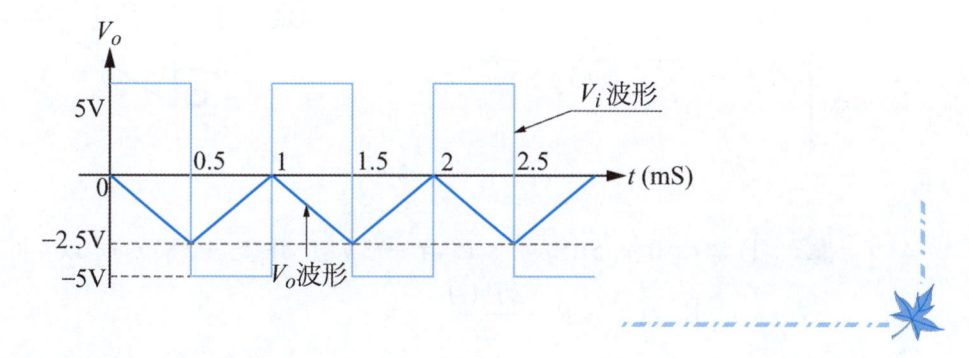

5-2.2 微分器

只要將積分器的電阻器與電容器互換位置，如圖5-10所示就是一個微分器，該電路可以產生與輸入訊號變動量成正比例的輸出，即微分器的輸出電壓 $V_o \propto \dfrac{dV_i}{dt}$

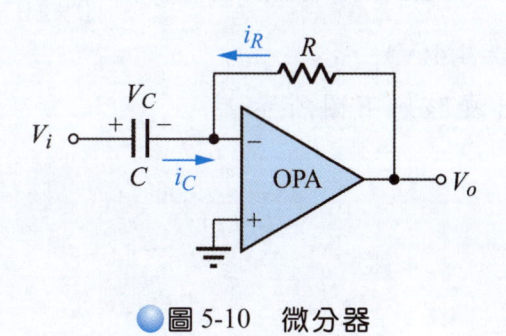

● 圖5-10 微分器

因為　$i_C = -i_R$　（OPA 輸入阻抗 ∞）

所以　$C\dfrac{dV_i(t)}{dt} = C\dfrac{d(V_i(t)-0)}{dt} = -\dfrac{V_o(t)}{R}$　（OPA 虛接地 $V_- = V_+ = 0V$）

故　$V_o(t) = -RC\dfrac{dV_i(t)}{dt}$

例題 5-4　如圖(4)所示之電路，若輸入波形為三角波時，其輸出波形應為何？

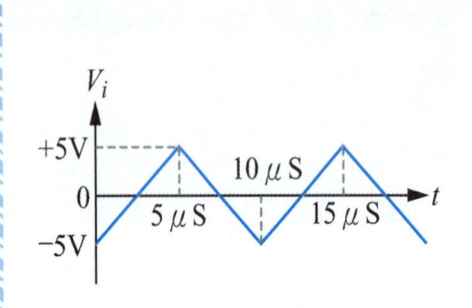

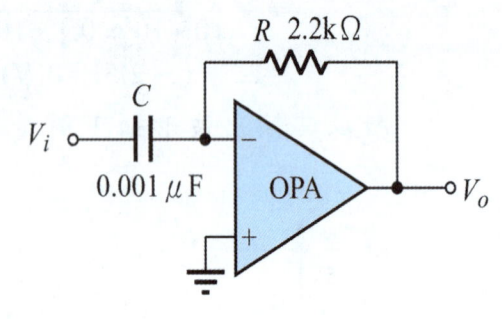

圖(4)

解　(1) 當 $t = 0$ 至 $5\mu S$ 時，V_i 由 $-5V$ 上升至 $+5V$，所以

$$V_o(t) = -RC\dfrac{dV_i(t)}{dt}$$

$$= -2.2 \times 10^3 \times 0.001 \times 10^{-6} \times \dfrac{5-(-5)}{5 \times 10^{-6} - 0}$$

$$= -4.4(V)$$

(2) 當 $t = 5\mu S$ 至 $10\mu S$ 時，V_i 由 $+5V$ 下降至 $-5V$，所以

$$V_o(t) = -RC\dfrac{dV_i(t)}{dt}$$

$$= -2.2 \times 10^3 \times 0.001 \times 10^{-6} \times \dfrac{(-5)-5}{10 \times 10^{-6} - 5 \times 10^{-6}}$$

$$= 4.4(V)$$

故其輸出波形如下圖所示

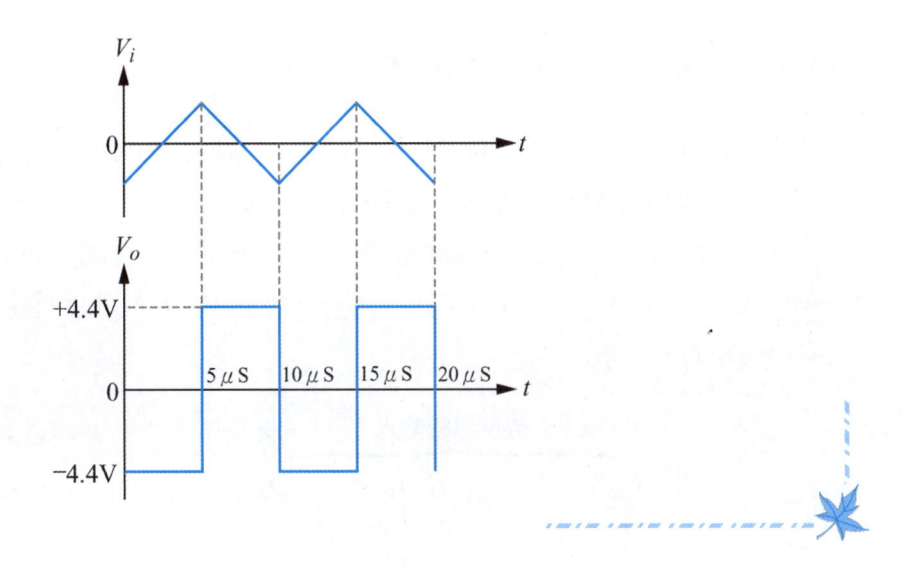

一般而言，訊號經過微分器後，其輸出波形都會改變，如正弦波經微分後，變成餘弦波，三角波經過微分器後，變成方波，而方波經微分器後，則變成尖脈波的輸出，其變化情形如圖5-11所示。

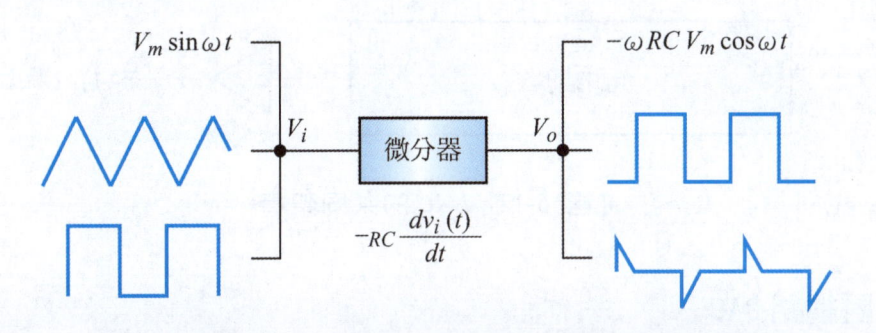

● 圖5-11　各種波形經過微分器後的變化

5-3 類比與數位轉換器

類比至數位(A/D)和數位至類比(D/A)的轉換，是訊號處理的兩大重要課題。類比數位轉換器(ADC, Analog to Digital Converter)就是將類比訊號轉變為數位訊號，可視為編碼元件，而數位類比轉換器(DAC, Digital to Analog Converter)則是將數位訊號轉變為類比訊號，故可視為解碼元件。由於DAC的處理步驟較為簡易，且為ADC中的一部份，所以先行介紹DAC的電路。

5-3.1　數位類比轉換器

不論 DAC 是屬於那一種型式，都有一個共通的基本型式，那就是由電子開關及電阻網路所組成，如圖 5-12 所示。

常用的 DAC 依其電阻網路不同，可概略分為兩種，一為加權電阻網路(weighted resistor network)DAC，另一則為 R-2R 梯形電阻網路(R-2R ladder network)DAC。

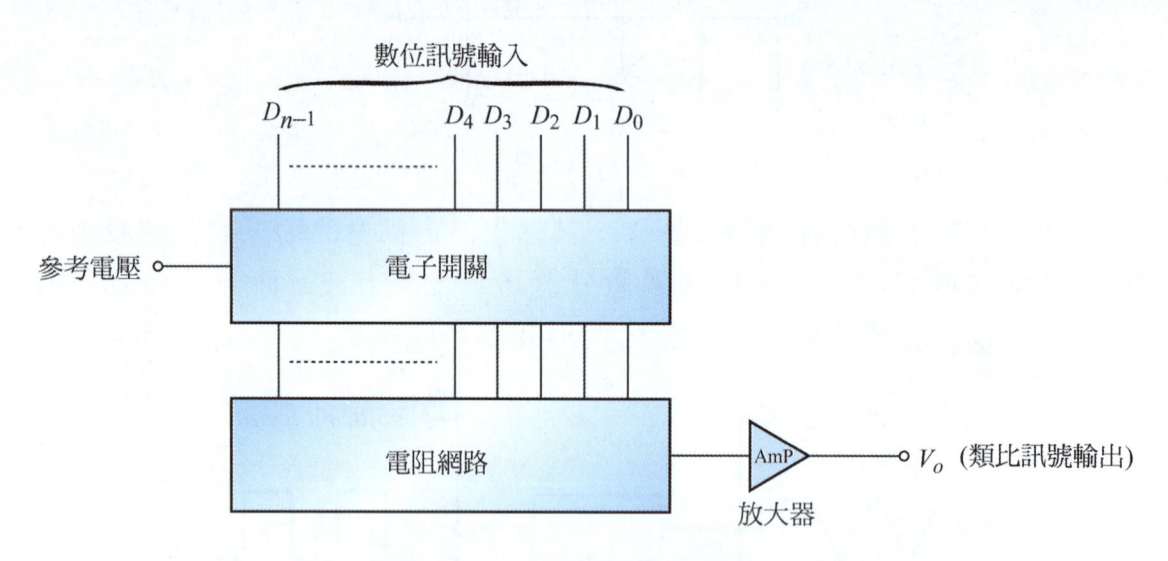

圖 5-12　DAC 的共同架構

加權電阻網路 DAC

如圖 5-13 所示為一基本加權電阻網路 DAC，具有將 n 位元的數位資料轉換成類比資料的功能；該電路其實只是一個反相加法器而已，較特別的是——輸入電阻部份，分別採用 R、$2R$、$4R$……$2^{n-1}R$(均為 2 的乘方倍)，所以稱為加權電阻網路。

依反相加法器來分析時，其類比輸出電壓 V_o 為

$$V_o = -(D_{n-1}\frac{R_f}{R}V_{ref} + D_{n-2}\frac{R_f}{2R}V_{ref} + \cdots\cdots + D_0\frac{R_f}{2^{n-1}R}V_{ref})$$

$$= -\frac{R_f}{R}V_{ref}(D_{n-1} + \frac{D_{n-2}}{2} + \cdots\cdots + \frac{D_0}{2^{n-1}})$$

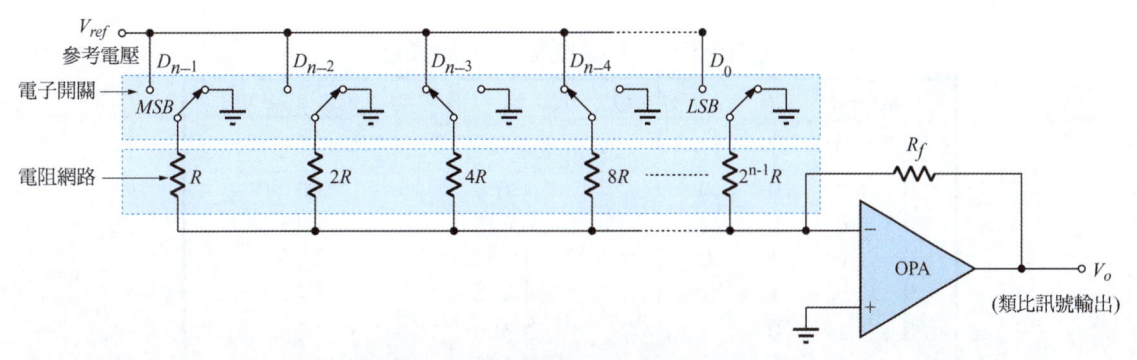

圖 5-13 加權型 DAC 基本架構

當電子開關切換至不同的數位值($D_{n-1}D_{n-2}\cdots D_1D_0$)時，就可以得到不同的類比電壓輸出。通常為了使輸出電壓為正值，所以常在圖 5-13 電路的最末再加上放大倍數為 1 倍的反相放大器，即

$$V_o = \frac{R_f}{R} V_{ref}(D_{n-1} + \frac{D_{n-2}}{2} + \cdots + \frac{D_0}{2^{n-1}})$$

若以 4 位元的 DAC 為例(即 $n=4$)，假設其參考電壓 $V_{ref}=10V$，$R_f = \frac{R}{2}$，當 $D_3D_2D_1D_0 = 0001$ 時，

$$V_o = \frac{\frac{R}{2}}{R} \times 10 \times (0 + \frac{0}{2} + \frac{0}{4} + \frac{1}{8}) = \frac{1}{16} \times 10 = 0.625(V)$$

當 $D_3D_2D_1D_0 = 1111$ 時，

$$V_o = \frac{\frac{R}{2}}{R} \times 10 \times (1 + \frac{1}{2} + \frac{1}{4} + \frac{1}{8}) = \frac{15}{16} \times 10 = 9.375(V)$$

即 V_o 可在 0V～9.375V 之間作階梯式的變化，其輸入、輸出間的關係如表 5-1 及圖 5-14 所示。

■表 5-1　加權電阻 D/A 轉換器

數位輸入 D_3	D_2	D_1	D_0	類比輸出 輸出電壓(V_o)	與最大值之比例
0	0	0	0	0	0
0	0	0	1	0.625	1/15
0	0	1	0	1.250	2/15
0	0	1	1	1.875	3/15
0	1	0	0	2.500	4/15
0	1	0	1	3.125	5/15
0	1	1	0	3.750	6/15
0	1	1	1	4.375	7/15
1	0	0	0	5.000	8/15
1	0	0	1	5.625	9/15
1	0	1	0	6.250	10/15
1	0	1	1	6.875	11/15
1	1	0	0	7.500	12/15
1	1	0	1	8.125	13/15
1	1	1	0	8.750	14/15
1	1	1	1	9.375	15/15

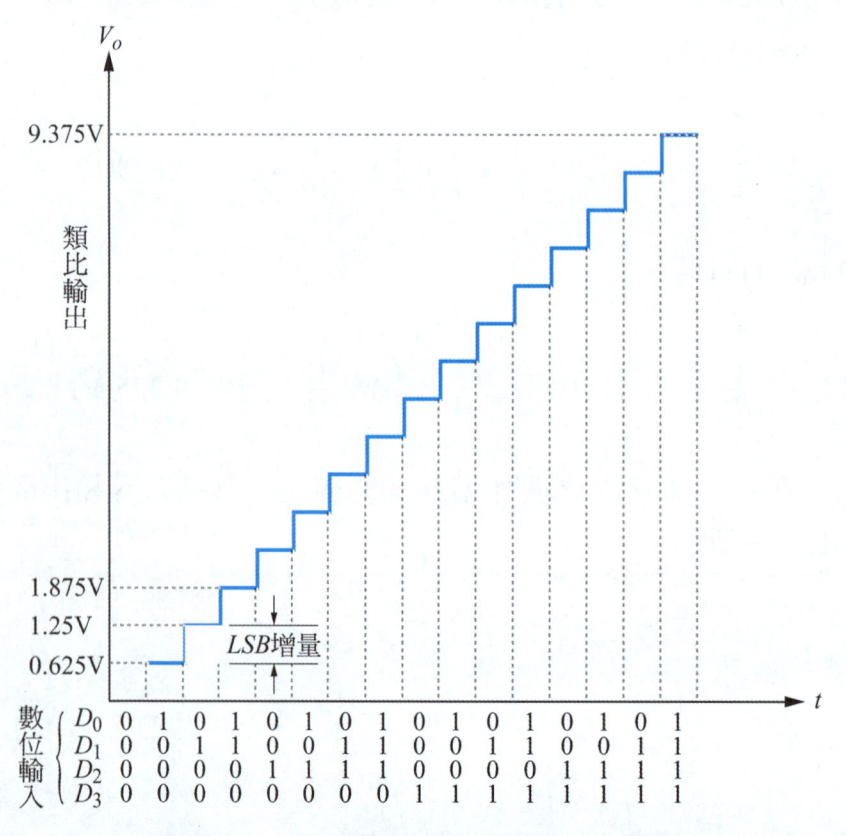

●圖 5-14　D/A 轉換器輸出與輸入之關係

在 DAC 中常提到解析度(resolution)，而其定義為

$$解析度 = \frac{每一階梯電壓值}{最高輸出電壓值} = \frac{1}{階梯步數} = \frac{1}{2^n - 1}$$

其中，n 表輸入數位資料的位元數，以 8 位元的 DAC 為例，其解析度為 $\frac{1}{255}$，若為 16 位元的 DAC，則其解析度為 $\frac{1}{65535}$；**當解析度愈高(位元數愈多)的 DAC，愈能轉換出近似連續的類比訊號，所以，解析度常用來表示 DAC 品質的好壞**。然而，當解析度愈高時，由於其位元數也愈多，故其加權電阻網路的電阻值變化範圍也就愈大(R、$2R$、$4R$……$256R$、$512R$……)，若想要在 IC 上製造精確且阻值變化範圍又如此之大的電阻群實在不易，所以，目前大都使用 R-$2R$ 梯形電阻網路 DAC 居多。

例題 5-5 8 位元的數位／類比(D/A)轉換器，其解析度為多少？

解 解析度 $= \dfrac{1}{2^n - 1} = \dfrac{1}{2^8 - 1} = \dfrac{1}{255}$

例題 5-6 有一 10 位元的 D/A 轉換器，其每一步級(step)電壓大小為 5mV，則此 D/A 轉換器的滿格(最高)輸出電壓值為多少？

解 10 位元之 D/A 轉換器，其階梯步數共有 $2^{10} - 1$，即 1023，所以，滿格輸出電壓

$$V_{o(max)} = 5\text{mV} \times (2^{10} - 1) = 5\text{mV} \times 1023 = 5.115(\text{V})$$

例題 5-7 某一 8 位元的數位類比轉換器(DAC)，設其輸出電壓 V_o 由 -10V 至滿刻度電壓 $+10\text{V}$，則其解析度電壓值約為多少？

解 解析度電壓值為數位輸入資料最低有效位元(LSB)的變化量，即

$$解析度電壓值 = \frac{V_o\text{的變動範圍}}{2^n - 1}$$

所以該 8 位元的 DAC 之解析度電壓值 $= \dfrac{10 - (-10)}{2^8 - 1} \approx 78.4(\text{mV})$

174 電子電路

例題 5-8 如圖(5)之電路，若開關 S_1、S_3、S_4 閉合(ON)，而 S_2 打開(OFF)，則其輸出電壓為何？

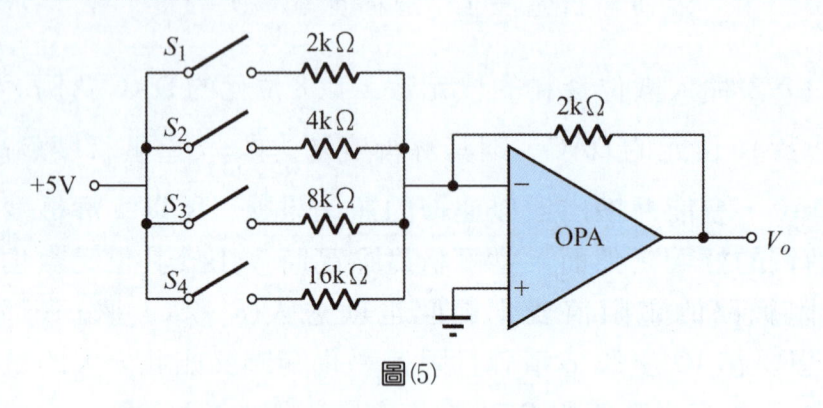

圖(5)

解
$$V_o = -\frac{R_f}{R}V_{ref}(D_{n-1} + \frac{D_{n-2}}{2} + \cdots\cdots + \frac{D_0}{2^{n-1}})$$

$$= -\frac{2k}{2k} \times 5 \times (1 + \frac{0}{2} + \frac{1}{4} + \frac{1}{8}) = -6.875 \text{ (V)}$$

R-2R 梯形電阻網路 DAC

如圖 5-15 所示為常見，R-2R 梯形電阻網路 DAC 的基本電路，由於不論 DAC 為多少位元，其電阻網路只使用 R 和 2R 兩種電阻而已，所以在 IC 的製造上，較容易獲得精確地控制；這也是絕大部的 DAC 成品(IC)均以 R-2R 架構完成的主要原因。

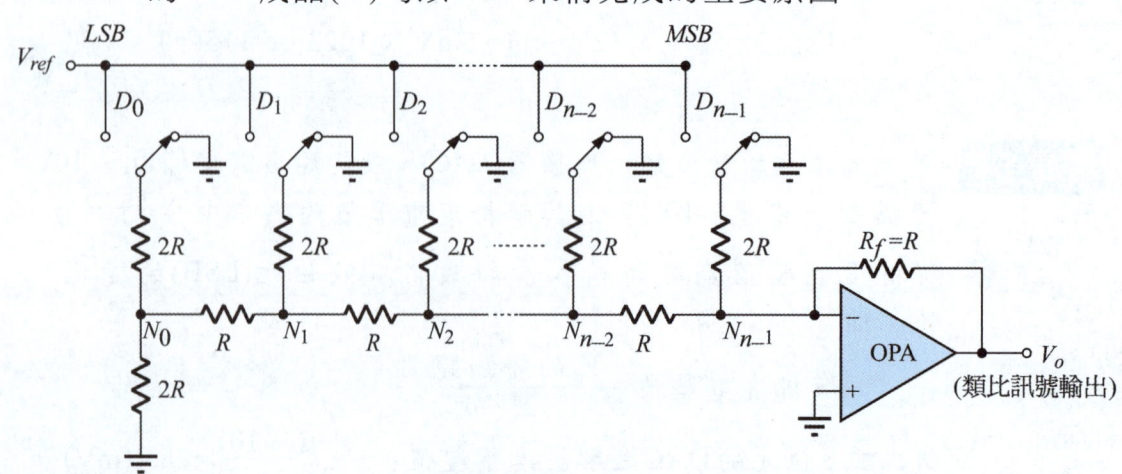

(a) R-2R 電阻網路 DAC 基本架構

● 圖 5-15　R-2R 的 DAC

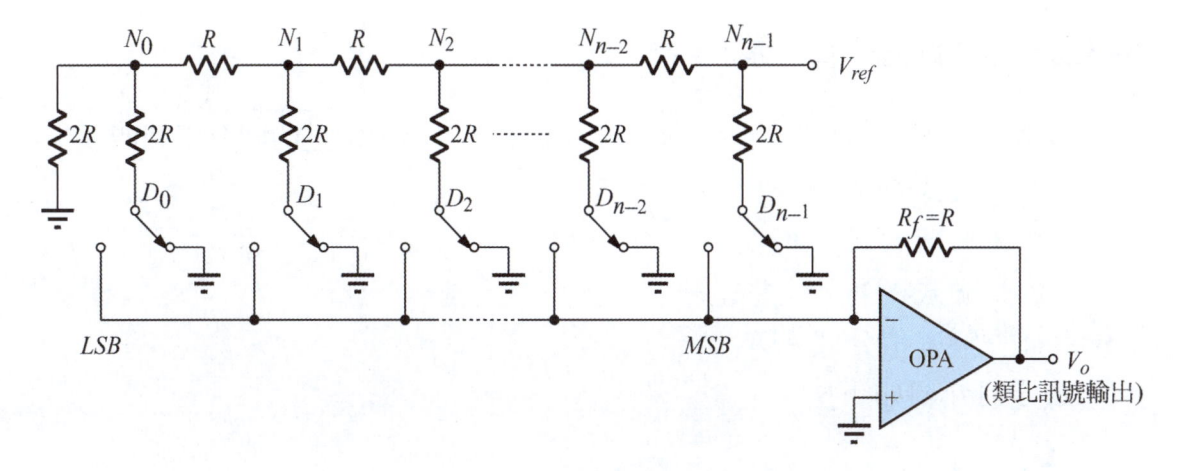

第五章 訊號處理電路

(b)反轉型 R-2R 電阻網路 DAC 基本架構

圖 5-15　(續)

R-2R 梯形電阻網路 DAC 有一很特殊的現象，即從任何一個節點 (N_1、N_2……N_{n-1})往左看，所得到的等效電阻都是2R；所以，利用重疊定理，分別考慮各個數位輸入資料($D_{n-1}D_{n-2}……D_1D_0$)對輸出造成的影響，可以獲得

$$V_o = -(\frac{D_{n-1}}{2} + \frac{D_{n-2}}{2^2} + \cdots\cdots + \frac{D_1}{2^{n-1}} + \frac{D_0}{2^n}) \times V_{ref}$$

其中D_{n-1}為 MSB，而D_0則為 LSB，n 為 DAC 的位元數。

例題 5-9 如圖(6)之電路，設 $R = 1\text{k}\Omega$，+5V 代表邏輯 1，0V 代表邏輯 0，當 $S_A S_B S_C S_D = 1010$ 時，其輸出電壓 V_o 為多少？

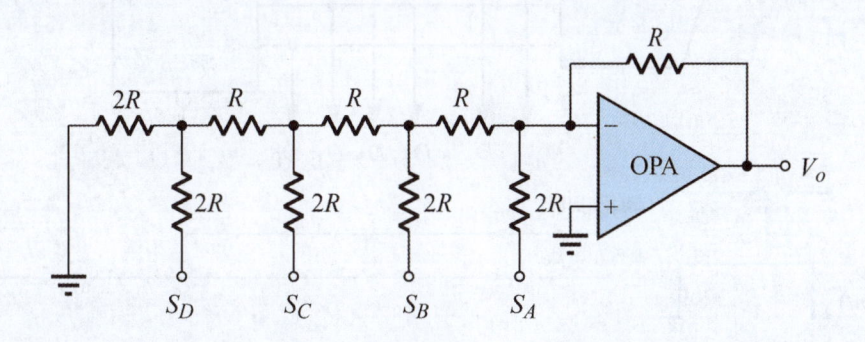

圖(6)

解 $V_o = -(\frac{1}{2} + \frac{0}{2^2} + \frac{1}{2^3} + \frac{0}{2^4}) \times 5 = -3.125$ (V)

5-3.2　類比數位轉換器

將類比訊號轉換成數位訊號的方法有很多種，而較常見的則有下列四種：
1. 追蹤式 ADC
2. 連續漸近式 ADC
3. 並聯式 ADC
4. 雙斜率積分式 ADC

茲分別介紹如下：

追蹤式 ADC(tracking A/D converter)

追蹤式ADC為最簡單且最基本的類比數位轉換器，其方塊圖如圖 5-16 所示，其中，V_i表類比輸入訊號，D_0至D_{n-1}為 n 位元計數器之輸出，亦為 ADC 之數位訊號輸出；而其工作原理如下：

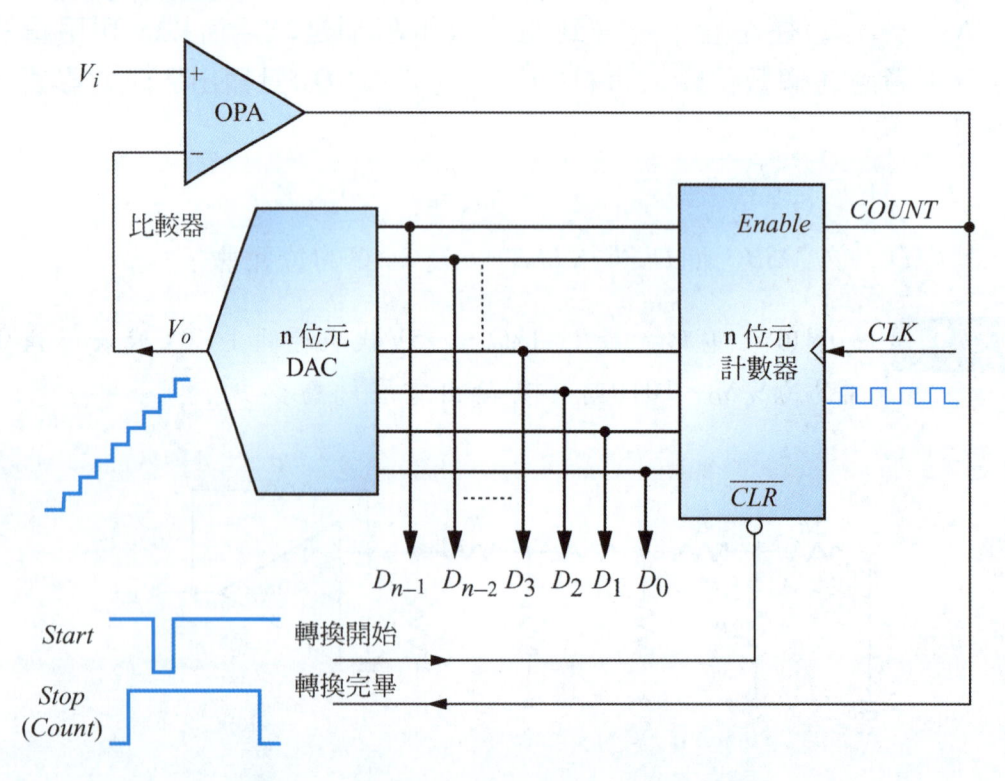

● 圖 5-16　追蹤式 ADC 的基本結構方塊圖

當轉換開始訊號(start)電壓降為低電位("L")時，計數器被清除(clear)，即$D_{n-1}D_{n-2}……D_1D_0$均為 0，所以n位元DAC的輸出V_o亦為 0V；此時，由於

$V_i > V_o (=0V)$，故比較器的輸出為高電位("H")，也就是count＝"H"。當start 電壓上升為"H"時，計數器便由 0 開始往上計數，DAC 因而輸出一個正比例於計數值的正向梯階波電壓；只要$V_i > V_o$，比較器的輸出就一直為"H"，計數器也就會持續往上計數，所以輸出的梯階波電壓也會繼續上升。

當梯階波電壓大於V_i(即$V_o > V_i$)時，比較器的輸出將變為低電位，即count＝"L"，致使計數器停止計數，此時計數器的輸出($D_{n-1}D_{n-2}\cdots\cdots D_1D_0$)即為類比輸入電壓($V_i$)的等值數位訊號；而count訊號的負緣($H$變成$L$的瞬間)則常用於通知其他電路，該ADC已轉換完畢(EOC, End Of Conversion)的訊號。

當類比輸入訊號的電壓改變時，必須另外再送出一個start脈波將計數器清除，才能重新啟動另一個ADC的轉換週期。

由於追縱式 ADC 使用計數器作為轉換的主要依據，所以有時亦稱為計數式(counting)ADC；以8位元的ADC為例，其最大(長)的轉換時間為255(2^8-1)個時脈週期(clock cycle)，若為12位元的ADC，則需花費4095($2^{12}-1$)個時脈週期；所以轉換速度慢是其最大的缺點。

連續漸近式ADC(successive approximation A/D converter)

連續漸近式 ADC 為一般 ADC 最常採用的方式，其方法為由數位輸出訊號的MSB開始，每次試用1個位元，找出大約相等於類比訊號的數位訊號；如圖 5-17 為其基本結構方塊圖，該結構與前述追縱式 ADC 類似，但將計數器改為一連續漸近暫存器(SAR，Successive Approximation Register)，並且增加一個控制電路。

為了方便說明電路的工作原理，假設該電路均為8位元的結構($n=8$)。當轉換開始訊號(start)降為"L"時，SAR 被清除，即$D_{n-1}D_{n-2}\cdots\cdots D_1D_0$均為0，所以 DAC 之輸出電壓($V_o$)亦為0V。

當 start 上升為"H"時，開始轉換；首先，控制電路在第一個脈波來臨時，將 SAR 的 MSB (D_7)設定為"1"，即

$D_7D_6D_5D_4D_3D_2D_1D_0 = 10000000$

此時 DAC 輸出電壓V_o為滿刻度電壓的$\frac{128}{255}$，如果$V_o > V_i$，比較器的輸出就會轉變為"L"，以通知控制電路將 SAR 的MSB重設為"0"，如果$V_o < V_i$，則比較器的輸出為"H"，SAR 的 MSB 將維持為 1 的狀態。

●圖 5-17 連續漸近式 ADC 的基本結構方塊圖

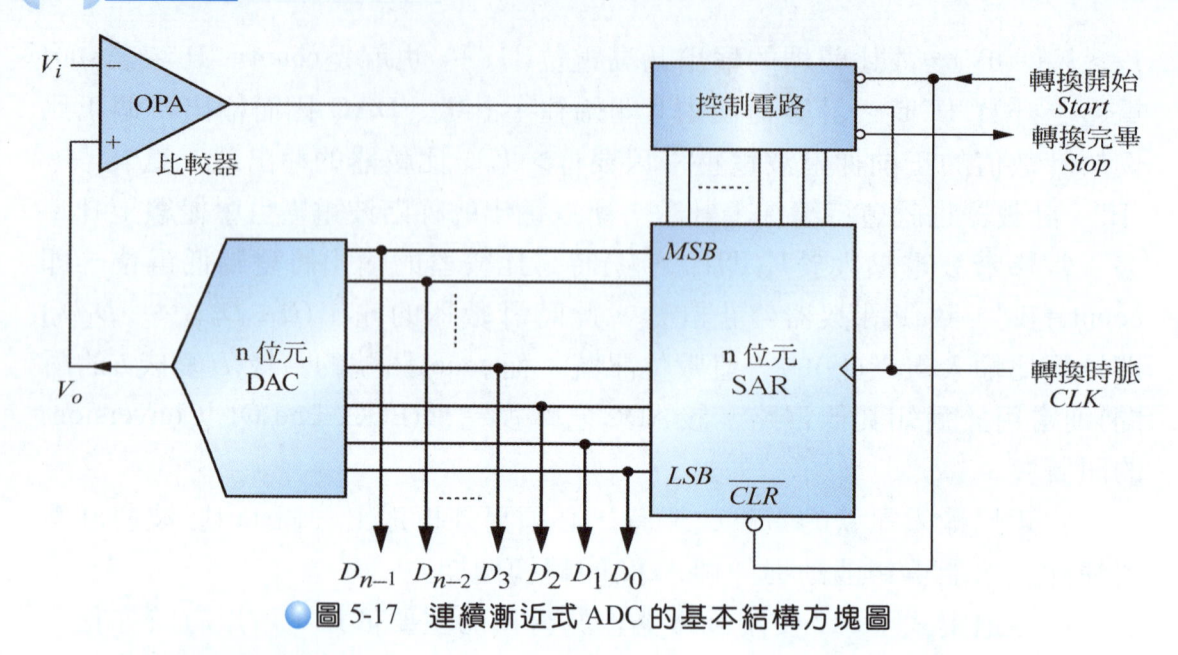

設 SAR 的 MSB 未被重設為 0，即 $D_7 = 1$；控制電路在第二個脈波來臨時，會將 SAR 的次高有效位元(D_6)設定為 1，此時 SAR 的內容變為

$D_7 D_6 D_5 D_4 D_3 D_2 D_1 D_0 = 11000000$

而 DAC 的類比輸出電壓(V_o)則跳升至滿刻度電壓的 $\frac{192}{255} (= \frac{128}{255} + \frac{64}{255})$；同樣的，如果 $V_o > V_i$，則 D_6 會被重設為 0；反之，$V_o < V_i$，則 D_6 保持為 1 的狀態。

接下來，每一個時脈脈波來臨時，SAR 的各個位元(由 MSB 至 LSB)均會被設定為 1 或重設為 0，所以僅需 8 個時脈的時間，即可完成 8 位元的類比數位轉換工作。同理，此型 n 位元的 ADC，只需花費 n 個時脈的轉換時間即可，這比起前面介紹的追蹤式 ADC 要快得多。

最後，當轉換完畢時，控制電路會送出一個低電位的轉換完畢訊號(stop)，以通知其他電路。

並聯式 ADC(parallel A/D converter)

並聯式 ADC 有時也稱為直接比較(flash)式 ADC，其轉換速度是所有 ADC 中速度最快的，所以常用於視頻影像的訊號處理；但是其電路的規模也最大，相對地成本也較貴，故通常適用於低位元數的 ADC(位元數≦10 的居多)。以一個 n 位元的並聯式 ADC 為例，必須使用 $2^n - 1$ 個電壓比較器、$2^n - 1$ 個栓鎖暫存器及一個編碼器才能完成。

第五章　訊號處理電路

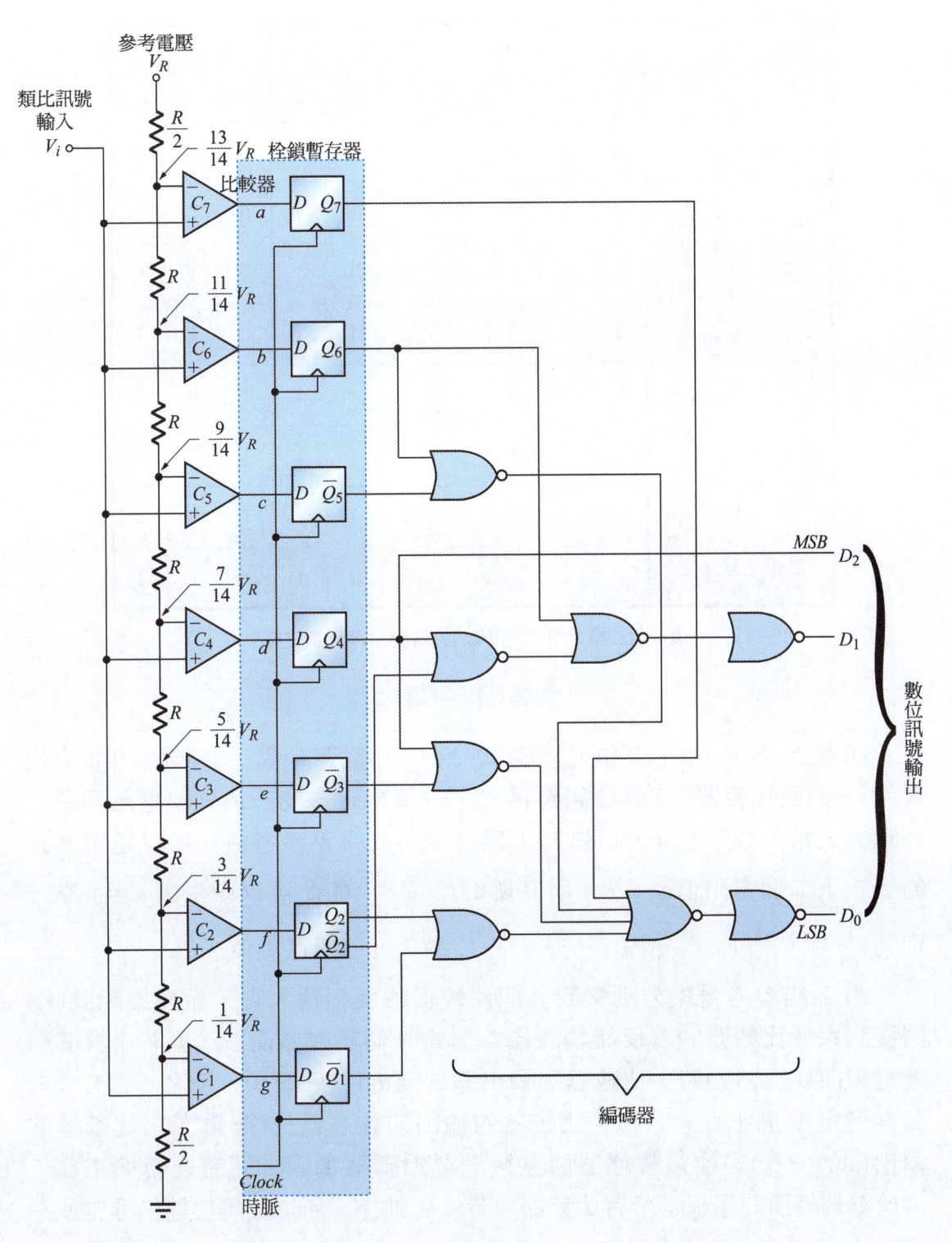

(a)電路

圖 5-18　並聯(比較)式 ADC

類比輸入電壓V_i	比較器輸出							數位輸出		
	a	b	c	d	e	f	g	D_2	D_1	D_0
$V_i < \frac{1}{14}V_R$	0	0	0	0	0	0	0	0	0	0
$\frac{3}{14}V_R > V_i > \frac{1}{14}V_R$	0	0	0	0	0	0	1	0	0	1
$\frac{5}{14}V_R > V_i > \frac{3}{14}V_R$	0	0	0	0	0	1	1	0	1	0
$\frac{7}{14}V_R > V_i > \frac{5}{14}V_R$	0	0	0	0	1	1	1	0	1	1
$\frac{9}{14}V_R > V_i > \frac{7}{14}V_R$	0	0	0	1	1	1	1	1	0	0
$\frac{11}{14}V_R > V_i > \frac{9}{14}V_R$	0	0	1	1	1	1	1	1	0	1
$\frac{13}{14}V_R > V_i > \frac{11}{14}V_R$	0	1	1	1	1	1	1	1	1	0
$V_i > \frac{13}{14}V_R$	1	1	1	1	1	1	1	1	1	1

(b)類比輸入電壓與數位輸出訊號的關係

圖 5-18 （續）

如圖 5-18 所示為 3 位元並聯式 ADC 的電路架構，該電路主要使用 7($=2^3-1$)個比較器，7個栓鎖暫存器、一個編碼器及一個分壓電阻網路。分壓方式常分成7等分，但是為了獲得較小的電壓參考值，所以電阻網路的上、下二個電阻值為$\frac{1}{2}R$，而其餘的均為R，如此可以產生由a至g點分別為$\frac{1}{14}V_R$、$\frac{3}{14}V_R$、$\frac{5}{14}V_R$、……、$\frac{13}{14}V_R$的 7 組參考電壓值。

由 7 組參考電壓分別接到各個比較器的反相輸入端，而類比訊號(V_i)則接到每個比較器的非反相輸入端；對每一個比較器而言，當V_i小於其參考電壓(即$V_+ < V_-$)時，比較器的輸出即為低電位(邏輯 0)，反之，當V_i大於其參考電壓(即$V_+ > V_-$)時，比較器的輸出即為高電位(邏輯 1)。比較器的輸出(abc……g)經栓鎖暫存器儲存後送至編碼器編碼，即完成轉換工作；由於整個轉換的過程是所有比較器同時一起動作，所以其轉換速度非常快。

假設 $V_R = 7V$，而 $V_i = 5.2V$，此時，比較器的輸出 abcdefg 分別為 0011111 (栓鎖暫存器的輸出亦同)，經編碼器編碼後，即獲得 V_i 的對等數位訊號 $D_2D_1D_0 = 101$。

電路圖中的栓鎖暫存器的時脈訊號被取樣(5-4節介紹)頻率訊號的脈波所控制，如此不會因為 V_i 是隨時變化的類比訊號，而造成數位訊號的轉換錯誤。

雙斜率 ADC(dual slope A/D converter)

如圖 5-19 所示為一**雙斜率 A/D 轉換器**，有時亦稱為比率計量式 A/D 轉換器，主要由積分器、比較器、計數器與控制邏輯所組成，圖中 $V_i > 0$，$V_R < 0$，且 $|V_R| > V_i$，其工作原理如下：

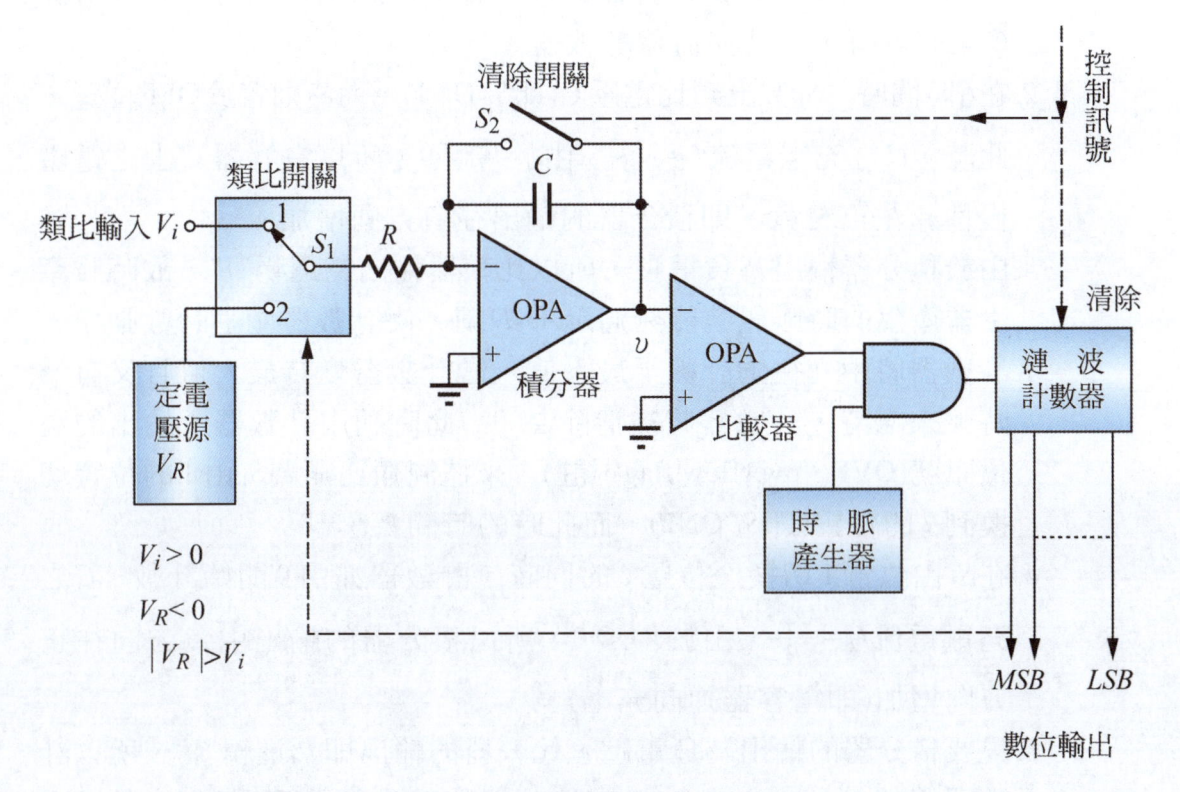

(a)電路方塊圖

● 圖 5-19　雙斜率 A/D 轉換器

(b)不同類比電壓輸入的情況

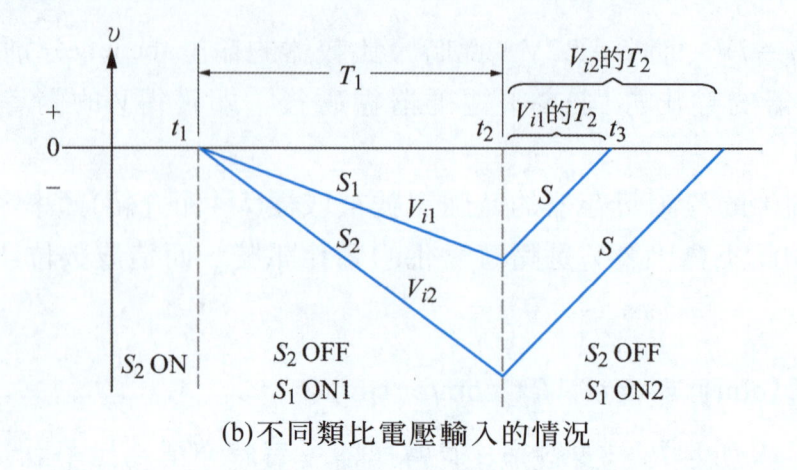

圖 5-19 （續）

1. 一開始由控制邏輯送出控制訊號，使S_2置於 ON 位置，用以清除 C 上的電荷，同時亦清除計數器。
2. 在t_1時間時，S_1接上類比電壓V_i(即S_1 ON1)，而S_2則置於OFF位置，此時，C之充電電流$I_1 = \dfrac{V_i}{R}$，由於$V_i > 0$，所以電容器C上之電壓極性為左正右負，即積分器的輸出往負方向增加。
3. 由於積分器輸出為負電壓，所以比較器輸出為邏輯"1"，故時脈產生器產生的時脈訊號能夠通過AND閘，使計數器產生計數動作。
4. 計數器將由 0 往上計數至最大值，當計數器變為最大值且又有一時脈來臨時，計數器將被清除為 0，此時利用計數器所輸出的溢位訊號(OVF，overflow flag，註)，來控制類比開關S_1由 1 的位置切換到 2 的位置(即S_1 ON2)，而此時的時間為t_2。
5. 在S_1由位置 1 切換至位置 2 的同時，計數器亦由 0 開始計數，C之充電電流$I_2 = \dfrac{V_R}{R}$，由於$V_R < 0$，所以積分器的輸出由負方向往正方向增加(即電容器逆向充電)。
6. 只要積分器的輸出為負電壓，比較器的輸出即為邏輯"1"，所以計數器將持續往上計數，但當積分器的輸出變為正電壓(大於 0V)時，即t_3時間點，由於比較器的輸出為邏輯"0"，時脈訊號被抑制，故計數器停止計數，此時的計數值(數位訊號)就相當於類比輸入訊號的電壓轉換。

註　溢位訊號(OVF)其實就是計數器的 MSB 由"1"變成"0"瞬間變化的訊號。

在(b)圖中表示不同類比輸入訊號的情形，不論V_{i1}或V_{i2}輸入，時間T_1均為定值(計數器由 0 計數至最大值的時間)，但其充電斜率卻不相同，所以充得的負壓大小亦不同；在t_2點以後，由於充電電壓V_R為定值，所以其反向充電的斜率均相同，但是使積分器輸出轉為 0 的時間則因類比輸入訊號的電壓大小而異；即V_i的電壓愈大，則T_2的時間就愈長，所以計數器的計數值也就愈高。

此種 A/D 轉換器主要是利用積分器的充放電來控制，所以具有良好的雜訊免疫能力，且不易受時脈變化與零件老化的影響，所以精確度與穩定性皆不錯，故廣泛用於儀表方面，如數位電壓表(DVM)；而其主要的缺點則是轉換的時間最長(速度最慢)。

5-4 取樣和保持電路

前一節所介紹的 A/D 轉換器，在運算轉換的期間，類比的輸入訊號要為定值，否則當輸入訊號變化很快時，A/D 轉換器的轉換結果將不能正確地反應輸入訊號的大小。

假設圖 5-20(a)(b)的類比訊號均輸入相同的 A/D 轉換器(具有相同的轉換時間T_C與取樣頻率f_s)；對於慢速變化的V_i而言，當轉換的過程中，訊號由V_1變化到V_2，不論轉換的對象是V_1或V_2，所得到的值都大約相等($V_1 \approx V_2$)，但對於快速度變化的V_i而言，其差異就相當大($V_1 \neq V_2$)，所以，若欲得到較正確的 A/D 轉換，就必須

1. 被取樣點的電壓，最好保持不變，直到該次的轉換結束。
2. 取樣的頻率(或速度)愈高愈好，不過此值關係到轉換器的轉換時間。

(a)慢速變化的V_i　　　　　　(b)快速變化的V_i

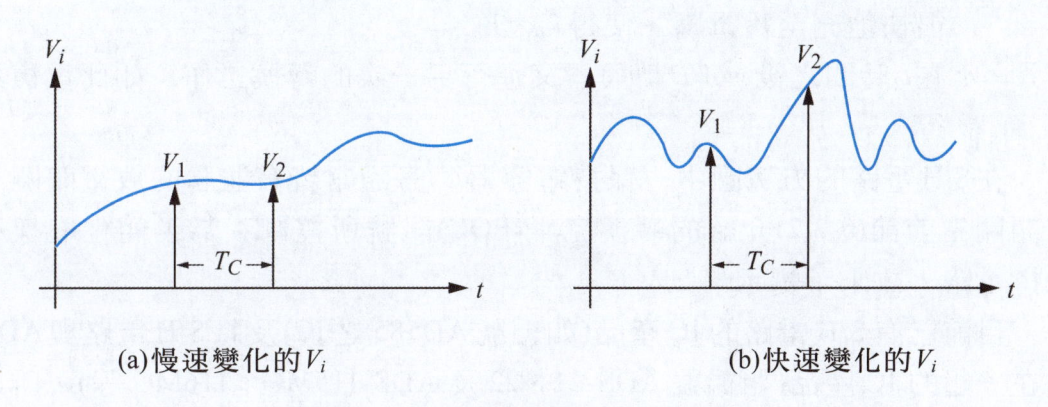

● 圖 5-20　V_i變化量對 ADC 的影響

取樣／保持電路(S/H，Sampling / Holding circuit)可用來消除類比輸入訊號的瞬時變化，穩定A/D轉換器的精確度，並降低轉換速度的要求，故常被使用在資料收集系統中。

如圖 5-21 所示為取樣和保持(S/H)電路的基本方塊圖，其中，數位／類比開關 SW 由取樣頻率(f_s)的脈衝訊號所控制，當有脈衝訊號時，SW ON；若沒有脈衝訊號時，則 SW OFF；該電路的工作情況如下：

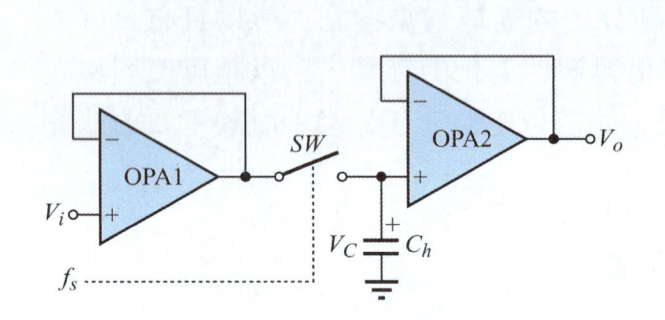

(a) 取樣與保持(S/H)電路之方塊圖 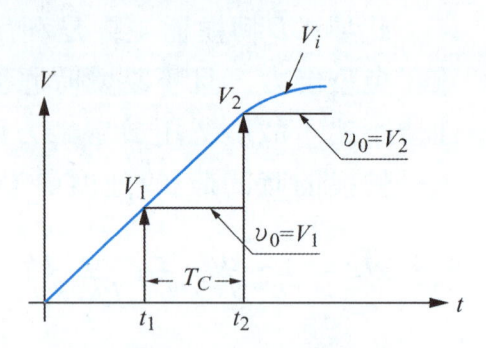　　(b) S/H電路輸入輸出波形關係

● 圖 5-21　取樣與保持電路

1. 在時間$t = t_1$時，取樣脈衝訊號來臨，所以SW ON，由於OPA_1、OPA_2均為電壓隨耦器，所以保持電容器(C_h)很快充電至V_i電壓，故$V_o = V_C = V_i$。
2. 在t_1時間之後到t_2時間之前(即$t_1 < t < t_2$)時，SW OFF，由於OPA_2的輸入阻抗非常大，所以保持電容器C_h幾乎沒有放電路徑(或電容放電的速度非常慢)，故V_o能維持一定值；此時進行A/D轉換，可獲得正確且穩定的結果。
3. 在時間$t = t_2$時，取樣脈衝訊號再度來臨，所以 SW 又再度 ON，C_h很快地充至V_2電壓，使得$V_o = V_2$。
4. 在t_2時間之後，A/D轉換器又進行另一次的轉換工作；如此重複進行。

在S/H電路的方塊圖中，保持電容器C_h旁通常皆有並聯的放電開關，該開關由前節(5-3.2)介紹的轉換完畢(EOC)訊號所控制；為了簡化取樣和保持電路，故未予標示。

目前已有S/H電路的IC產品(如編號 AD585 之 IC)及將 S/H 電路與ADC做在一起的 IC 產品(如編號 ADS-21、22 及 ADS-115MC、116MC 等)，所以使用上非常方便。

5-5 顯示裝置

現今作為電子電路的顯示裝置中，雖然仍有一大部份使用陰極射線管(CRT，Cathode Ray Tube)作為螢幕來顯示相關資訊與圖形，但由於體積龐大、耗電、笨重、易碎與產生輻射等因素，已逐漸被液態晶體顯示器(LCD)所取代；所以本節將以平板顯示器(flat panel visual display)中的發光二極體(LED)及LCD顯示器為主要介紹對象。

5-5.1 LED顯示器

發光二極體(LED，Light Emitter Diode)由於具有低工作電壓、耗電量低、壽命長、反應快速等特性，所以是日常生活中十分常見的顯示裝置；目前市面上常見的LED產品，大致可分為下列數種：

1. 單一LED顯示器：常用於指示"開"或"關"的訊息。
2. 7段LED顯示器：能顯示出0～9的數字、一些簡單的文字及符號等訊息。
3. 米字型LED顯示器：能顯示出標準ASCII碼中的數字、文字及符號等訊息。
4. 點矩陣LED顯示器：能顯示出標準ASCII碼中的數字、文字、符號及圖形(含中文字)。

由於單一LED顯示器為一般發光二極體的驅動，而米字型LED顯示器較為少用且大都被點矩陣LED顯示器所取代；所以，以下只針對7段LED顯示器及點矩陣LED顯示器來介紹。

7段LED顯示器

如圖5-22所示為7段LED顯示器的外觀與其編號；若依結構來分，可分為共陽極(common anode)與共陰極(common cathode)兩種，如圖5-23所示。所謂的共陽極7段顯示器就是將所有LED的陽極，全部接在一起，成為共同點(common)，而每個LED的陰極，則分別形成 a、b、c、d、e、f、g 等7個端點。所謂的共陰極7段顯示器則與共陽極7段顯示器的結構相反，即將所有LED的陰極接在一起形成共同點，而每個LED的陽極則形成 a、b、c、d、e、f、g 等7個端點。

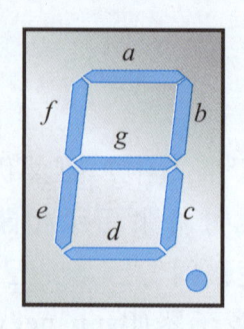

● 圖 5-22　七段顯示器外觀與各段 LED 編號

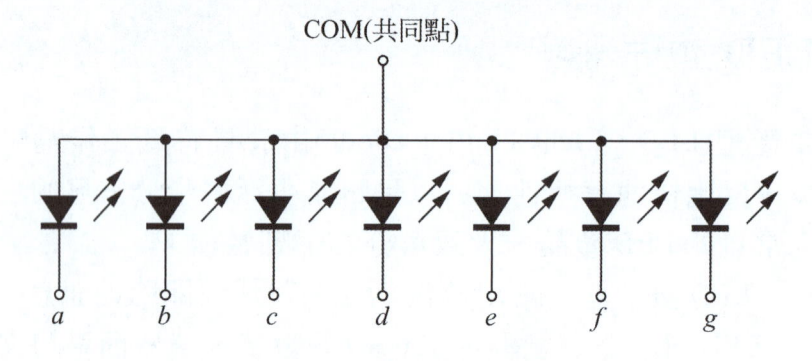

(a)共陽極 7 段顯示器

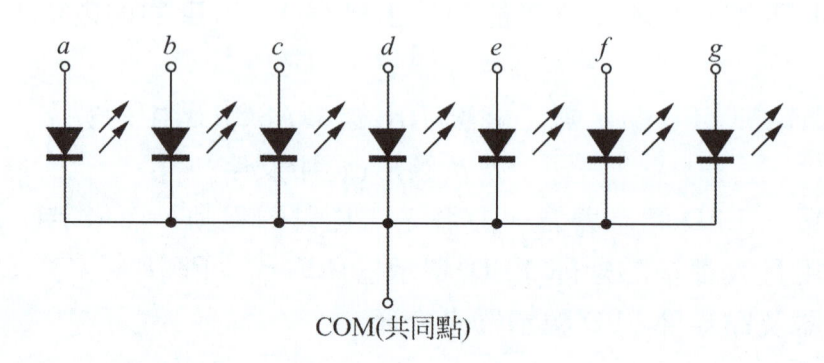

(b)共陰極 7 段顯示器

● 圖 5-23　7 段 LED 顯示器的結構

　　在使用上，只要控制輸入端(a、b、…g)的電壓，使得該段的LED順向導通而發亮即可；例如：在共陽極 7 段顯示器的共同點(陽極)加上高電壓(通常為 +5V)，若a、b、c、…g中任一端輸入為低電壓(通常接解碼IC的輸出)時，該段LED就發亮(**註**)。共陰極 7 段顯示器的使用方法則剛好相反；即其共同點接 0V，若a、b、c、…g中任一端輸入為高電壓(通常亦為解碼IC 的輸出)時，該段 LED 就發亮。

第五章 訊號處理電路 187

> **註** 通常 a、b、c…g 等輸入端均先接上限流電阻後，再接上解碼器 IC，以避免電流過大，燒毀解碼器 IC 或 7 段顯示器；而限流電阻常用 330Ω 或 470Ω。

例題 5-9 某一 7 段 LED 顯示器，若該顯示器 a、b、c、d、g 段通電發亮，則會顯示那一字型？

解 由於 7 段顯示器的每段 LED 代號排列如圖(1)所示；當只有 a、b、c、d、g 段發亮，則將顯示如圖(2)所示，即出現 3 的數字。

圖(1)　　　　　圖(2)

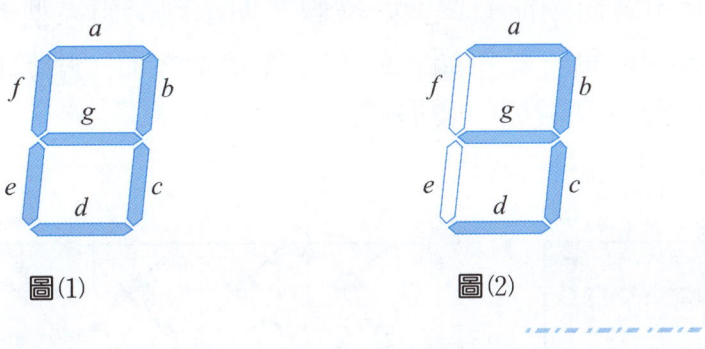

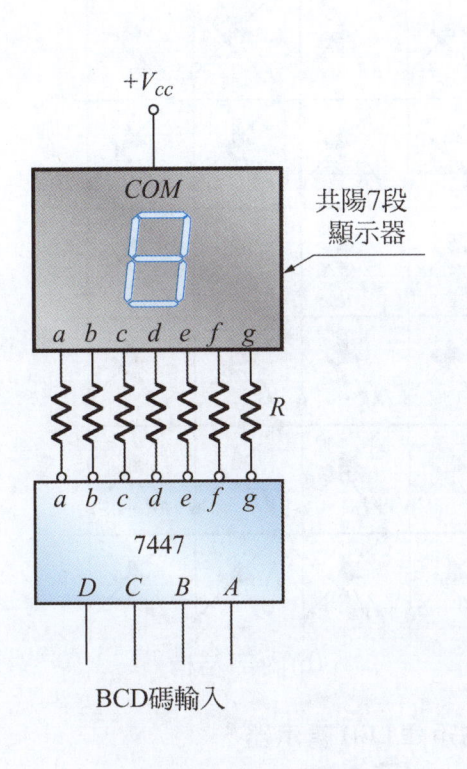

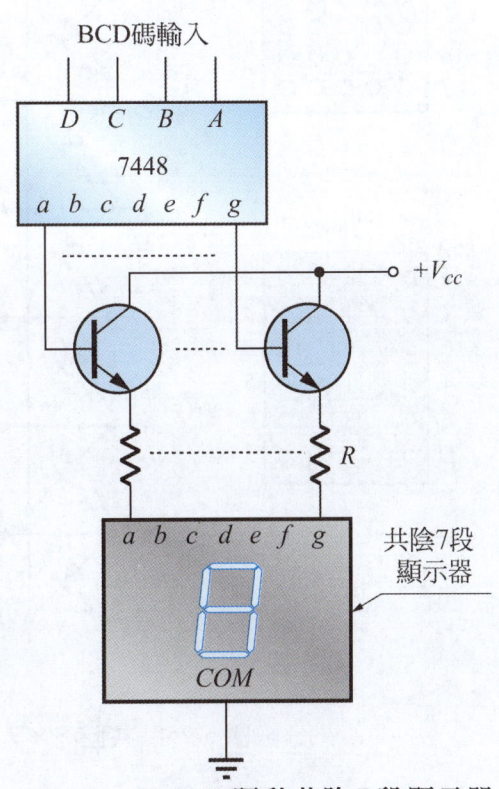

(a) 7447 驅動共陽 7 段顯示器　　　(b) 7448 驅動共陰 7 段顯示器

● 圖 5-24　TTL IC 驅動 7 段顯示器的兩種常見方式

188 電子電路

　　如圖 5-24 所示為兩種常見 TTL IC 驅動 7 段顯示器的電路，由於 7447 的輸出為開路集極閘的結構，故須加上限流電阻 R，而 7448 則因其推動能力較不足，所以常於每一輸出端連接一電晶體以增加其驅動能力。

　　此外，當需要很多個 7 段顯示器一同顯示時，為了減少顯示器的功率消耗及解碼驅動 IC 的使用數量，一般大都採用多工掃描顯示的方式。

點矩陣 LED 顯示器

　　由於微電腦的應用需求與發展，點矩陣 LED 顯示器近拾年來有長足的進步；在應用方面，從簡單型的文數字顯示到街頭大型的動畫看板；而在顏色方面，則從單一顏色顯示到彩色顯示；然而，由於藍色 LED 發展遲緩，多少阻礙 LED 看板的發展(**註**)。

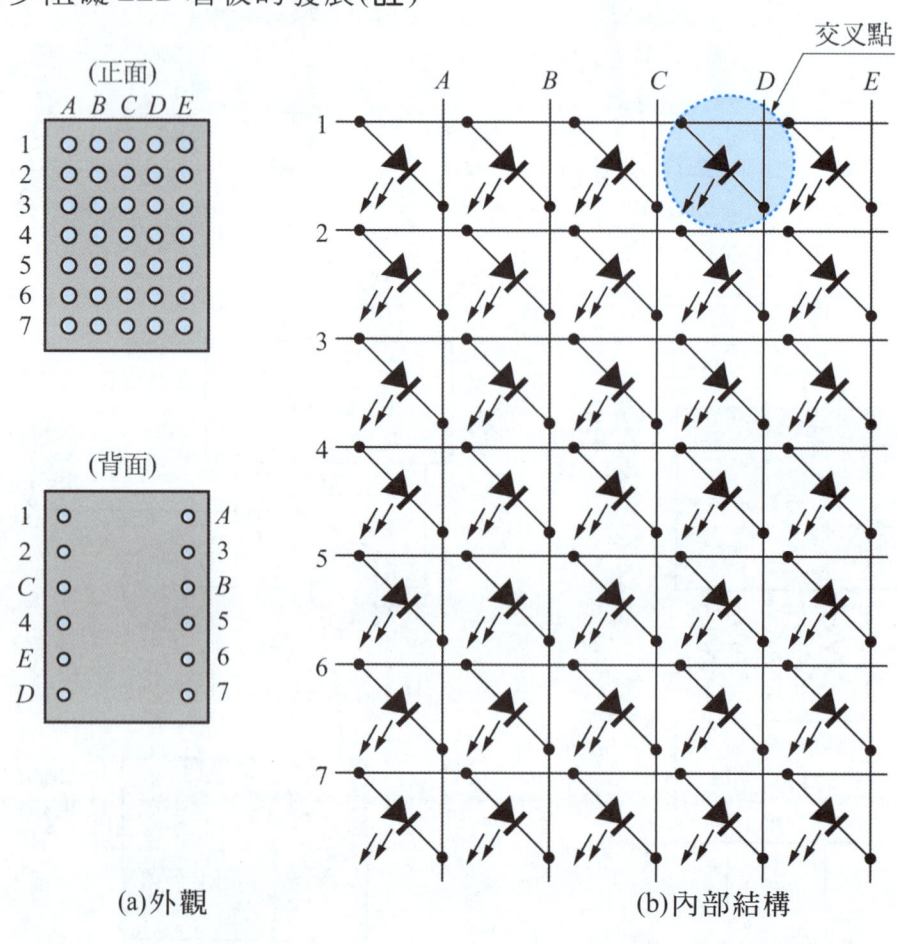

(a)外觀　　　　　　　　　　　(b)內部結構

● 圖 5-25　共陰 5 × 7 點矩陣 LED 顯示器

如圖 5-25 所示為單色 5×7 點矩陣 LED 顯示器的外觀(含接腳圖)與其內部結構(類似ROM的結構)，其中7列5行總共有35個交叉點，而每一個交叉點為一個顯示細胞；依目前市面上的產品而言，顯示細胞有單晶式與雙晶式兩種，如圖 5-26 所示，其中，雙晶式的顯示器在不做亮度控制時，基本上每個細胞可以顯示紅、綠、黑(紅、綠皆不亮)、黃(紅、綠皆亮) 4 種顏色。

> **註** 紅、綠、藍為光之三原色，唯有紅、綠、藍三種顏色的 LED，才能合成白色的光；目前街頭的大型看板，由於缺少藍色 LED，故無法合成白色的畫面。數年前，筆者在日本大阪街頭已看到近似白色畫面的 LED 看板(國內的街頭也已出現)。

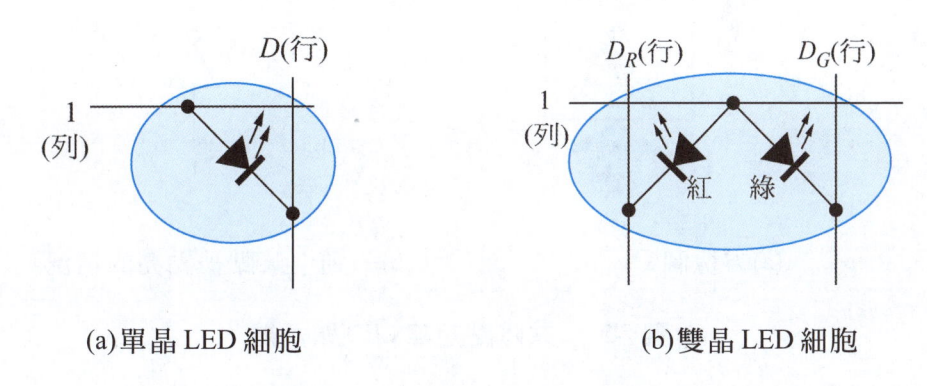

(a)單晶 LED 細胞　　　　(b)雙晶 LED 細胞

● 圖 5-26　顯示細胞的類型

如圖 5-27 所示為共陰點矩陣LED顯示器(註)的驅動電路與其中某點被點亮的情形。其原理是利用多工掃描的方式，一次只有一列會有作用(被選到)，配合行的顯示碼，就能使某點 LED 或某些點的 LED 被點亮；如(b)圖中，第 6 列被選到(邏輯狀態為"1")，其餘的列均未被選到(邏輯狀態為"0")，當第D行的資料為邏輯"0"時(其餘的行均為邏輯"1")時，該LED就被點亮(以黑色表示)，其餘的則不亮(以藍色表示)。

(a)方塊圖　　　　　　　(b)一列中某點被點亮的情況

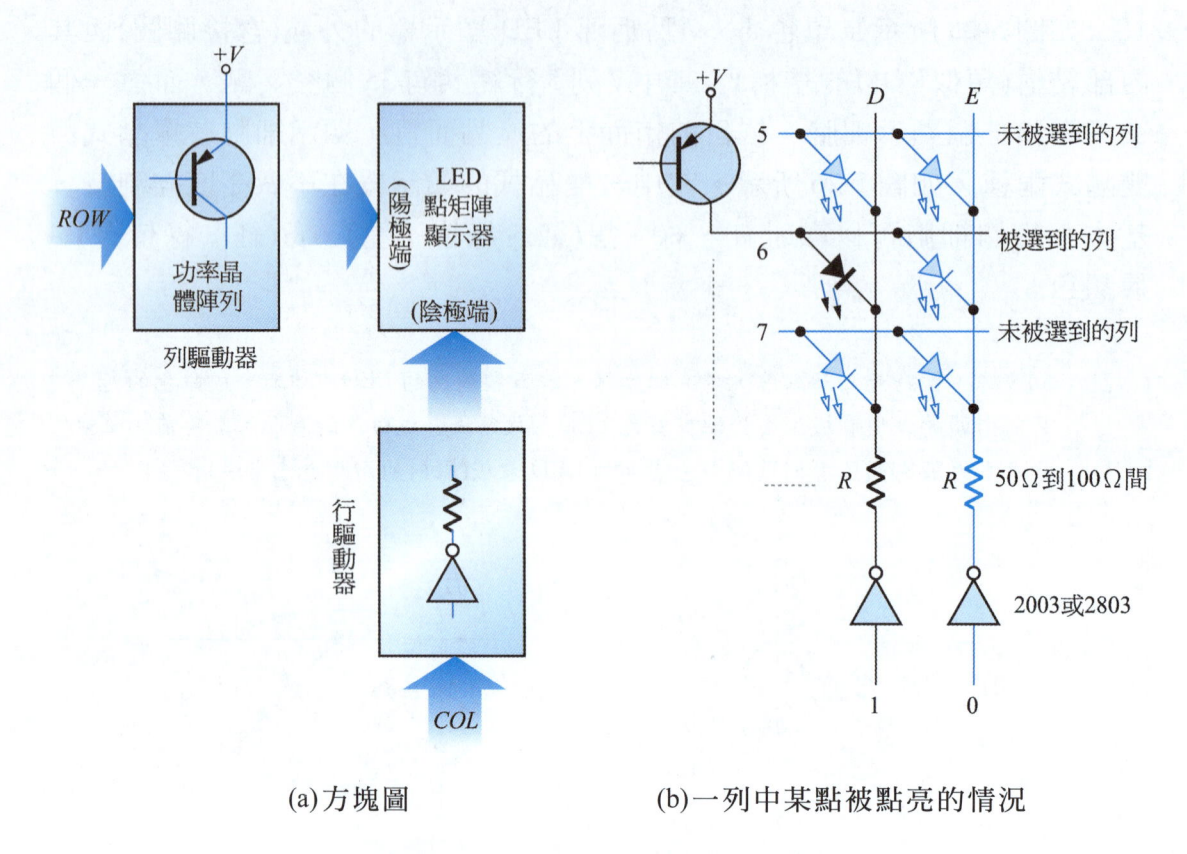

◆圖 5-27　共陰點矩陣 LED 顯示器

> 註　所有 LED 的陽極接至"行"，而陰極接至"列"，稱為共陽點矩陣 LED 顯示器；而所有 LED 的陽極接至"列"，而陰極接至"行"，則稱為共陰點矩陣 LED 顯示器。

5-5.2　液晶顯示器

　　液態晶體(簡稱液晶)由奧地利植物學家 F. Reinitzer 在 1888 年所發現的，液晶一方面具備固態結晶體的分子規則性，一方面則又具有液體分子般的運動自由度，因此可以透過某些外力(如電場、磁場、溫度、壓力等)來改變液態晶體的晶性，而產生特殊的光學效應。

　　液晶直到 1968 年以後，才被應用在顯示器上；由於液晶顯示器(LCD，Liquid Crystal Display)具有低電壓驅動(註)、低耗電、重量輕、體積小(厚度薄)等特性，十分符合現代日常生活需求──輕、薄、短、小且低耗電，便於攜帶等優點。所以，近一、二十年來，LCD 有許多長足的進步，如表 5-2 所示。

> 註
> 1. 常使用 5V 的電源，甚至低至 1.2V 亦可動作，適合水銀電池驅動。
> 2. LCD 的共同點(COM)常需加入 32～60Hz 的方波驅動。

表 5-2　LCD 的演進

比較項目	早　　期	近　　期
產品型式	簡單型的 7 段 LCD 顯示器	複雜的點矩陣 LCD 面板
顯示方式	反射式	背光式
觀看角度	視角窄	視角廣
適用溫度	室溫 25℃ 左右	－40℃～100℃
顏色方面	黑白	彩色或有灰階的單色

> 表註
> 1. 反射式(reflection)的 LCD 需在最底層加上反光板來反射外界的光線，而背光式(back light)的 LCD 則以一冷陰管之類不發熱的光源取代反光板，所以背光式的 LCD 在黑暗處或夜間仍能正常顯示，為目前最受歡迎的顯示技術。
> 2. 目前 LCD 的視角方面，不論水平或垂直視角均可達 100 度以上。

　　液晶顯示器的基本原理是利用液晶作為顯示的媒介，由於液晶具有可穿透特性，常態的液晶分子結構是扭曲的形狀，並不像一般物質結晶結構有固定型態，所以光線可穿過液晶分子；但當液晶受到電場的影響後，就會改變其分子結構，因而改變光線行進的角度，造成光線強度不同的明暗變化。

　　基本方法是在顯示器下方設計一個背光，然後使光線經過一個偏光濾鏡再穿透液晶，這時候如果沒有電場影響液晶的話，則光線在經過液晶之後，其前進的方向會被旋轉 90 度，然後碰到另一個偏光濾鏡，而由於這個偏光濾鏡的方向和前一個偏光濾鏡正好相差 90 度，因此光線恰好可以穿過。但是當我們加上電壓使液晶受到電場的影響時，則光線被旋轉的角度也因而改變，所以穿過偏光濾鏡的光線強度也就跟著改變，因此可以製造出不同明暗強度的階段變化。

至於彩色LCD顯示器則是在組成顯示器的每一細小像素(pixel)中，均有R(紅色)、G(綠色)、B(藍色)的濾鏡可以改變顏色，並且由光的亮度來控制色彩的變化。

目前常用於控制LCD亮度的方法可分為被動式超扭轉向列(STN，Super Twisted Nematic)型及主動式薄膜電晶體(TFT，Thin Film Transistor)型兩種，而兩者的特性比較如下：

1. TFT 因在每一個像素上都有一個電晶體(若為彩色則有三個電晶體)來控制電場的變化，所以有較好的對比效果，同時亦可改善STN 的閃爍與模糊現象，提高播放動態視訊的能力。

2. TFT 的反應時間較快，大約為 20mS 右左；而 STN 則約為 200mS 右左。

3. TFT的製程較複雜，所以成本較貴，目前大多應用在較高階的領域，如高價位的筆記型電腦、桌上型個人電腦的螢幕等；而 STN 的製程較容易，所以成本較低，目前多應用在較低階的領域，如手機、手錶、計算機、PDA 等。

若將彩色LCD顯示器與傳統CRT管的顯示器來作一比較，則LCD顯示器具有無輻射、體積小、重量輕、省電、畫面不閃爍不易失真且完全平面不易反光與眼睛不易疲勞等優點；然而其缺點則為價格高(生產良率較低之故)、觀看角度較窄，顯示色彩數較低且螢幕壞點較為明顯等。

目前市面上常見 LCD 顯示器的產品大致可分為 LCD 七段顯示器與點矩陣LCD模組(LCM，LCD Moudle，註)，其中點矩陣LCM又可分為字元型式(character type)與繪圖型式(graphic mode)兩種，其外觀如圖 5-28 所示。

> 註　由於點矩陣排列所需的掃描驅動電路較為複雜，因此許多廠商為了讓 LCD 容易使用，便將 LCD 與其驅動電路組裝成模組出售，稱為 LCM。

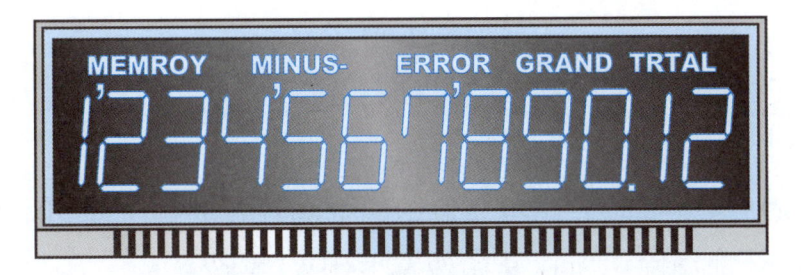

(a) LCD 七段顯示器

(b) 文字型 16 × 2 LCM

(c) 繪圖型 640 × 480 LCM

● 圖 5-28　幾種常見 LCD 顯示器

重點整理

1. 低通濾波器是讓臨界頻率 f_c 以下的低頻訊號通過，而頻率較 f_c 高的訊號則全部濾除；所以其頻帶寬度(BW)等於 f_c。

2. 高通濾波器是讓臨界頻率 f_c 以上的高頻訊號通過，而頻率較 f_c 低的訊號則全部濾除。

3. 帶通濾波器是讓頻率在上、下臨界頻率(f_{c2}、f_{c1})間的訊號通過，所以其頻帶寬度(BW)等於 $f_{c2} - f_{c1}$。

4. 帶拒濾波器是讓頻率在上、下臨界頻率(f_{c2}、f_{c1})間的訊號被濾除，而其餘頻率的訊號則均可以通過。

5. 方波經過積分器可以獲得三角波，反之三角波經過微分器則可以獲得方波，所以積分與微分兩者互為反運算。

6. 將類比訊號轉換成數位訊號的裝置，稱為類比數位轉換器，簡稱 A/D 轉換器，也常以 ADC 表示。

7. 將數位訊號轉換成類比訊號的裝置，稱為數位類比轉換器，簡稱 D/A 轉換器，也常以 DAC 表示。

8. 在 D/A 轉換器中，解析度 $= \dfrac{1}{2^n - 1}$ (其中 n 表輸入的數位資料位元數)，常用以表示 D/A 轉換器品質的好壞。

9. D/A 轉換器可分為加權電阻式與 R-2R 梯形電阻式；其中以 R-2R 梯形電阻式 D/A 轉換器容易精確製造兩種電阻(R、$2R$)，故為大部份積體電路(IC)所採用。

10. 並聯(或稱直接比較) A/D 轉換器的轉換速度最快，但若為 n 個位元的 ADC，則需 $2^n - 1$ 個比較器，故成本較高。

11. 雙斜率 A/D 轉換器具有良好的雜訊免疫力，廣泛用於儀表裝置，但其轉換速度則最慢。

12. 取樣／保持電路可用來消除類比輸入訊號的瞬時變化，穩定 A/D 轉換器的精確度，並降低轉換速度的要求。

13. 七段 LED 顯示器可分為共陽極與共陰極兩種，而每段 LED 的代號為

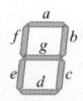

14. 編號7447的IC常用以驅動共陽極7段顯示器，而編號7448的IC則常用以驅動共陰極7段顯示器。

15. 液晶顯示器(LCD)具有低電壓驅動、低耗電、重量輕、體積小(厚度薄)及無輻射等優點。

習題五

( ) 1. 如圖(1)所示之OPA電路，下列敘述何者錯誤？ (A)為一階高通濾波器 (B)其低頻增益(小於f_{OH})為$A_v = 1 + \dfrac{R'}{R}$ (C)其高頻截止頻率是$f_{OH} = \dfrac{1}{2\pi R_1 C_1}$ (D)為一階低通濾波器 (E)其高頻(大於f_{OH})衰減斜率為每10倍頻率為20dB(−20dB/dec)。

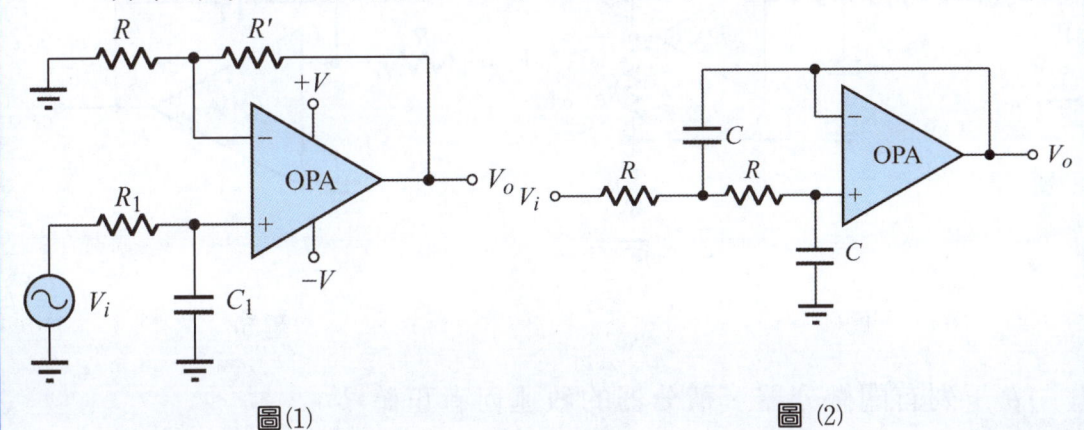

圖(1)　　　　　　　　圖(2)

( ) 2. 如圖(2)所示為二階巴特渥斯(Butter-worth)濾波器，其3分貝頻率為 (A)$f = \dfrac{1}{2\pi RC}$ (B)$f = \dfrac{1}{2\pi\sqrt{RC}}$ (C)$f = \dfrac{1}{2\pi R^2 C^2}$ (D)$f = \dfrac{1}{\sqrt{2\pi RC}}$。

( ) 3. 如圖(3)所示電路為帶通濾波器，假設理想OPA，$R_1 C_1 < R_2 C_2$，試求其頻帶寬度BW為何？ (A)$\dfrac{1}{2\pi R_1 C_1}$ (B)$\dfrac{1}{2\pi R_2 C_2}$ (C)$\dfrac{1}{2\pi R_1 C_1} - \dfrac{1}{2\pi R_2 C_2}$ (D)$\dfrac{1}{2\pi R_1 C_1} + \dfrac{1}{2\pi R_2 C_2}$

圖(3)

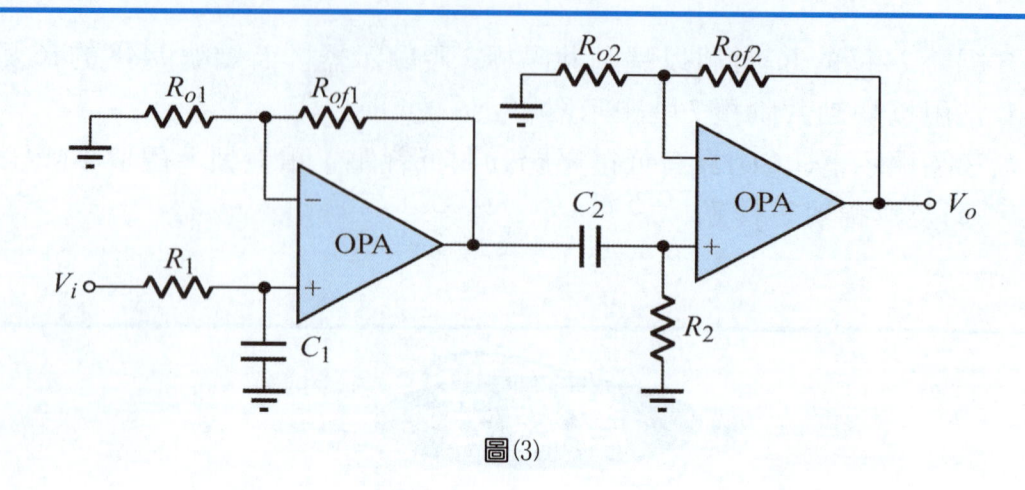

(　)4.如圖(4)所示電路，為那一種濾波器？ (A)低通濾波器 (B)高通濾波器 (C)帶通濾波器 (D)帶拒濾波器。

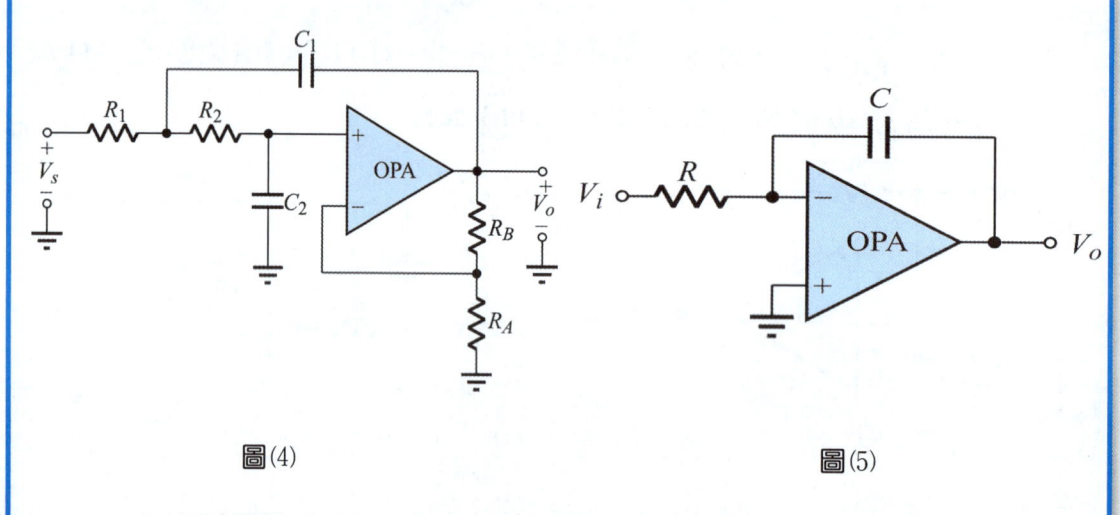

圖(4)　　　　　　　　　　圖(5)

(　)5.下列有關微分器、積分器的敘述何者正確？
(A)方波通過積分器之輸出波形為三角波 (B)三角波通過積分器之輸出波形為方波 (C)方波輸入微分器之輸出波形為三角波 (D)三角波輸入微分器之輸出波形為正弦波。

(　)6.如圖(5)所示之電路，其中$C=1\mu F$，$R=1M\Omega$，若$V_i=3770\sin 377t$伏特時，試求輸出電壓$V_o=$？(設電容兩端初始電壓為零)
(A)$10\sin 377t$ (B)$100\cos 377t$ (C)$100\sin 377t$ (D)$(3.77)^2 \times 10^5 \cos 377t$ (E)$10\cos 377t$　伏特。

圖(6)

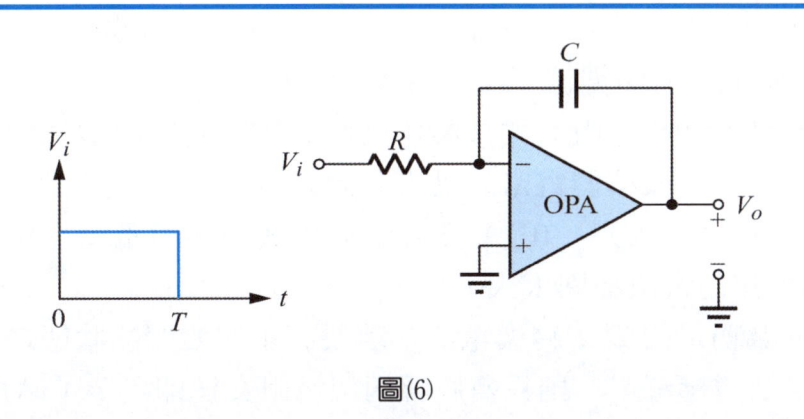

(　) 7. 如圖(6)所示電路及其輸入波形，假設 OPA 為理想放大器且電容之初始電壓值為 0，下列何者為輸出 V_o 之波形？

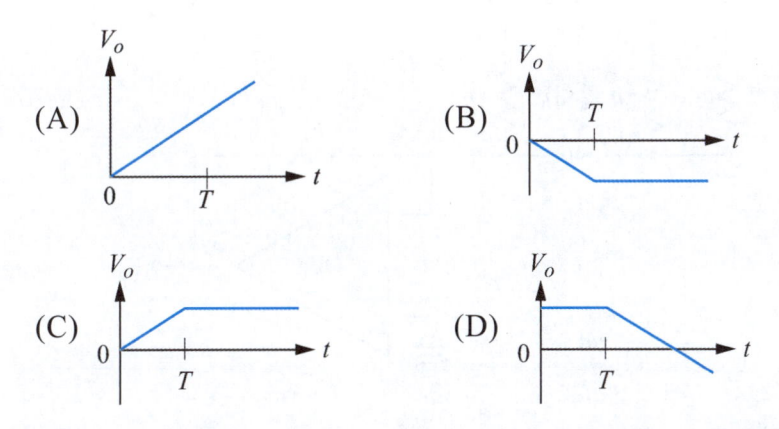

(A)　(B)　(C)　(D)

(　) 8. 圖(7)所示電路，若 $V_i(t)$ 為標準方形波訊號，則輸出電壓 $V_o(t)$ 的波形應為　(A)正弦波　(B)脈波　(C)三角波　(D)鋸齒波。

(　) 9. 圖(7)所示電路，若 $V_i(t)$ 為 12 伏特／秒的斜波電壓，則輸出電壓 $V_o(t)$ 的電壓值應為　(A)12 伏特　(B)1.4 伏特　(C)－2.4 伏特　(D)－1.8 伏特。

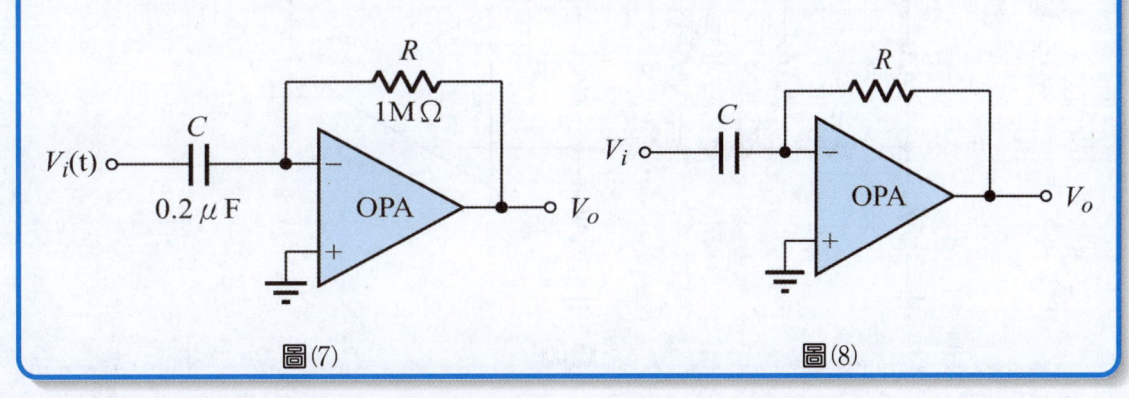

圖(7)　　圖(8)

( ) 10.如圖(8)所示,若V_i為三角波,則V_o為　(A)三角波　(B)脈衝波　(C)鋸齒波　(D)方波　(E)以上皆非。

( ) 11.如果利用加權電阻方式來製作高位元(如16位元)D/A轉換器,則比較難以做成積體電路的最大原因應該是　(A)電路太複雜　(B)工作電壓太高　(C)需要負溫度係數之參考電壓,難以設計　(D)所用的電阻範圍太大。

( ) 12.圖(9)為簡單的D/A轉換電路,若要在不改變開關狀態之下,將輸出類比電壓減半,則只需將哪兩個電阻交換即可?　(A)2R,4R　(B)R,8R　(C)2R,8R　(D)4R,8R　(E)R,2R。

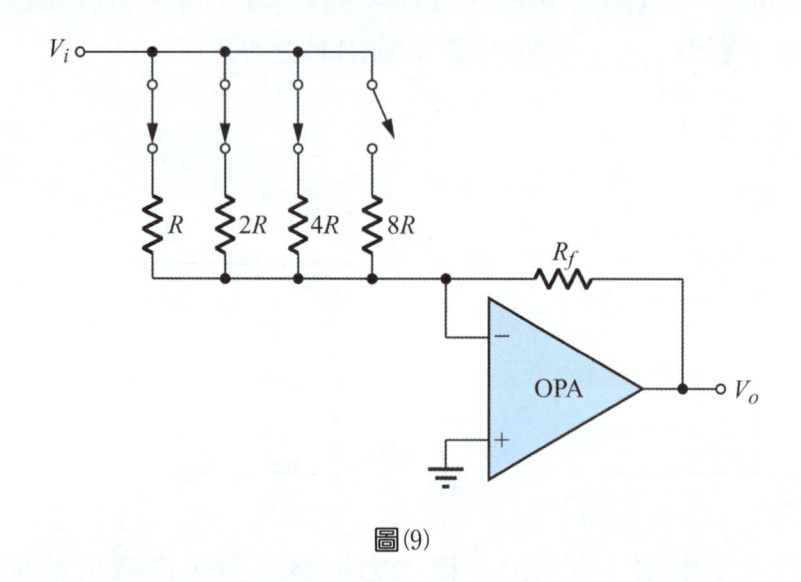

圖(9)

( ) 13.圖(10)為R-2R梯形電阻網路的數位類比(D/A)轉換器,當輸入狀況如圖所標示時,其輸出電壓V_o為　(A)8V　(B)4V　(C)2V　(D)1V　(E)10V。

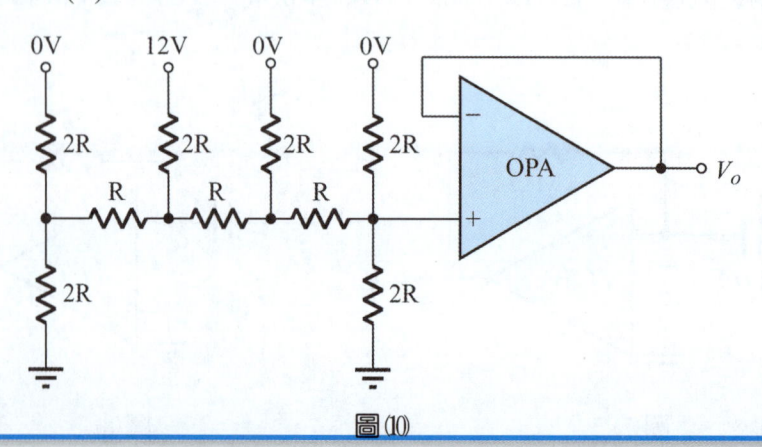

圖(10)

(　) 14.下列敘述何者有誤？　(A)將數位訊號轉成相當數值類比訊號裝置，稱為 D/A 轉換器　(B)對輸入位元數較高的 D/A 轉換器，以加權電阻式 D/A 轉換器為宜　(C)R-2R 梯形電阻網路式 D/A 轉換器，在梯形電阻網路部份只要用兩種阻值之電阻即可　(D)加權電阻式 D/A 轉換器，所用的電阻範圍較大。

(　) 15.一個 D/A 轉換器特性曲線中每一階梯電壓值稱為　(A)解析度　(B)精密度　(C)穩定度　(D)靈敏度。

(　) 16.一個 D/A 轉換器如圖(11)所示，試求此電路目前的輸出電壓值 V_o 為多少？　(A)$\frac{65}{8}$V　(B)$\frac{65}{16}$V　(C)$\frac{55}{8}$V　(D)$\frac{55}{16}$V。

圖(11)

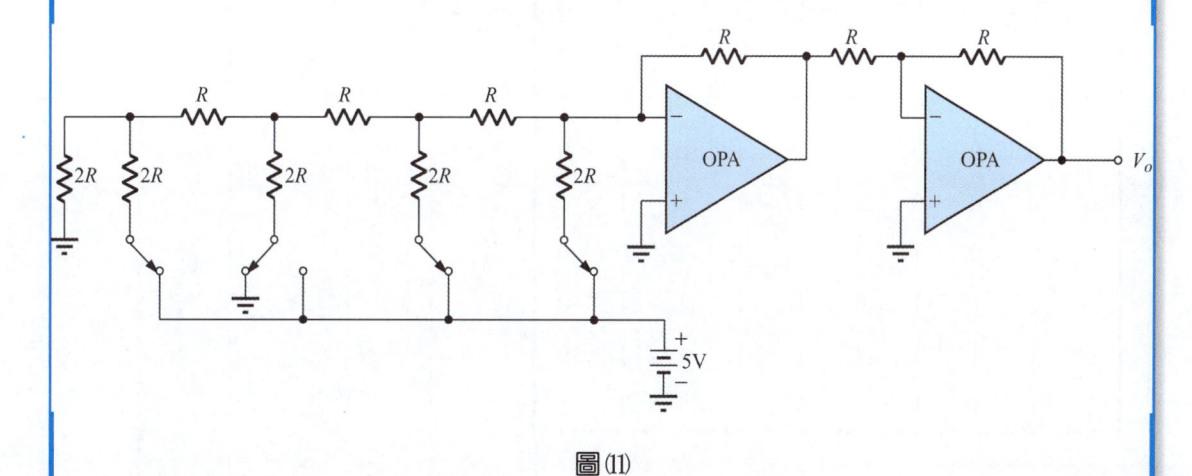

(　) 17.有關 A/D 轉換器之特性，下列敘述何者錯誤？　(A)通常並聯型 A/D 轉換器之轉換時間比計數器型 A/D 轉換器之轉換時間短　(B)並聯型 A/D 轉換器的基本元件之一為數位編碼器(優先編碼器)　(C)積分器為雙斜型 A/D 轉換器之基本元件　(D)4 位元輸出的並聯型 A/D 轉換器需要使用 4 個比較器。

(　) 18.一個 8 位元的 D/A 轉換器，其輸出電壓為 0～10V，則其解析度約為？　(A)49mV　(B)29mV　(C)59mV　(D)39mV。

(　) 19.在 D/A 轉換器中，若輸出的最低電壓為 0V，滿刻度輸出電壓為 5V，想得到小於 2mV 的解析電壓，則至少需選用多少位元以上的 D/A 轉換器？　(A)12 位元　(B)11 位元　(C)10 位元　(D)19 位元。

(　) 20.8 位元(8bit)的數位／類比轉換器(D/A converter)其解析度為
(A)$\frac{1}{511}$　(B)$\frac{1}{255}$　(C)$\frac{1}{127}$　(D)$\frac{1}{31}$。

( ) 21. 一 8bit 的 DAC，若輸入為 12H 時，其輸出為 72mV，若欲使其輸出 1V 時，其輸入值為多少？　(A)53H　(B)83H　(C)0A1H　(D)0FAH。

( ) 22. 速度最快的 ADC 為　(A)比較器型(comparator)ADC　(B)雙斜率型(dual-slope)ADC　(C)連續漸進型(successive-approximation)ADC　(D)計數器型(counting)ADC。

( ) 23. 如圖(12)之 A/D 轉換器，若類比輸入電壓 V_i 為 3.8V 時，則數位輸出 $(Y_2 Y_1 Y_0)$ 為　(A)110　(B)011　(C)010　(D)101　(E)100。

優先編碼器的真值表

輸			入				輸		出
W_7	W_6	W_5	W_4	W_3	W_2	W_1	Y_2	Y_1	Y_0
0	0	0	0	0	0	0	0	0	0
0	0	0	0	0	0	1	0	0	1
0	0	0	0	0	1	1	0	1	0
0	0	0	0	1	1	1	0	1	1
0	0	0	1	1	1	1	1	0	0
0	0	1	1	1	1	1	1	1	0
0	1	1	1	1	1	1	1	1	0
1	1	1	1	1	1	1	1	1	1

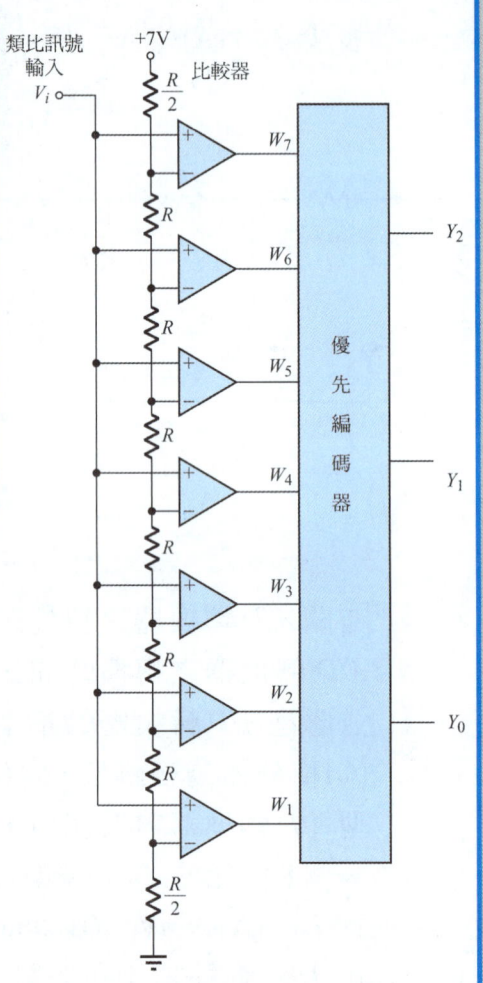

圖(12)

( )24.在共陽極的七段顯示器中,共陽極接高電位,而 b,c,e,f,g 接上低電位,則將顯示下列何者?
    (A) H (B) 5 (C) 9 (D) 6

( )25.SN7447 的主要功能為以下何項? (A)BCD 至十進制轉換／驅動器(B)無穩態脈波產生器 (C)BCD 至共陽極七段顯示器之轉換／驅動器 (D)BCD 至共陰極七段顯示器之轉換／驅動器 (E)單穩態脈波產生器。

( )26.對於一共陽極七段 LED 數字顯示器,若要設計其驅動電路時,其顯示段輸入電位及共通點電位應如何決定方可顯示數字?
    (A)顯示段加高電位,共通點加低電位 (B)顯示段加高電位,共通點加高電位 (C)顯示段加低電位,共通點加高電位 (D)顯示段加低電位,共通點加低電位。

( )27.SN7447 是將 BCD 碼化為共陽極 7 節顯示器(7-segment LED Display)顯示碼的解碼器。在連上顯示器之LED之前,SN7447 的每一個輸出腳應先串聯上一個電阻以免 LED 燒毀;請問:下列何者是最適合的電阻值? (A)5Ω (B)100kΩ (C)15kΩ (D)330Ω (E)1Ω。

( )28.有關液晶(LCD)顯示器的敘述,以下何者有錯誤?
    (A)其驅動信號為不含直流的交流電壓 (B)是藉由磁場來改變液晶分子排列以顯示字型或圖案 (C)頻率過高時會有閃爍現象 (D)消耗功率單位為μW。

( )29.圖(13)所示之電路,其主要功能是作為 (A)電壓放大器 (B)峰值檢出器 (C)電壓隨耦器 (D)方波產生器。

圖(13)

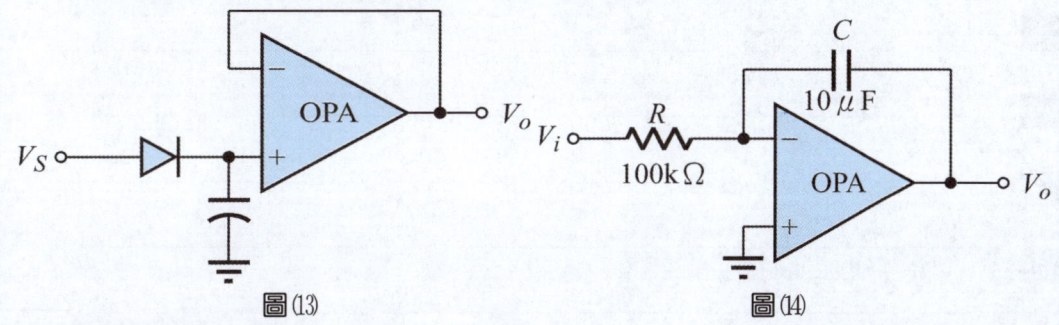

圖(14)

( )30.圖(14)所示理想運算放大器電路,若 $V_i = 2\sin t$ 伏特,當電路達穩態後,則 V_o 應為 (A)$-2\cos t$伏特 (B)$2\cos t$伏特 (C)$-2\sin t$伏特 (D)$2\sin t$伏特。

心得筆記

第6章 直流電源供應器

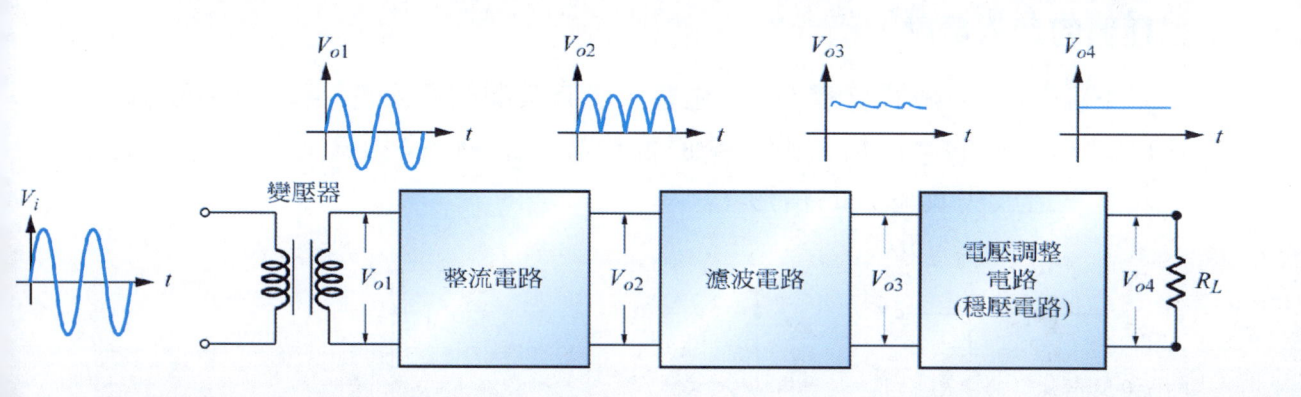

　　任何電子電路不論設計如何精良、創新，若沒有電源的供給，皆不具任何作用，因此瞭解、獲得適當的直流電流是學習電子電路中一項重要的課程。

　　如圖6-1所示為一般常見直流電源供應器方塊圖，其中變壓器的作用為升降電壓(在一般的電子電路中，以降壓居多)，而整流電路則將交流電轉變成脈動直流；濾波電路常以大電容作濾波，使脈動直流變成漣波較小的直流，最後經穩壓電路(或電壓調整電路)後，輸出較為理想的直流。

6-1 整流電路

單純由二極體組成的整流電路(半波整流、橋式全波整流、中心抽頭式全波整流)，在電子學第一冊中均已有介紹，故在此不再多贅述，本節將以運算放大器(OPA)配合二極體、電阻等的整流電路為主。

6-1.1 精密半波整流電路

二極體的切入電壓

不論矽(Si)二極體或鍺(Ge)二極體，皆有其順向切入電壓(cut-in voltage，註)，使得微小的交流信號無法整流或檢波，如圖 6-2 與圖 6-3 所示皆因其切入電壓造成失真過大的情形。

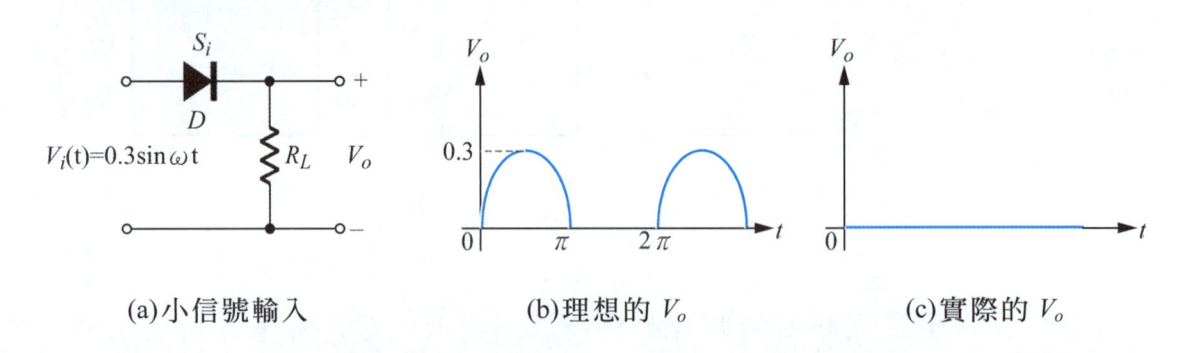

(a)小信號輸入　　(b)理想的 V_o　　(c)實際的 V_o

● 圖 6-2　輸入訊號小於切入電壓的情形

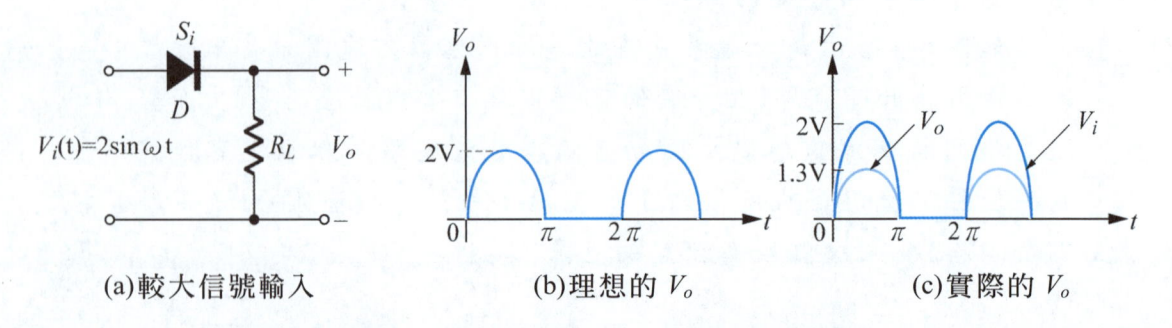

(a)較大信號輸入　　(b)理想的 V_o　　(c)實際的 V_o

● 圖 6-3　輸入訊號大於切入電壓的情形

> 註　1. 切入電壓：使二極體開始導通的電壓
>   2. 矽二極體的切入電壓約為 0.7V，而鍺二極體的切入電壓約為 0.3V

第六章 直流電源供應器 205

以下皆為利用運算放大器的高增益特性，使得二極體依輸入訊號而導通或截止，達到整流的功用。

精密半波整流電路

如圖 6-4 所示為正半週輸出的精密半波整流電路，其工作原理如下：

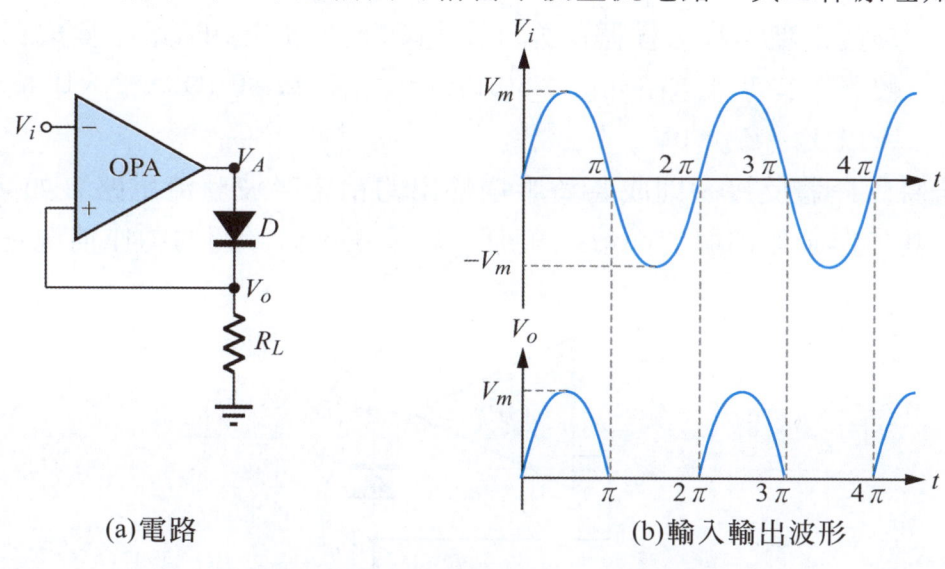

(a)電路　　　　　　　　　　(b)輸入輸出波形

● 圖 6-4　正半週精密半波整流電路

1. 當輸入訊號為正半週時，即 $V_i > 0$，由於 OPA 的 $V_+ > V_-$，所以 V_A 為正電壓，故二極體 D 順向導通(ON)；而由於 D ON，產生負回授，使得OPA電路變成一個非反相放大器，其等效電路如圖 6-5(a) 所示，而輸出電壓 V_o 為

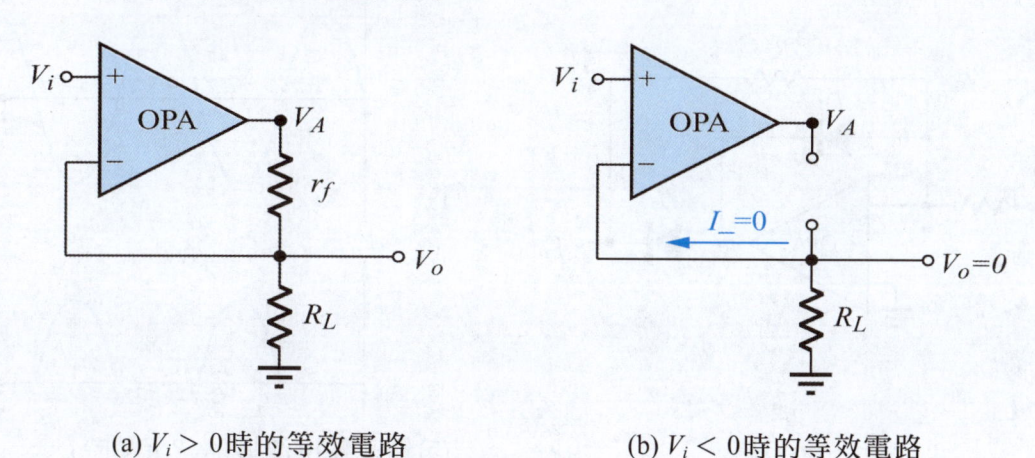

(a) $V_i > 0$ 時的等效電路　　　　(b) $V_i < 0$ 時的等效電路

● 圖 6-5　圖 6-4 之正、負半週等效電路

206 電子電路

因為 $V_A = (1 + \dfrac{r_f}{R_L})V_i$

所以 $V_o = \dfrac{R_L}{R_L + r_f}V_A = (\dfrac{R_L}{R_L + r_f})(1 + \dfrac{r_f}{R_L})V_i = V_i$

2. **當輸入訊號為負半週時**，即 $V_i < 0$，由於 OPA 的 $V_+ < V_-$，所以 V_A 為負電壓，故二極體 D 逆向截止(OFF)，使得OPA電路變成一個比較器，其等效電路如圖 6-5(b)所示；由於 $I_- = 0$ (OPA輸入阻抗∞)，所以 $V_o = V_{RL} = 0V$

若將二極體反接，則成為負半週輸出的精密半波整流電路，如圖 6-6 所示，其工作原理則與前面敘述類似，只是正、負半週的動作情況正好相反。

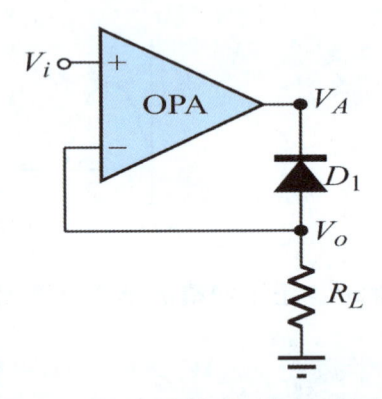

● 圖6-6   負半週精密半波整流電路

(a)電路   (b)輸入輸出波形(當 $R_1 = R_2$ 時)

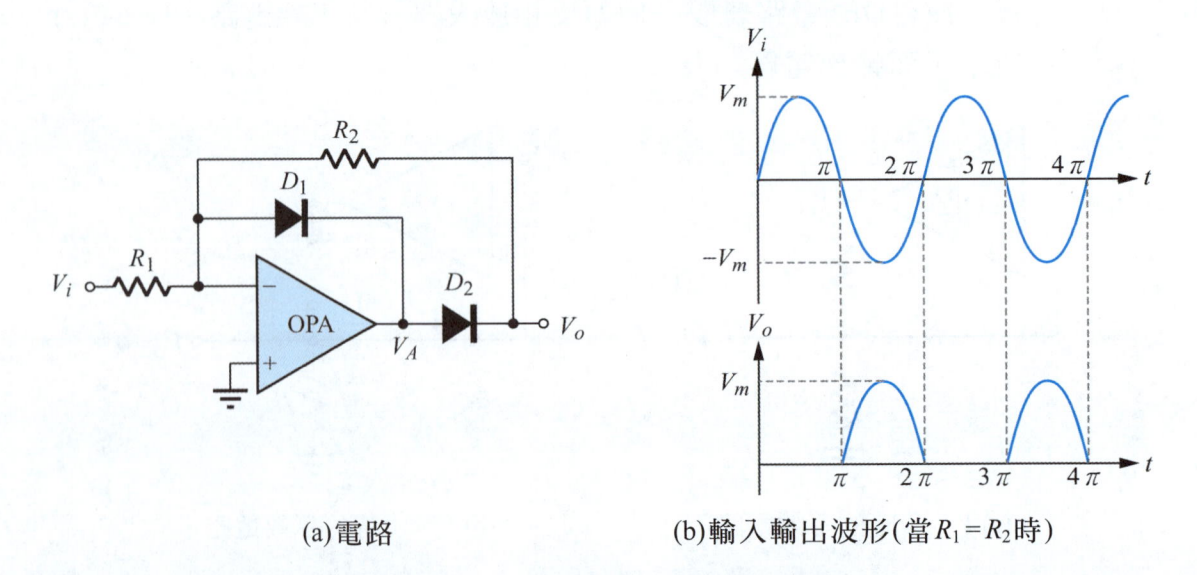

● 圖6-7   改良型精密半波整流電路

上述的兩種電路皆有一個很大的缺點，以圖 6-4 為例，當 $V_i < 0$ 時，$V_A = V_{o(\text{sat})}^-$，OPA 進入飽和情況；而欲使 OPA 從飽和回到線性工作時，需要較長的時間，因而減緩了電路的反應速度，亦即限制了電路的頻寬。

如圖 6-7 所示為具放大作用的精密半波整流電路，其工作原理如下：

1. 當輸入訊號為正半週時，即 $V_i > 0$，由於 OPA 的 $V_- > V_+$，所以 V_A 為負電壓，故二極體 D_1 ON，產生負回授，使得 OPA 電路變成一反相放大器；且由於虛接地，所以 $V_A = -V_{D1}$，故 D_2 OFF，輸出電壓 $V_o = -I_2 R_2 + V_- = 0\text{V}$，等效電路如圖 6-8(a)所示。

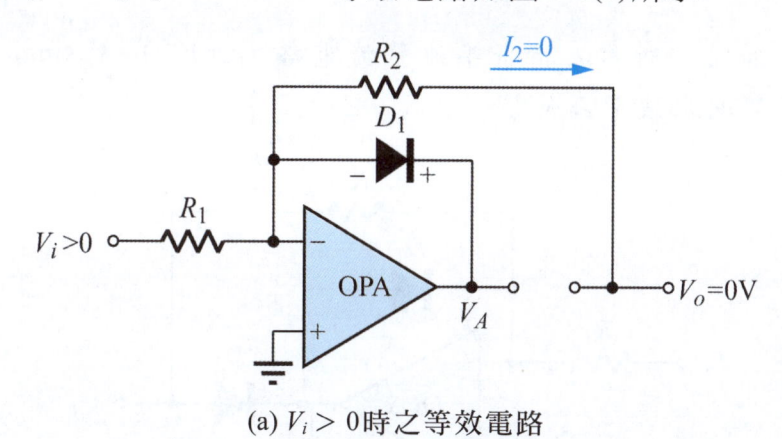

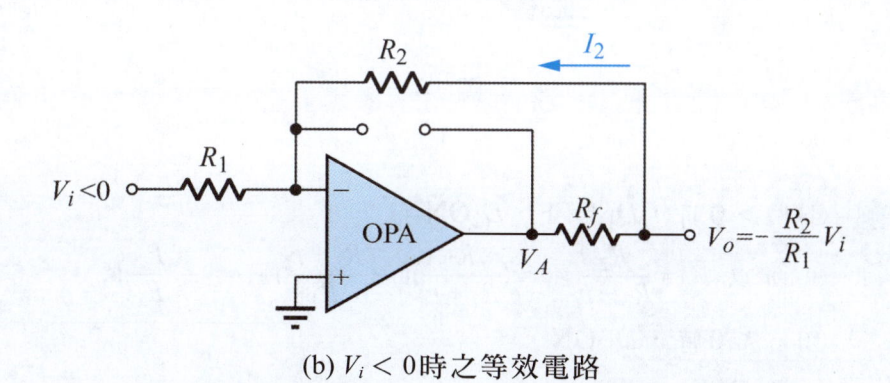

(a) $V_i > 0$ 時之等效電路

(b) $V_i < 0$ 時之等效電路

● 圖 6-8　圖 6-7 之正、負半週等效電路

2. 輸入訊號為負半週時，即 $V_i < 0$，由於 OPA 的 $V_- < V_+$，所以 V_A 為正電壓，故二極體 D_2 ON，D_1 OFF，使得 OPA 電路變成一反相放大器，輸出電壓 V_o 為

因為 $V_A = -\dfrac{R_2 + r_f}{R_1}V_i$

所以 $V_o = \dfrac{R_2}{R_2 + r_f}V_A = (\dfrac{R_2}{R_2 + r_f})(-\dfrac{R_2 + r_f}{R_1}V_i) = -\dfrac{R_2}{R_1}V_i$

當 $R_1 = R_2$ 時，$V_o = V_i$

上述的電路，不論輸入為正、負半週時，OPA均有負回授，所以，不會有飽和的情況產生，故可改善原先(圖6-4、6-6)電路頻寬不佳的情況。

例題 6-1 如圖(1)所示之精密半波整流電路，設 $V_i(t) = V_m \sin\omega t$ 伏特，則其輸出波形為何？

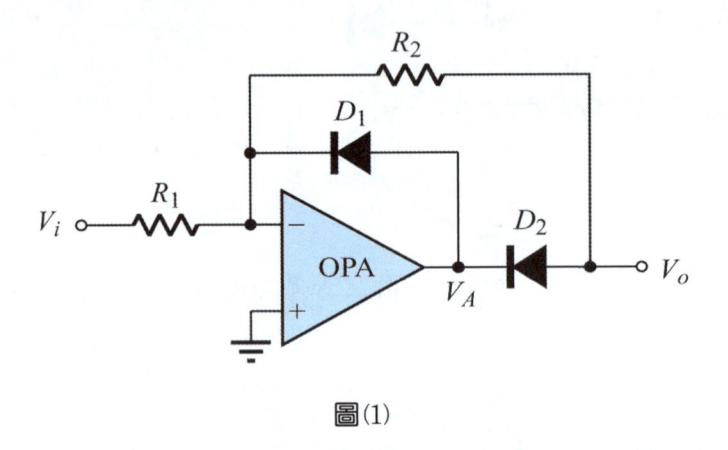

圖(1)

解 (1) $V_i > 0$ 時，D_1 OFF，D_2 ON，

所以 $V_o = \dfrac{R_2}{R_2 + r_f}V_A = (\dfrac{R_2}{R_2 + r_f})(-\dfrac{R_2 + r_f}{R_1}V_i) = -\dfrac{R_2}{R_1}V_i$

(2) $V_i < 0$ 時，D_1 ON，

D_2 OFF，

所以

$V_A = V_{D1} + V_- = V_{D1}$

$V_o = I_2 R_2 + V_- = I_2 R_2 = 0(\text{V})$

其輸入、輸出波形的關係如圖(2)所示

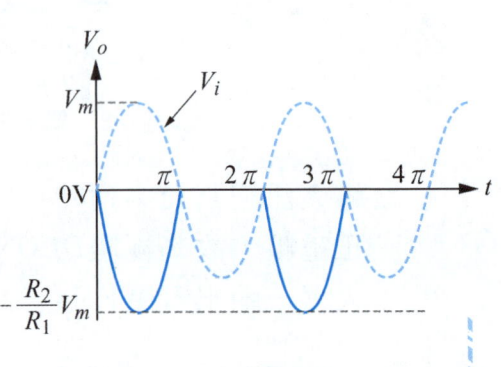

圖(2)

6-1.2 精密全波整流電路

如圖 6-9 所示為精密全波整流電路，左半部的 OPA$_1$ 電路為先前介紹的半波整流電路，右半部的 OPA$_2$ 電路則為一反相加法電路，其工作原理如下：

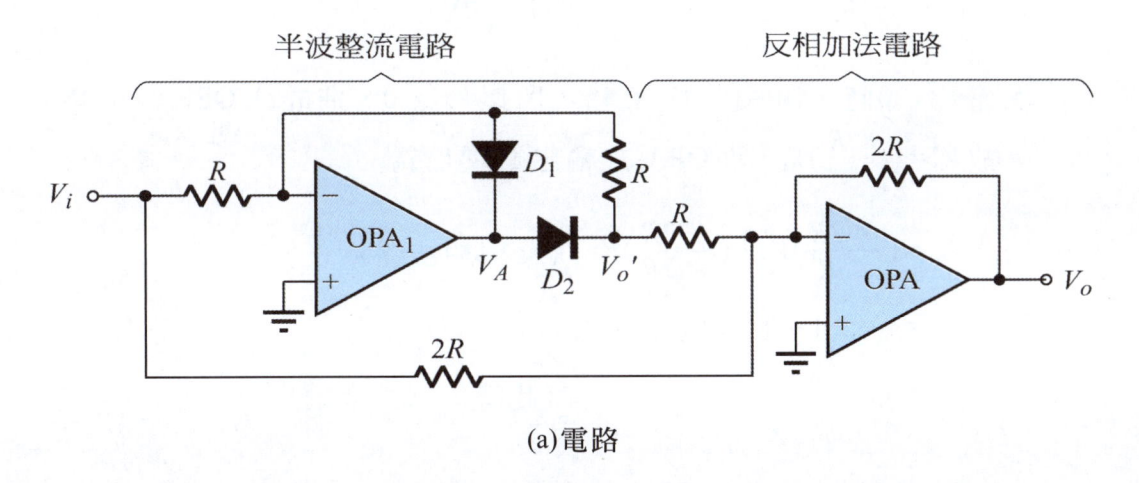

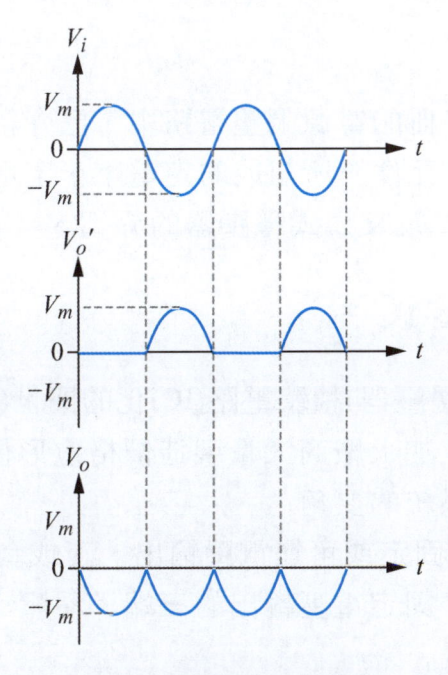

(a)電路

(b)各點的波形時序圖

● 圖 6-9　精密全波整流電路

1. 當$V_i > 0$時，OPA_1之$V_- > V_+$，所以$V_A < 0$，造成D_1 ON，D_2 OFF，故$V'_o = V_- = V_+ = 0V$，而OPA_2之輸出電壓V_o為

$$V_o = (-\frac{2R}{R})V'_o + (-\frac{2R}{2R})V_i \quad \text{(反相加法器)}$$

$$= -V_i \quad \quad (V'_o = 0V)$$

2. 當$V_i < 0$時，OPA_1之$V_- < V_+$，所以$V_A > 0$，造成D_1 OFF，D_2 ON，故$V'_o = (-\frac{R}{R})V_i$，而OPA_2之輸出電壓V_o為

$$V_o = (-\frac{2R}{R})V'_o + (-\frac{2R}{2R})V_i \quad \text{(反相加法器)}$$

$$= (-2)(-1V_i) + (-V_i)$$

$$= V_i \quad \quad \text{(此時}V_i\text{為負半週)}$$

6-2 穩壓

由於在電子學第二冊的電源調整電路中，已介紹由電晶體、齊納二極體、電阻及電容等獨立元件，所組成的定電壓、定電流等電路；所以，本節將著重於線性穩壓IC及交換式穩壓器的介紹。

6-2.1 線性穩壓IC

由於電壓調整器(穩壓器)積體電路(IC)化的問世(註)，提供了優越的穩壓性能與輕巧的體積，加上廠商大量製造價格愈形便宜，使得穩壓IC已成電子電路電源供給系統的要角。

穩壓IC的規格有固定或可變電壓輸出、正或負電壓輸出及單或雙電壓輸出等多種；其中，固定電壓輸出的三端子穩壓IC由於使用簡便且規格齊全，深受大眾喜愛。

常見穩壓IC有正電壓輸出的78系列IC及負電壓輸出的79系列IC，如圖6-10所示為其常見的包裝，而圖6-11所示則為基本的應用電路，其中C_2作為濾波器，可改善暫態反應，而C_1可減少因電源引線太長而引起的不必要的振盪，但並非必須的裝置；兩者的值約$0.1\mu F \sim 10\mu F$左右。

> 註　穩壓IC係指將參考電壓源、誤差放大器、電壓取樣電路、主控元件、過熱保護及限流裝置等電路，全部製造在矽晶片中的積體電路(IC)。

CASE 221A　　CASE 1 (TO-3)　　　　　CASE 221A　　CASE 1 (TO-3)

輸入　輸出
接地

接地　輸出
輸入

1 2 3　　　　　　底視圖　　　　　　1 2 3　　　　　　底視圖

接腳1.輸入　　　　　　　　　　　　接腳1.接地
　　2.接地　　　　　　　　　　　　　　2.輸入
　　3.輸出　　　　　　　　　　　　　　3.輸出

(a) 78系列的穩壓IC　　　　　　　　(b) 79系列的穩壓IC

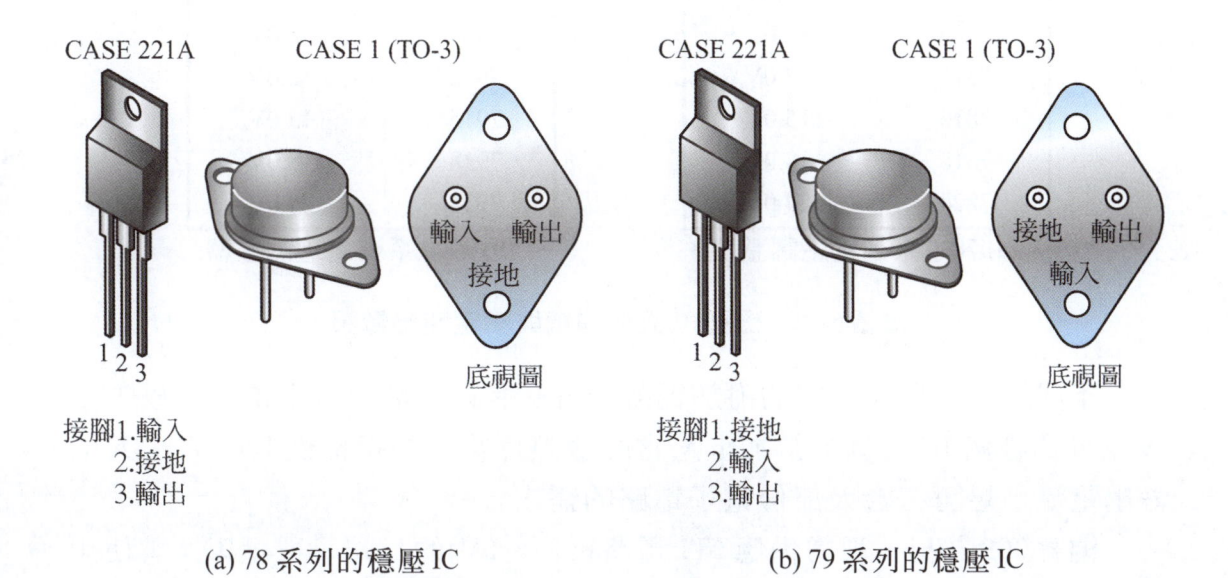

● 圖6-10　常見的穩壓IC

(a) 78系列的穩壓IC　　　　　　　　(b) 79系列的穩壓IC

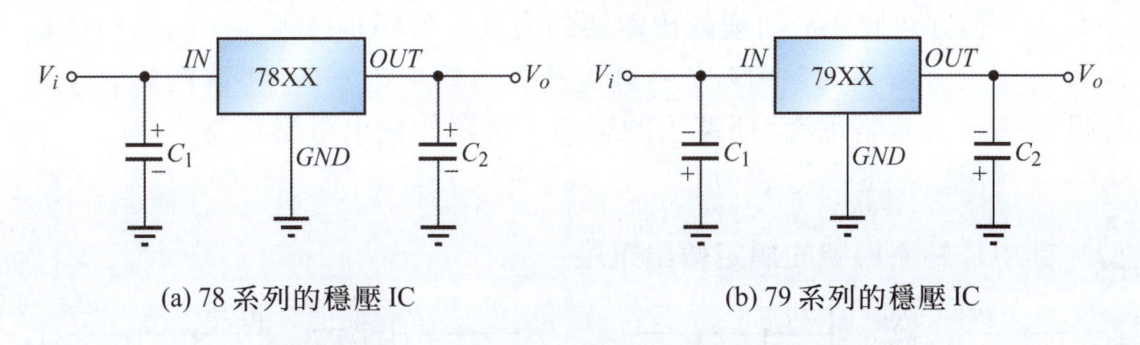

● 圖6-11　78、79系列穩壓IC基本應用電路

　　圖6-12所示分別為78、79系列穩壓 IC 的元件編號與其輸出電壓的關係，由圖中可知編號(78或79)後之數字即為其固定輸出電壓值，且78系列的穩壓IC為正電壓輸出，而79系列的穩壓IC則為負電壓輸出。另外，穩壓IC的輸入電壓通常必須較輸出電壓高2V以上，才能保證穩壓IC可以正常工作；但是也不宜太高，否則，將致使穩壓 IC 的功率損耗增加而迅速發熱，造成工作不穩定甚至燒毀的危險(以7805為例，輸入電壓範圍約+8V～+20V)。

元件編號	輸出電壓
7805	+5.0V
7806	+6.0V
7808	+8.0V
7809	+9.0V
7812	+12.0V
7815	+15.0V
7818	+18.0V
7824	+24.0V

(a) 7800 系列電壓調整器

元件編號	輸出電壓
7905	−5.0V
7905.2	−5.2V
7906	−6.0V
7908	−8.0V
7912	−12.0V
7915	−15.0V
7918	−18.0V
7924	−24.0V

(b) 7900 系列電壓調整器

● 圖 6-12 穩壓 IC 元件編號與額定輸出電壓

不同的IC包裝與不同的附加編號皆各有其最大額定輸出電流，以78、79系列的穩壓IC為例，當加上適當的散熱片後，約可提供100mA～3A的輸出電流，足可符合大部份電子電路的需求。

編號309為另一種常供應TTL電路電源(+5V)的三端子穩壓IC，其使用方式及包裝均與78系列的7805相同。

雖然78系列、79系列及309的穩壓 IC 均為固定輸出電壓調整器的典型代表，但亦可應用於可變輸出電壓的方式，如圖6-13所示，其中C_3作為濾波，用以減緩輸入電壓V_i及負載電流對可變電阻器(R_2)壓降的影響，然並非必需。若忽略電流I所產生的影響，電路的輸出電壓V_o為

$$V_o = (1 + \frac{R_2}{R_1}) \times V_o'$$

其中V_o'為原編號的額定輸出電壓。

(a) 可調式正電壓調整器

(b) 可調式負電壓調整器

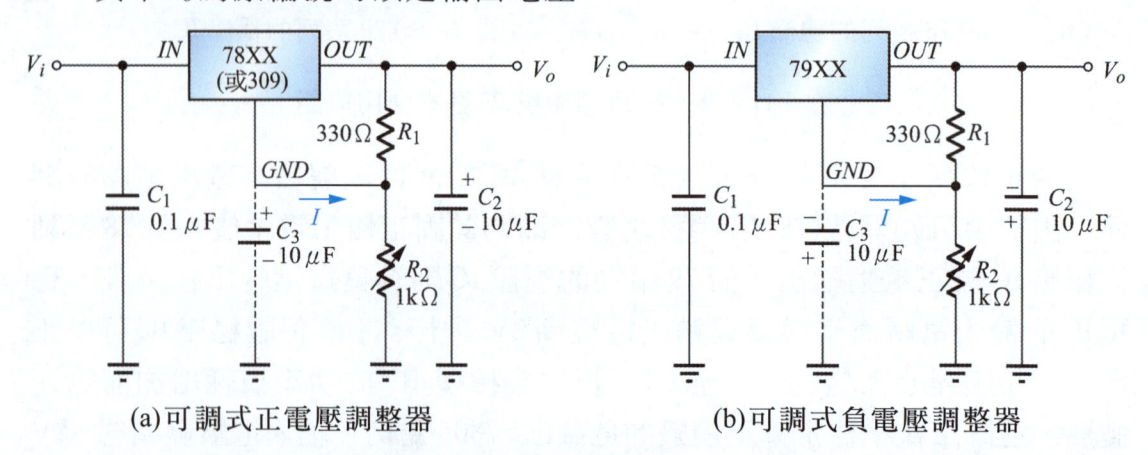

● 圖 6-13 可變輸出電壓的電路

例題 6-2 如圖 6-13(a)所示之電路，若使用的穩壓IC為7805，試求其輸出電壓的範圍？

解 若圖 6-13(a)採用 7805 之穩壓 IC，則 $V'_o = +5V$

所以 $V_{o(\min)} = (1 + \dfrac{R_2}{R_1}) \times V'_o = (1 + \dfrac{0}{330}) \times 5 = 5(V)$

$V_{o(\max)} = (1 + \dfrac{R_2}{R_1}) \times V'_o = (1 + \dfrac{1k}{330}) \times 5 \fallingdotseq 20.15(V)$

故輸出電壓的範圍為 5V～20.15V

6-2.2 交換式穩壓器

近十年來，交換式電源供應器(SPS，Switch Power Supply)的應用日益普遍，從早期個人電腦主機的電源，至今日的筆記型電腦、電腦螢幕、攝影機、行動電話等等，不是用於直接將家電(AC110V、220V)轉換成直流以供應設備，就是用於充電裝置。交換式電源供應器相較於傳統的線性電源供應器，具有下列數項優點：

1. 高效率(功率損耗小)。
2. 體積小、重量輕(符合輕、便、短小)。
3. 輸入電壓範圍廣(一般可由 AC100V～240V，適合全球各國)。
4. 大電流(可高達 100A)及多組電壓輸出(±5V、±12V……)。

如圖 6-14 所示為交換式穩壓電路之方塊圖，由於其工作頻率通常為 20kHz～30kHz，因此，所需的電容器、電感器，甚至是變壓器都可以減少很多(註)，所以體積變小，重量也變輕。另外，由於輸出電壓V_o不因輸入電壓V_i的變化而變動，所以容許輸入電壓有較大的漣波，此為輸入電壓範圍廣的原因，且可以使用較小的濾波電容器；然而由於利用脈波控制主控元件(電晶體或 SCR)往返工作於 ON(導通)與 OFF(截止)兩種狀態，因而產生高頻的雜訊，會干擾對雜訊敏感的電子裝置，此為其主要的缺點。

常見的交換式穩壓電路有降壓型、升壓型及電壓反轉型三種方式，茲分別介紹如下：

> **註** 由於電路工作頻率變高($f\uparrow$)，所以達到相同的容抗($X_C = \dfrac{1}{2\pi fC}$)及感抗($X_L = 2\pi fL$)時，C 及 L 值皆可以變小。

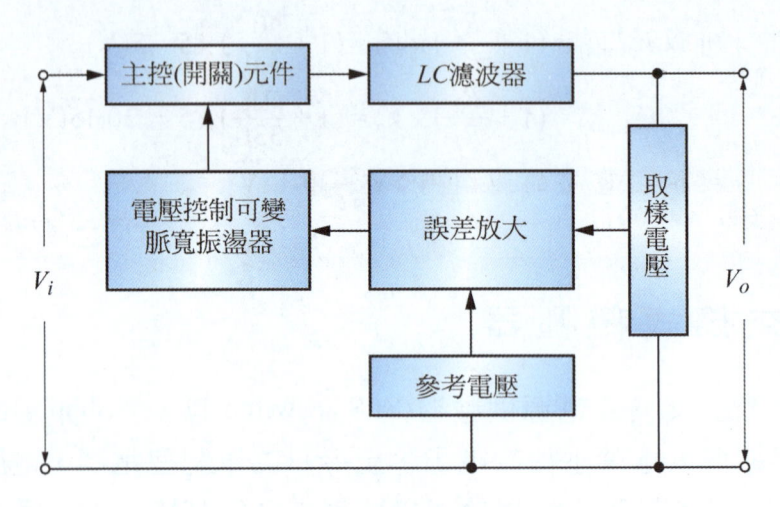

● 圖 6-14 交換式穩壓電路之方塊圖

降壓型交換式穩壓器

如圖 6-15 為降壓型(step-down)交換式穩壓器的基本電路與其簡化的等效電路；所謂的降壓型即表示其輸出電壓較輸入電壓低之意，而主控元件

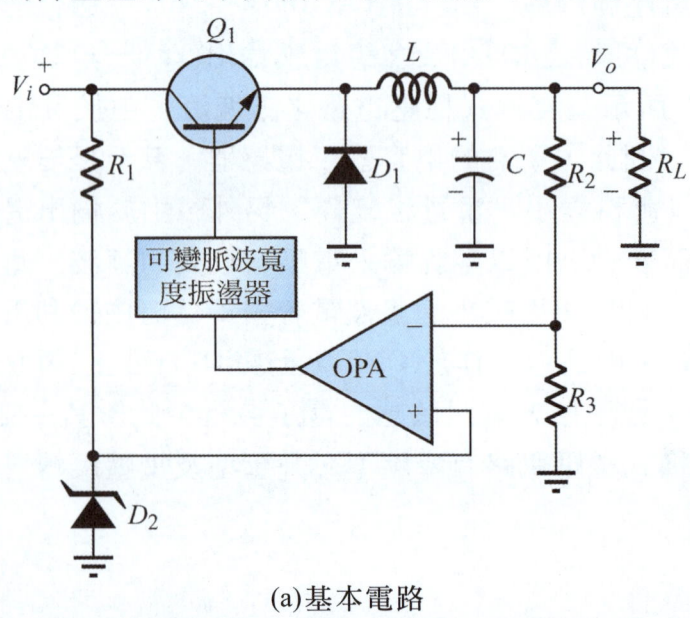

(a)基本電路

● 圖 6-15 降壓型交換式穩壓器

第六章 直流電源供應器 215

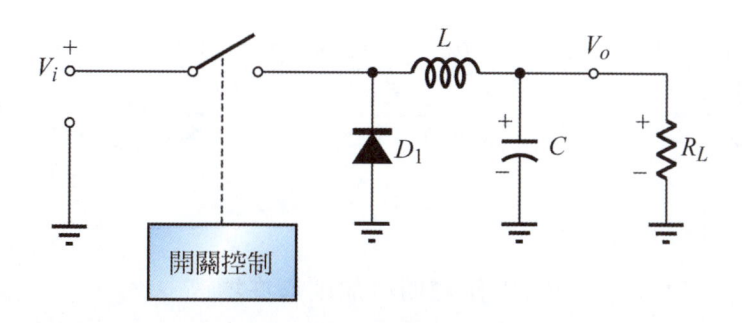

(b)等效電路

圖 6-15 （續）

(Q_1電晶體)能依負載的需要，調整工作週期(duty cycle)，對輸入電壓作開或關的動作，所以不論電晶體是工作在飽和(ON)或截止(OFF)的狀態，其功率消耗均很小，這就是交換式穩壓器有很高效率的原因。

電路的工作原理如下：當電晶體ON(t_{on})時，電感L致使電流緩慢往電容C進行充電，同時電感本身亦儲存了一部分的能量；當電晶體 OFF (t_{off})時，電容向負載R_L放電的同時，電感瞬間產生一反向電壓V_L，經二極體D_1(註)與負載構成回路，使得儲存在電感內的能量能有效地傳送至負載。

如圖 6-16 所示可明顯發現輸出電壓的大小與電晶體的工作週期有關；當電晶體 ON (t_{on})的時間較多時，電容所充的電荷也較多，所以輸出電壓亦會較大。反之，當電晶體 ON (t_{on})的時間減少時，電容所充的電荷相對較少，所以輸出電壓亦會隨著降低。其中V_C表示未經電感濾波的波形，而藍線則表示經LC濾波後，被整平到幾乎為固定值的輸出電壓(V_o)；由於調整電晶體Q_1的工作週期($\frac{t_{on}}{t_{on}+t_{off}}$)就可以改變輸出電壓的大小，所以輸入、輸出電壓兩者的關係如下：

$$V_o = \frac{t_{on}}{t_{on}+t_{off}} \times V_i = \frac{t_{on}}{T} \times V_i$$

註 此二極體常被稱為飛輪二極體(flywheel diode)

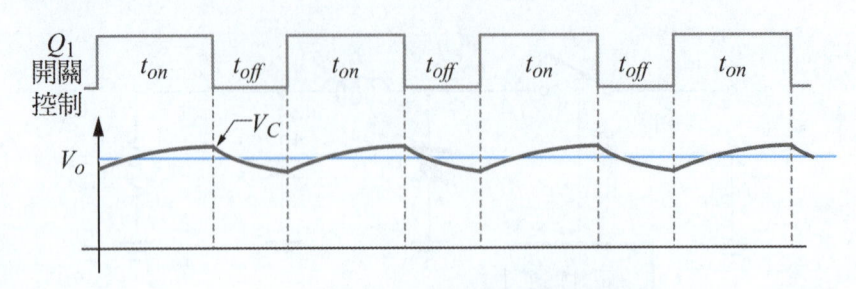

(a)工作週期增加則V_o亦增高

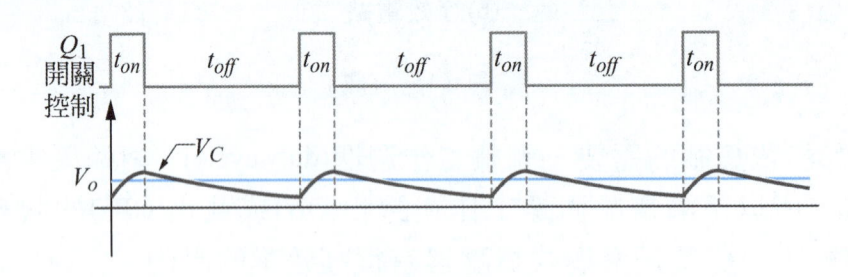

(b)工作週期減少則V_o亦降低

● 圖 6-16　輸出電壓V_o與電晶體工作週期的關係

　　在瞭解交換式穩壓器的主要工作原理之後，其餘的控制方式與原理，則與傳統的回授式穩壓器相差無幾，以圖 6-15(a)為例；當輸出電壓(V_o)高於額定值時，則 OPA 的 $V_-(=\dfrac{R_3}{R_2+R_3}V_o)$ 電壓亦會變高，由於$V_- > V_+$，致使OPA的輸出電壓往負飽和變動，造成可變脈波寬度振盪器輸出脈波的工作週期變小；所以輸出電壓(V_o)將逐漸下降至額定值。反之，由$V_- < V_+$，致使OPA的輸出電壓往正飽和變動，造成可變脈波寬度振盪器輸出脈波的工作週期變大，所以輸出電壓(V_o)將逐漸上升至額定值。

升壓型交換式穩壓器

　　如圖 6-17 所示為升壓型(step-up)交換式穩壓器的基本電路，所謂的升壓型即表示其輸出電壓較輸入電壓高之意；若將此型電路與降壓型(圖 6-15)的電路相比較，可以發現主控元件(電晶體Q_1)與電感 L 的位置不同，而比較器輸入端的位置亦相反。其主要的工作原理如下：

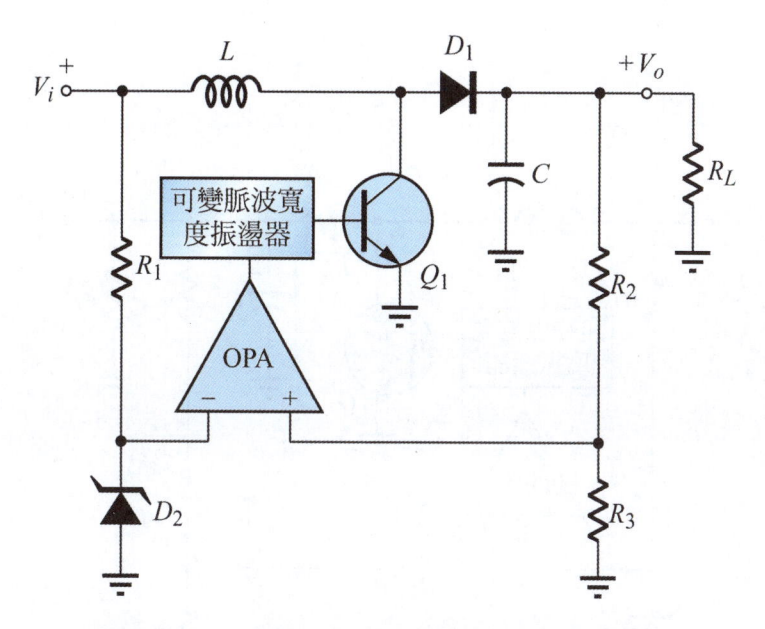

● 圖 6-17　升壓型交換式穩壓器的基本電路

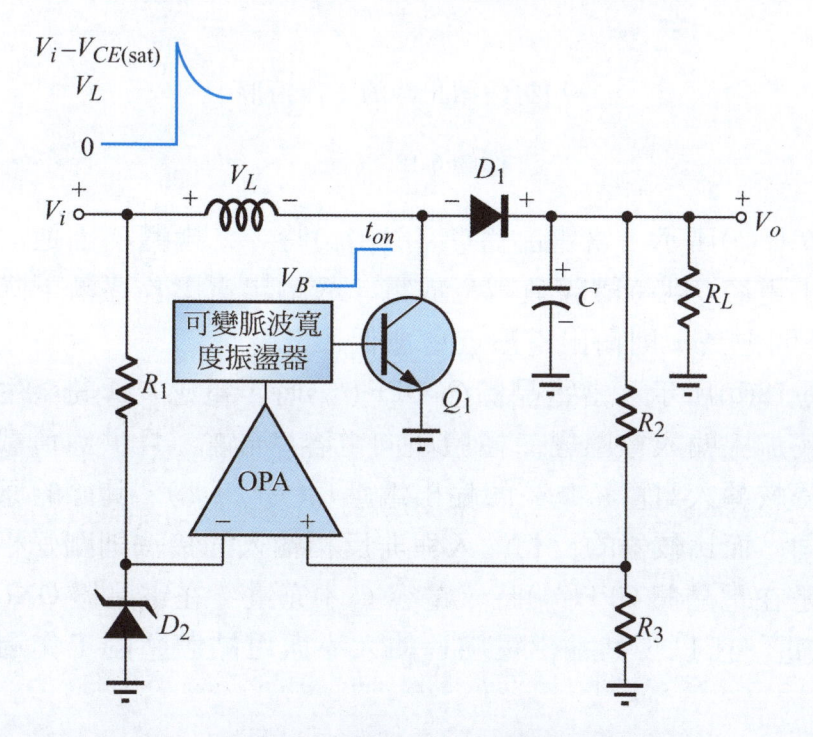

(a)當 Q_1 導通時的工作情形

● 圖 6-18　升壓型交換式穩壓器的動作原理

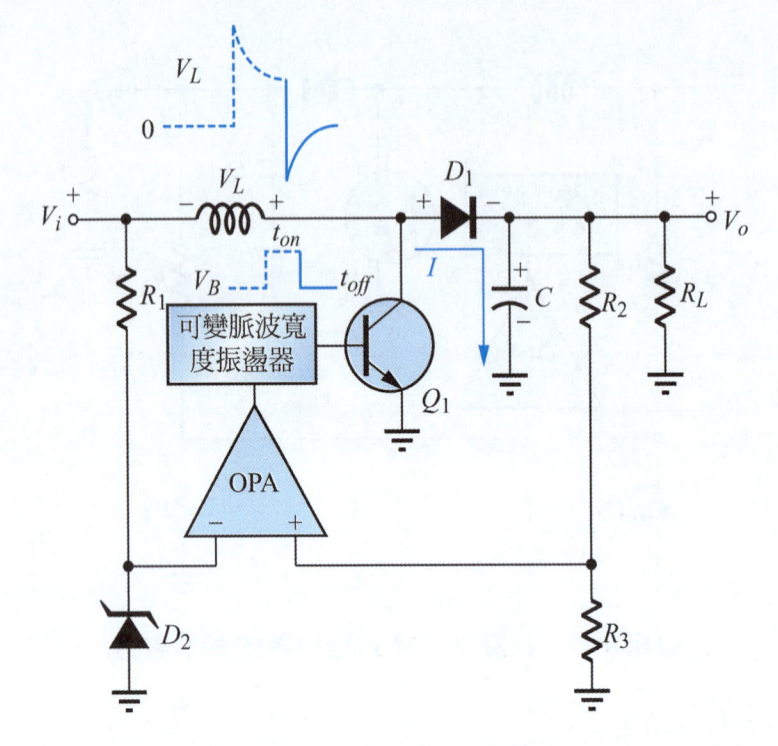

(b)當Q_1截止時的工作情形

● 圖 6-18　（續）

　　如圖 6-18(a)所示，當電晶體Q_1 ON (t_{on})時，二極體D_1因逆向偏壓，所以不導通；電容C則持續經負載R_L放電，故輸出電壓V_o逐漸下降，若電晶體 ON 的時間愈長，則輸出電壓就會愈低。

　　如圖 6-18(b)所示，當電晶體Q_1 OFF (t_{off})時，電感L瞬間產生一反向電壓V_L，此V_L加上輸入電壓經二極體D_1向電容C充電，且供應負載R_L電源，所以可獲得較輸入電壓V_i為高的輸出電壓$V_o(=V_L+V_i)$。其餘的原理則與降壓型的雷同，而比較器的反相輸入與非反相輸入的接法則剛好相反，因為升壓型的是在電晶體 OFF(t_{off})時，電容C才充電；在電晶體 ON(t_{on})時，電容C則放電，所以，其輸出電壓V_o的大小與電晶體Q_1的工作週期成反比的，即

$$V_o = (\frac{t_{on}+t_{off}}{t_{on}}) \times V_i = (\frac{T}{t_{on}}) \times V_i$$

電壓反相型交換式穩壓器

如圖 6-19 所示為電壓反相型(voltage-inverter)交換式穩壓器的基本電路，所謂的電壓反相型即表示其輸出電壓與輸入電壓反相之意；若將此型電路與降壓型的電路相比較，發現二極體D_1與電感L的位置剛好互換，而比較器輸入端的位置亦相反，其主要的工作原理如下：

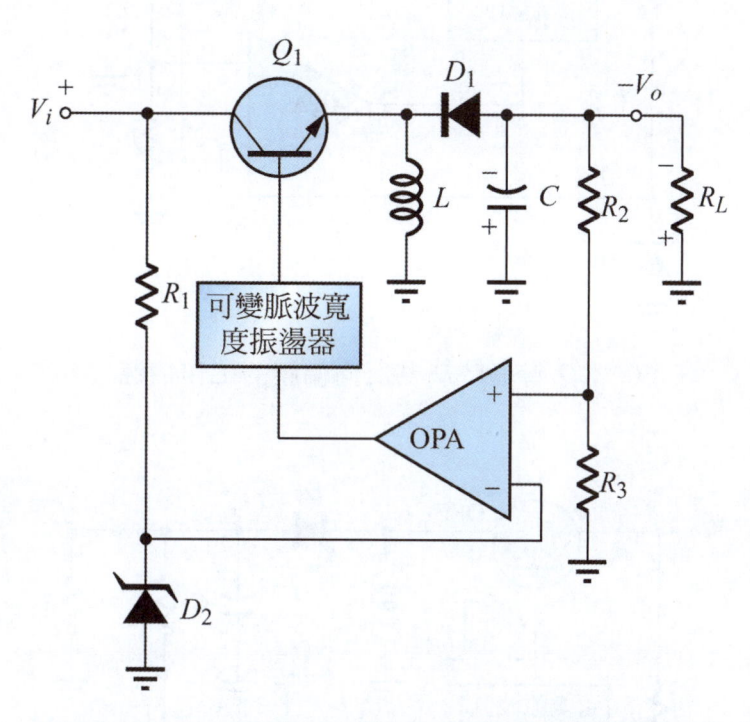

● 圖 6-19　電壓反相型交換式穩壓器的基本電路

如圖6-20(a)所示，當電晶體Q_1 ON(t_{on})時，二極體D_1因逆向偏壓，所以不導通，此時輸入電壓V_i跨於電感L兩端，造成電感上的電流迅速上升，所以儲存於電感上的能量持續增加；而電容C則持續經負載R_L放電，故輸出電壓V_o逐漸下降，若電晶體 ON 的時間愈長，則輸出電壓就會愈低。

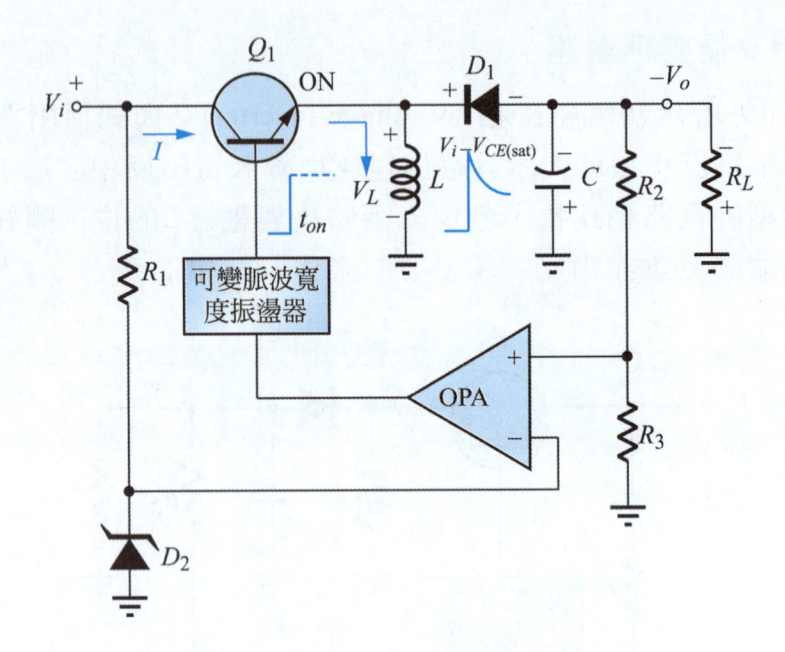

(a) 當 Q_1 導通時 D_1 為反向偏壓的工作情況

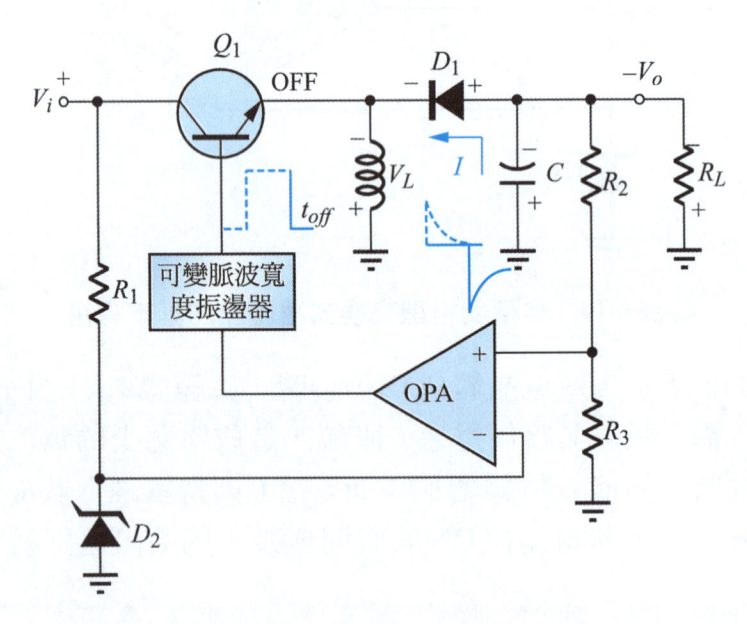

(b) 當 Q_1 截止時 D_1 為順向偏壓的工作情況

● 圖 6-20　電壓反相型交換型穩壓器的動作原理

如圖 6-20(b)所示，當電晶體Q_1 OFF(t_{off})時，L瞬間產生一反向電壓V_L，經二極體D_1向電容C充電，所以輸出為負電壓。

電壓反相型穩壓器和升壓型穩壓器在某方面而言，其工作原理幾乎是一樣，即Q_1導通時間愈短，其輸出電壓就愈高，反之，若Q_1導通時間愈長，則輸出電壓就愈低。

重點整理

1. 由於矽或鍺二極體均有一順向切入電壓，所以對小於切入電壓的交流訊號無法整流或檢波。
2. 精密整流電路為利用運算放大器的高增益特性，使得二極體對於小於切入電壓的交流訊號仍可導通或截止，而達到整流或檢波的功用。
3. 常見的三端子 IC 穩壓器中，78 系列為正電壓輸出的穩壓 IC，而 79 系列則為負電壓輸出的穩壓 IC。
4. 編號 309 為輸出 +5V 的穩壓 IC。
5. 交換式穩壓器具有高效率、體積小、重量輕、輸入電壓範圍廣、大電流輸出及多組電壓輸出等優點；其較大的缺點為產生高頻諧波，干擾對雜訊敏感的電子裝置。
6. 一般交換式穩壓器常用脈波寬度調變(pulse width modulation)的技術，來控制主控元件(電晶體或SCR)如同開關一般ON、OFF狀態反覆改變，使輸出維持一定值。
7. 交換式穩壓器可分為降壓型、升壓型及電壓反相型三種。

習題六

(　) 1. 圖(1)中之電路為　(A)負半波整流電路　(B)正半波整流電路　(C)積分器　(D)對數放大器　(E)微分器。

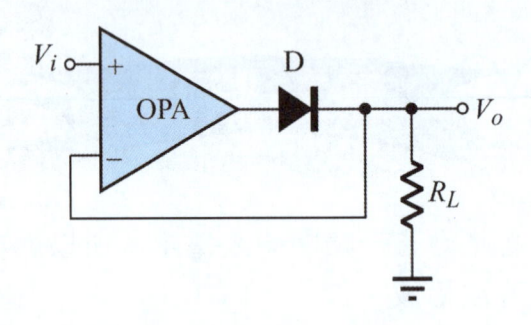

圖(1)

(　) 2. 圖(2)為一半波整流電路，其輸出電壓 V_o 的最大值為多少？
(A)0V　(B)−10V　(C)−12V　(D)+12V。

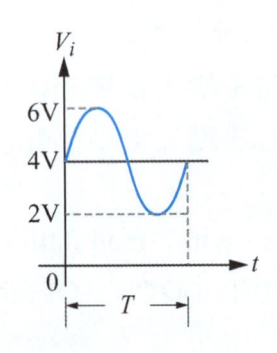

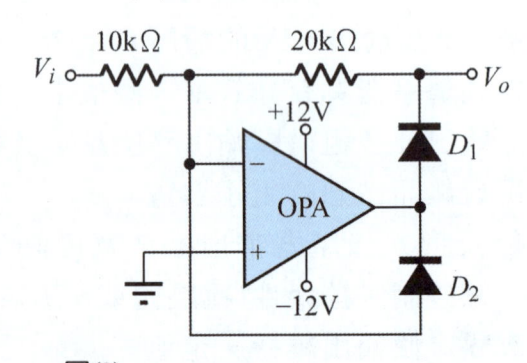

圖(2)

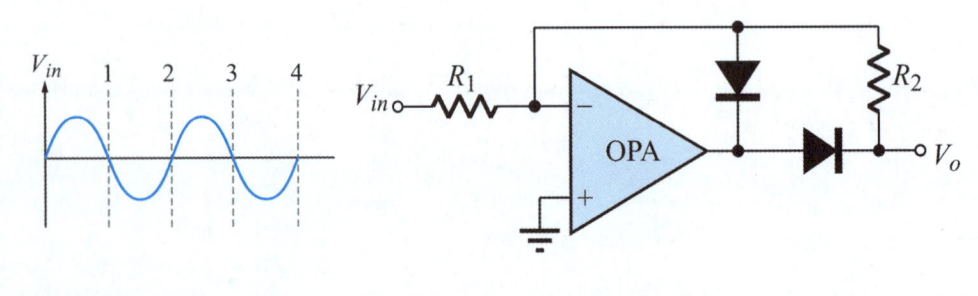

圖(3)

( ) 3. 如圖(3)之電路與輸入波形，則輸出波形V_o為以下何者？

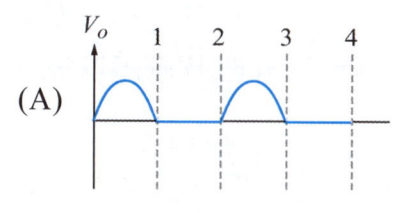

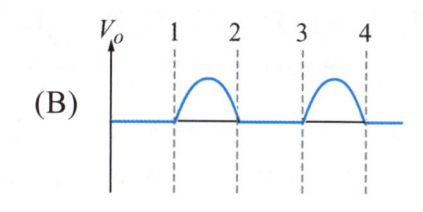

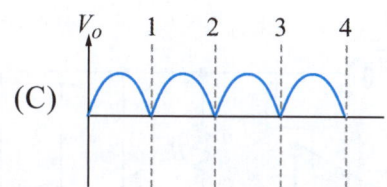

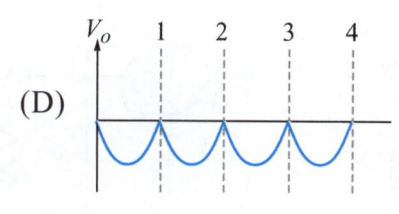

(A) (B) (C) (D)

( ) 4. 供應＋5伏特電壓的穩壓IC，其編號為何？
(A)7805　(B)7905　(C)7815　(D)7915。

( ) 5. 供應－5伏特電壓的穩壓IC，其編號為
(A)7405　(B)7805　(C)7905　(D)7815　(E)7915。

( ) 6. 編號7915的市售IC穩壓器，其穩壓輸出是多少？
(A)15V　(B)－15V　(C)5V　(D)－5V。

( ) 7. 下列敘述何者有誤？　(A)電源調節IC可提供穩壓作用
(B)7905.2 IC提供－5V±2%的電源　(C)7905.2 IC有三支腳
(D)7905.2是負電源調節IC。

( ) 8. 設計一個±15V的雙電源穩電路須使用之穩壓IC為
(A)7815，7915各一顆　(B)NE555兩顆　(C)7815，NE555各一顆
(D)7805，7905各一顆。

( ) 9. 如圖(4)所示之電路，流經R_L之電流為何？
(A)0.5mA　(B)1.0mA　(C)10mA　(D)50mA。

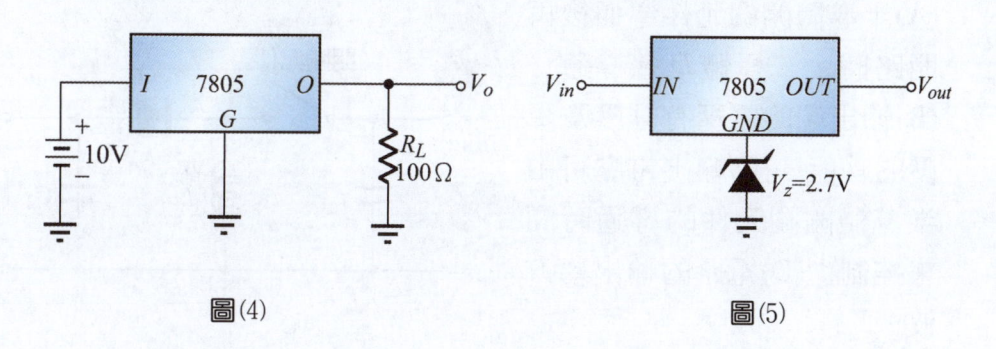

圖(4)　　　　圖(5)

( ) 10. 如圖(5)所示,當輸入電壓 V_{in} 為 12V 時,其輸出電壓 V_{out} 為
 (A)12V (B)7.7V (C)5V (D)2.3V。

( ) 11. 圖(6)為穩壓 IC 78XX 系列中之 TO-220 型的外觀及腳編號圖,其(輸入端,輸出端)的腳號應為
 (A)(1,3) (B)(3,1) (C)(2,3) (D)(2,1)(E)(1,2)。

圖(6)

圖(7)

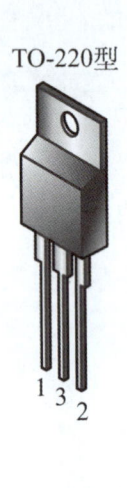

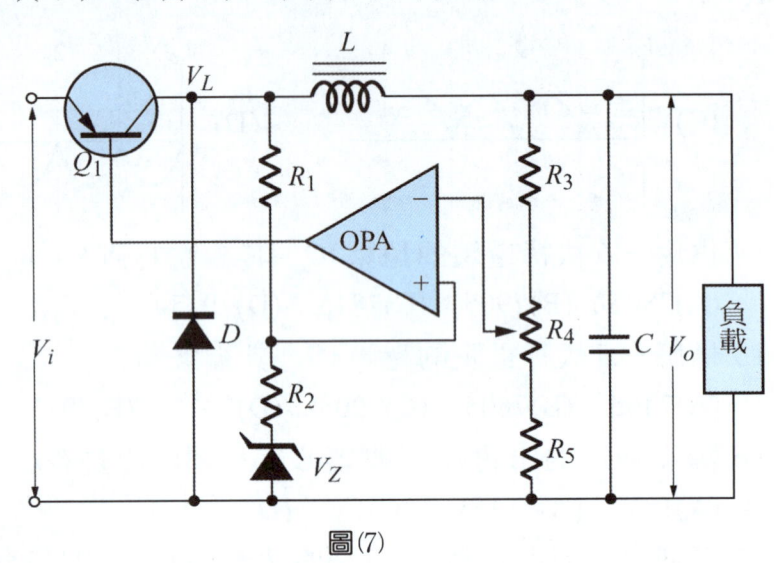

( ) 12. 如圖(7)為交換式穩壓電路,其中之電晶體作用為 (A)短路保護 (B)電子開關 (C)整流 (D)電流放大 (E)電壓放大。

( ) 13. 交換式電源供應器(SPS)的缺點為
 (A)體積大 (B)效率低 (C)輸入電壓範圍小 (D)雜訊大。

( ) 14. 交換式電源穩定電路,一般是以何種技術來控制功率半導體的導通時間? (A)橋式整流 (B)截波箝位 (C)脈寬調變 (D)電容濾波。

( ) 15. 圖(8)電路中,下列敘述何者錯誤?
 (A)半導體開關元件導通後再開路時,二極體 D 會導通
 (B)輸出端的電壓有升壓及降壓的功能 (C)輸出電壓可由半導體開關元件的導通時間來控制 (D)電路的輸出為方波。

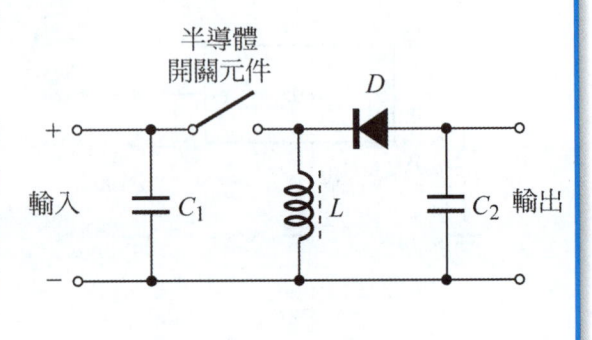

第7章

應用電路

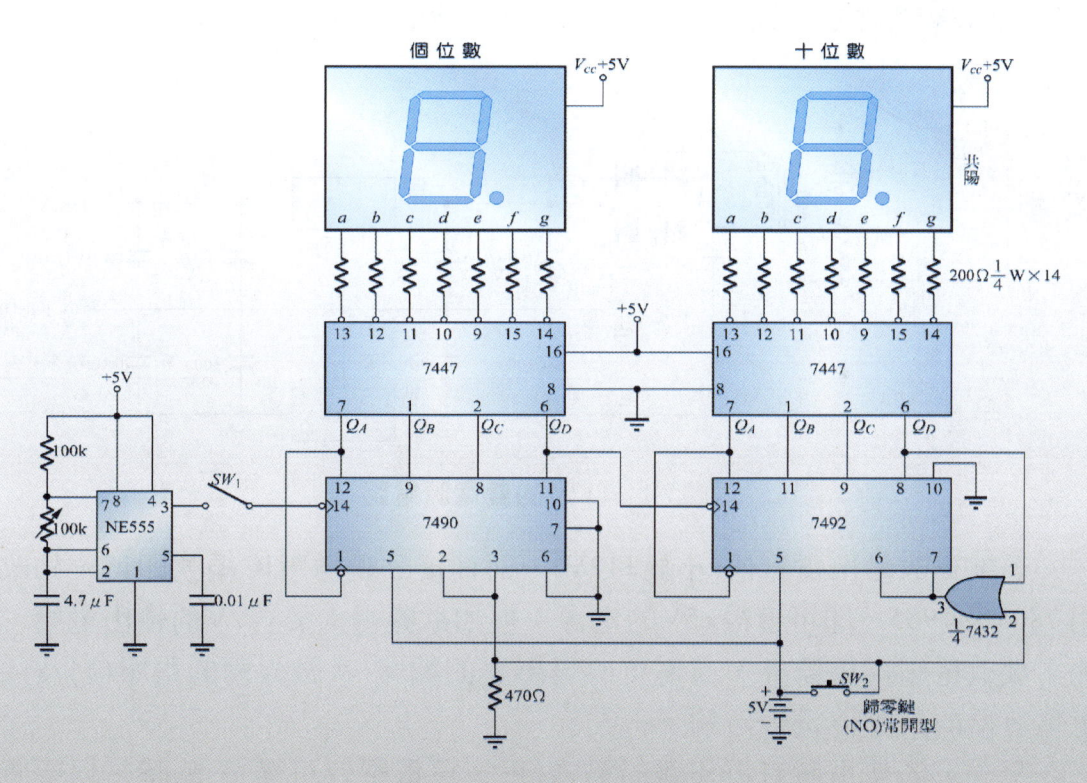

經過前面各章節的介紹後,相信同學多少已對電子元件、電子電路都有深一層的認識與瞭解,接下來,本章將應用前面所學,介紹幾個實用或有趣的電路,希望能引發同學對電子電路的"神奇"產生研究興趣。

7-1 雙電源電路

任何電子電路都少不了電源，且有些電路僅是單一電源可能還不夠，需要雙電源供給才可，如無輸出電容的放大器(OCL)、運算放大器等；以下兩個雙電源電路，一為使用兩顆三端子的穩壓IC，另一則使用一顆三端子的穩壓IC。

如圖 7-1 所示為±12V的雙電源完整電路；利用變壓器(PT-20)將AC110V的電壓降為12V – 0 – 12V，經橋式整流器與大電容(1000μF)的整流濾波後，取得的約±16V的直流，再經過穩壓IC 7812及7912的調整後，即可在輸出端獲得±12V的穩定直流電源。

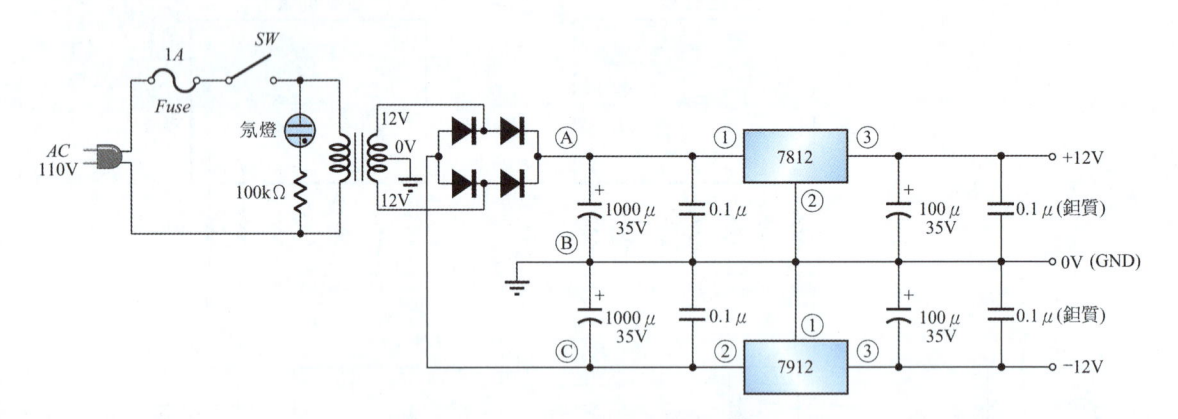

● 圖 7-1　±12V 的雙電源電路

若欲更改輸出電壓值(小於±12V)，則直接改變穩壓IC編號即可，如改用 7805 及 7905，即可獲得±5V的電源；但如欲獲得大於±12V的輸出電壓，除了要改穩壓IC編號外，尚需更改變壓器的編號(次級線圈的電壓值)及注意電容器的耐壓值是否足夠。

另外，若使用者有更複雜的需求(正、負電壓皆可變)，此時，只要將78 系列及 79 系列的穩壓 IC 皆改為可調式的電路(前章節所介紹)即可。

如圖 7-2 所示則為另一種型式的雙電源電路(電源變壓器、整流部份未畫出)；在電路的上半部份，主要是利用 7805 穩壓IC、R_3(100Ω)、SVR(1kΩ)、R_4(750Ω)與C_3(10μF)組成可調式穩壓電路，即

第七章　應用電路

●圖 7-2　±12V 的雙電源電路

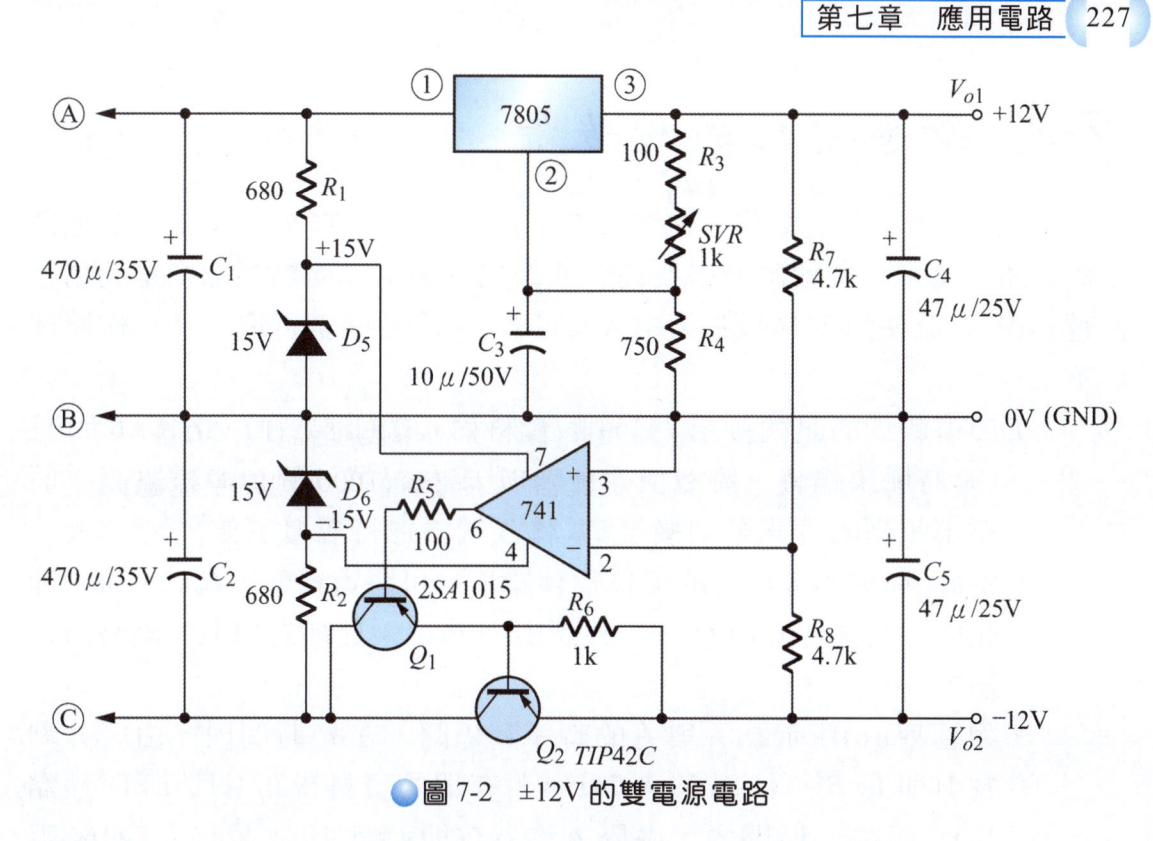

$$V_{o1} \times \frac{R_3 + SVR}{R_3 + SVR + R_4} = 5 \text{ (V)}$$

故　$V_{o1} = \dfrac{R_3 + SVR + R_4}{R_3 + SVR} \times 5 \text{ (V)}$

也就是　$V_{o1(min)} = \dfrac{R_3 + SVR + R_4}{R_3 + SVR} \times 5 = \dfrac{100 + 1k + 750}{100 + 1k} \times 5 \fallingdotseq 8.4 \text{ (V)}$

$V_{o1(max)} = \dfrac{R_3 + SVR + R_4}{R_3 + SVR} \times 5 = \dfrac{100 + 0 + 750}{100 + 0} \times 5 \fallingdotseq 42.5 \text{ (V)}$ (註)

> **註**　$V_{o1(max)} = 42.5\text{V}$ 為理論值，實際上，V_{o1} 的最大值不可能大於 C_1(470μF)上的電壓(7805 的輸入電壓)。

電路的下半部份則是由串聯回授式穩壓電路，由 741 OPA 組成誤差放大電路，而 R_7、R_8 則組成取樣回授網路；當 $V_{o2} \neq -12\text{V}$ 時(假設 $V_{o1} = +12\text{V}$)，造成 OPA 的 V_-(第 2 腳的電壓)不等於 OPA 的 V_+(第 3 腳的電壓；亦為參考電壓 0V)，致使 OPA 產生一誤差訊號傳送至 Q_1、Q_2、R_6 組成的主控電路，將 V_{o2} 修正至 -12V。

7-2 動態變化的廣告燈

如圖 7-3(a)所示之電路，左半部為利用 CMOS IC 的 *NOT* 閘組成無穩態振盪電路，其中 f_2 的輸出頻率要高於 f_1 的輸出頻率；而右半部則是利用移位暫存器(在此使用 74164 註)，組成 8 個 LED 的動態廣告燈，其工作原理如下：

1. 頻率較低的訊號接至 74164 的資料輸入端(1、2 腳)，若 $A = B = 1$ 且 CK 時脈來臨時，將致使 $Q_A = 1$，造成左起第一個 LED 被點亮；而頻率較高的 f_2 訊號則接至 CK 輸入端，進行觸發工作。

2. 由於 74164 為 8 位元的移位暫存器 IC，可將資料輸入端(1、2 腳)的訊號，從 Q_A 經 Q_B、Q_C……直到由 Q_H 移出；此即為 LED 被點亮的掃描方向。

3. 如圖 7-3(b)所示為 f_1 與 f_2 的時序關係圖，在 t_1 時間內，由於 f_1 均為 1(即 $A = B = 1$)，故移入 74164 暫存器的資料皆為 1(即 LED 被點亮)；而在 t_2 時間內，由於 f_2 均為 0(即 $A = B = 0$)，故移入 74164 暫存器的資料皆為 0(即 LED 不亮)，所以造成向右點亮數個 LED 後，接著又暗一段時間；如此反覆進行著。例如在 t_1 與 t_2 的時間內皆有 5 個 f_2 的脈波，故電路會依序點亮 5 個 LED(由左向右)，之後再依序暗 5 個 LED(亦由左向右)，如此週而復始，表 7-1 可詳細說明 LED 亮暗的情況。

4. 調整 VR_1 可改變 LED 點亮的個數(即 LED 亮、暗的寬度)，而調整 VR_2 則可改變亮燈的移動速度

> 註 有關 74164 IC 的資料，請參考附錄。

第七章 應用電路

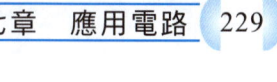

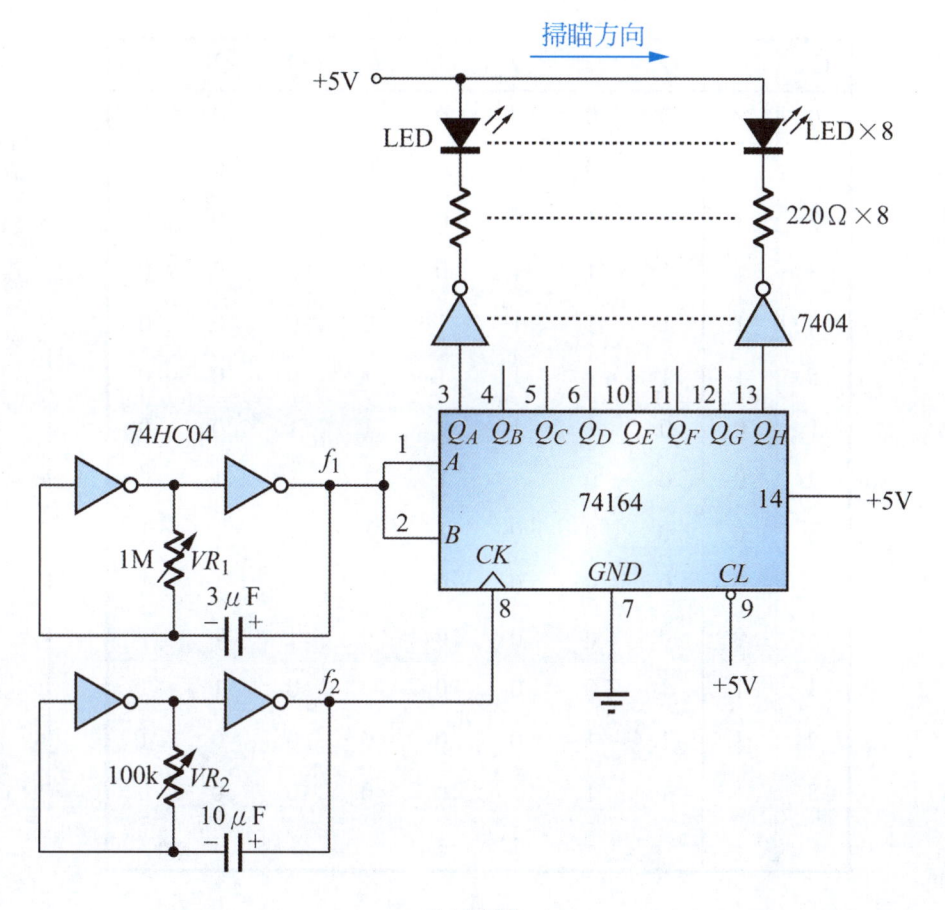

(a)電路

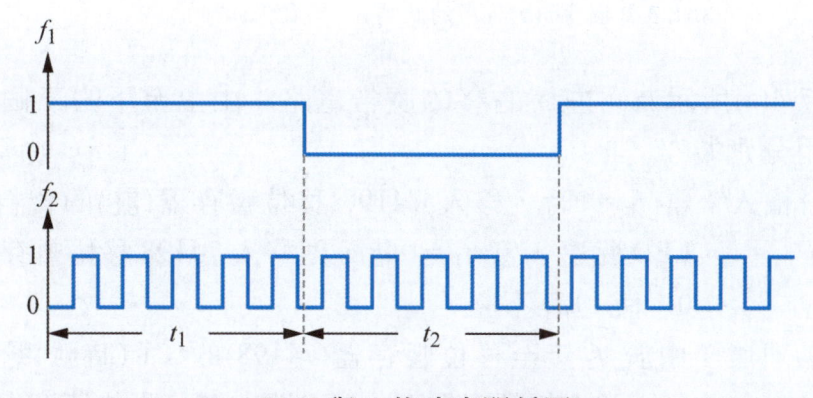

(b) f_1 與 f_2 的時序關係圖

● 圖 7-3　右移的動態變化廣告燈

■表 7-1　LED 點亮時序

CK	f_1	Q_A	Q_B	Q_C	Q_D	Q_E	Q_F	Q_G	Q_H
0	×	0	0	0	0	0	0	0	0
1	1	1	0	0	0	0	0	0	0
2	1	1	1	0	0	0	0	0	0
3	1	1	1	1	0	0	0	0	0
4	1	1	1	1	1	0	0	0	0
5	1	1	1	1	1	1	0	0	0
1	0	0	1	1	1	1	1	0	0
2	0	0	0	1	1	1	1	1	0
3	0	0	0	0	1	1	1	1	1
4	0	0	0	0	0	1	1	1	1
5	0	0	0	0	0	0	1	1	1
1	1	1	0	0	0	0	0	1	1
2	1	1	1	0	0	0	0	0	1
3	1	1	1	1	0	0	0	0	0
⋮	⋮	⋮	⋮	⋮	⋮	⋮	⋮	⋮	⋮

（前六列為假設的原始情況，中間五列為重覆）

註　(1) 1 表 LED 點亮，0 表 LED 不亮。
　　(2) CK 表 74164 之時脈輸入數目，即 f_2 之脈波數目
　　(3) 此表為圖 7-3(b)時序的狀態

如圖 7-4(a)所示為可左、右移的廣告電路；由上至下的三個無穩態振盪器的作用分別為：

f_1 資料輸入：當 $f_1=1$ 時，移入 74198 移位暫存器(註)的資料為 1，使 LED 點亮，當 $f_1=0$ 時，則移入 74198 移位暫存器的資料 0，使 LED 不亮。

f_2 移動速度：由於 f_2 接至移位暫存器(74198)的 CK(時脈)輸入端，所以，當 f_2 的頻率愈高，LED 明、滅移動的速度也就愈快，反之，則愈慢。

註　有關 74198 IC 的資料，請參考附錄

f_3 控制方向：當 $f_3 = 1$ 時，致使 74198 的 $S_1S_0 = 01$，故 74198 產生右移作用，即資料將由資料輸入端 $R \to Q_A \to Q_B \to Q_C \to \cdots \to Q_H$ 方向移動；當 $f_3 = 0$ 時，致使 74198 的 $S_1S_0 = 10$，故 74198 產生左移作用，即資料將由資料輸入端 $L \to Q_H \to Q_G \to \cdots \to Q_A$ 方向移動。

而三者頻率的高低必須為 $f_2 > f_1 > f_3$ 才可；表 7-2 說明 LED 亮暗左右移的情況。

(a)電路

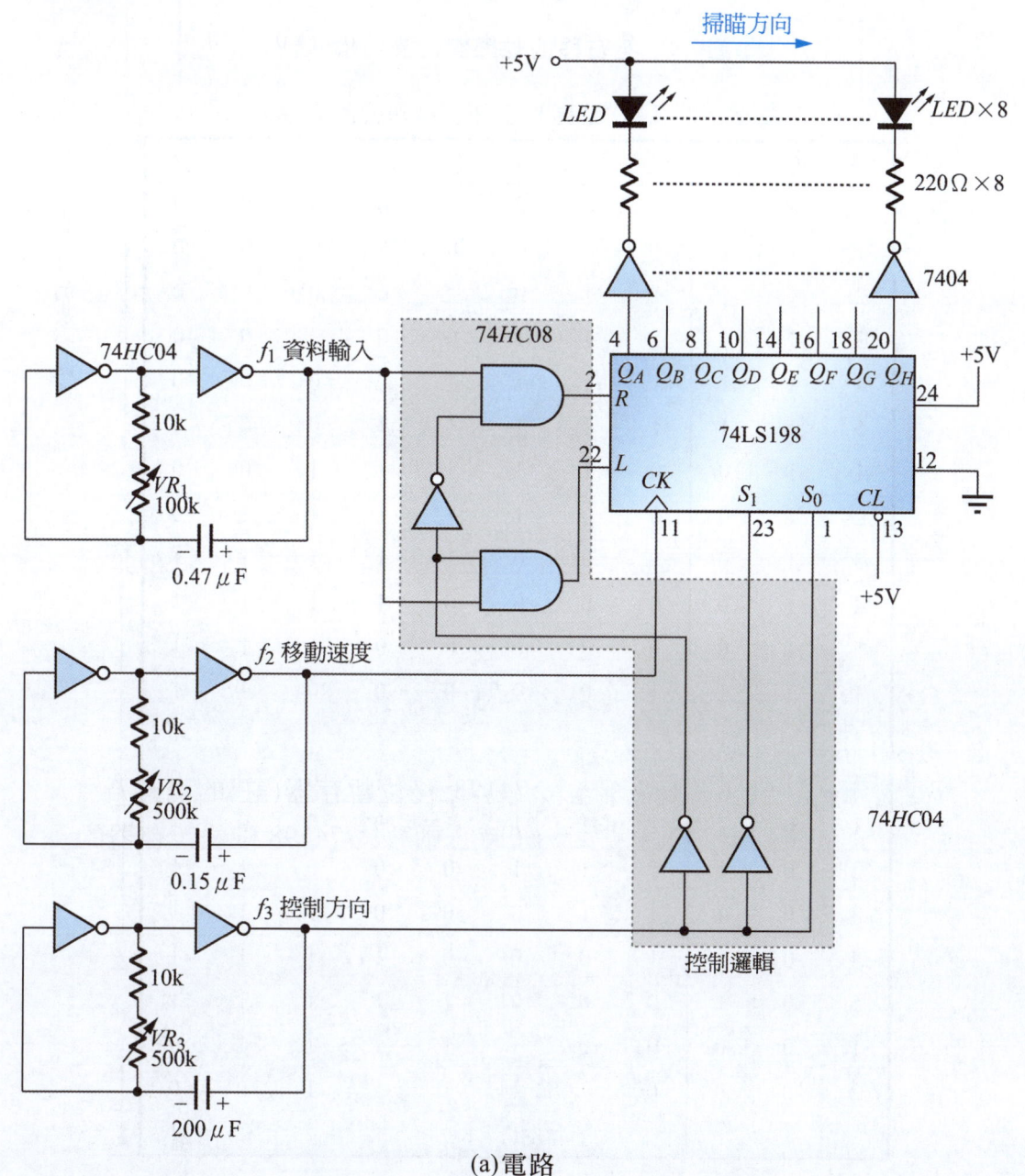

●圖 7-4　左右移的動態變化廣告燈

232 電子電路

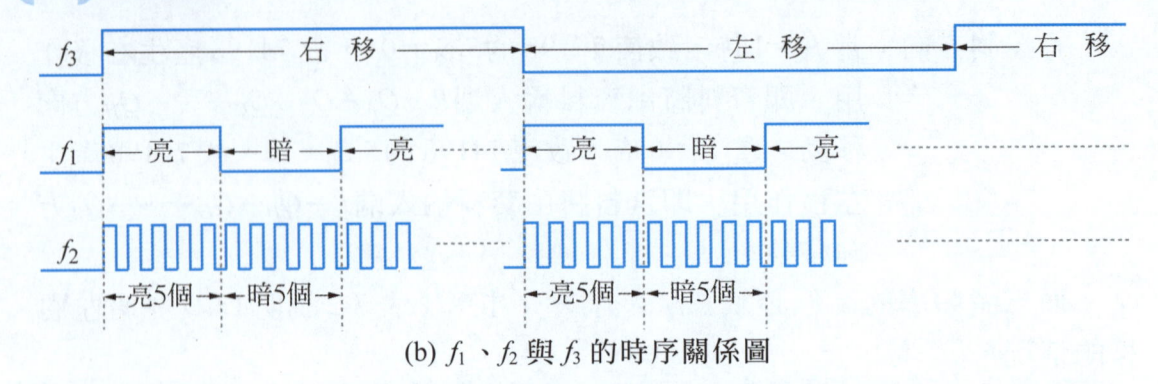

(b) f_1、f_2 與 f_3 的時序關係圖

● 圖 7-4　左右移的動態變化廣告燈(續)

■ 表 7-2　LED 點亮時序(依 7-4(b)圖的時序)

CK	f_3	f_1	Q_A	Q_B	Q_C	Q_D	Q_E	Q_F	Q_G	Q_H	
0	×	×	0	0	0	0	0	0	0	0	假設的原始狀態
1	1	1	1	0	0	0	0	0	0	0	
2	1	1	1	1	0	0	0	0	0	0	
3	1	1	1	1	1	0	0	0	0	0	
4	1	1	1	1	1	1	0	0	0	0	
5	1	1	1	1	1	1	1	0	0	0	
1	1	0	0	1	1	1	1	0	0	0	右移
2	1	0	0	0	1	1	1	1	0	0	
3	1	0	0	0	0	1	1	1	1	0	
4	1	0	0	0	0	0	1	1	1	1	
5	1	0	0	0	0	0	0	1	1	1	
1	1	1	1	0	0	0	0	0	1	1	
⋮	⋮	⋮	⋮	⋮	⋮	⋮	⋮	⋮	⋮	⋮	
5	1	1	1	1	1	1	1	0	0	0	
1	0	1	1	1	1	1	0	0	0	1	
2	0	1	1	1	1	0	0	0	1	1	
3	0	1	1	1	0	0	0	1	1	1	左移
4	0	1	1	0	0	0	1	1	1	1	
5	0	1	0	0	0	1	1	1	1	1	
1	0	0	0	0	1	1	1	1	1	0	
2	0	0	0	1	1	1	1	1	0	0	
⋮	⋮	⋮	⋮	⋮	⋮	⋮	⋮	⋮	⋮	⋮	

7-3　1Hz 的時脈

在數位邏輯電路中，時間常常是重要的因素，所以，精確而穩定的 1Hz 時脈取得，便相對地十分重要；常見的 1Hz 時脈取得的方式有兩種，一為利用家電 AC110V/60Hz，另一採用石英晶體。

如圖 7-5(a)所示之電路，利用變壓器將 AC110V 降為 AC6.3V，經齊納二極體與史密特觸發閘整形後，取得 60Hz 的脈波，再經除 60 的電路(7492 的除 6 與 7490 的除 10)後，獲得 1Hz 的脈波；而圖 7-5(b)則為各點的波形。

(a)電路

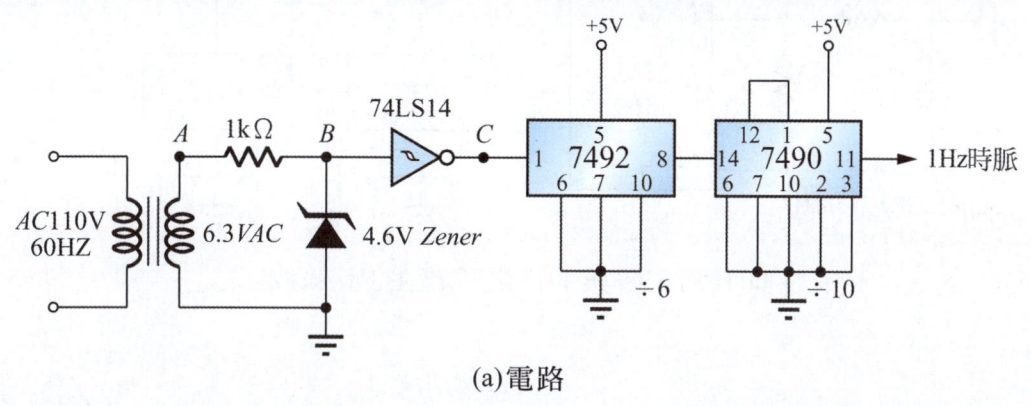

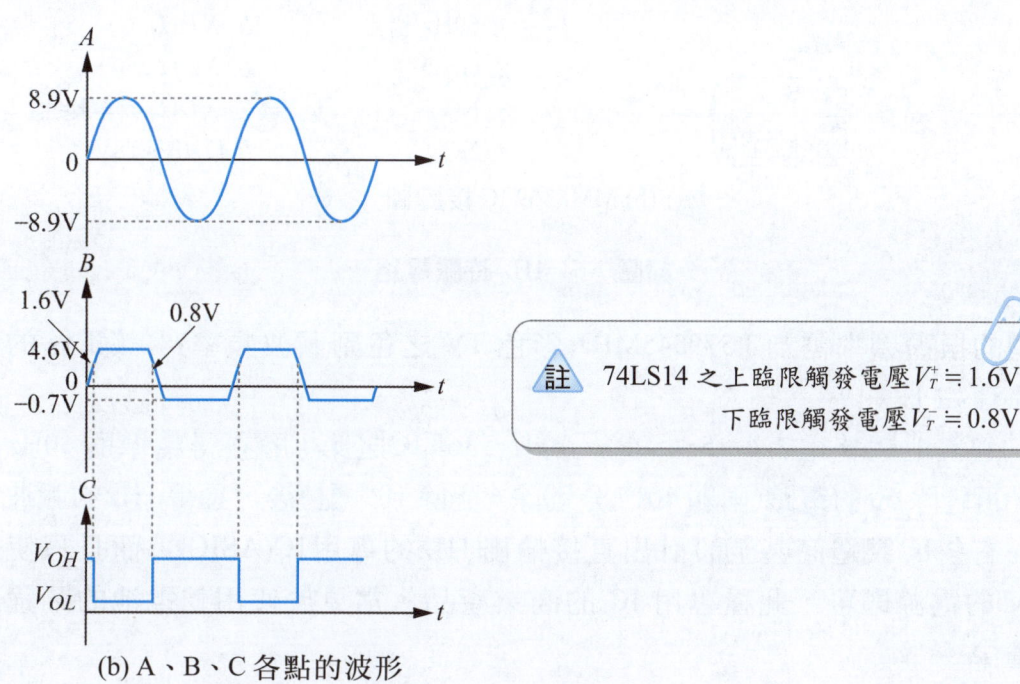

(b) A、B、C 各點的波形

註　74LS14 之上臨限觸發電壓 $V_T^+ \cong 1.6V$
　　下臨限觸發電壓 $V_T^- \cong 0.8V$

圖 7-5　1Hz 時脈電路

由於電力公司的 60Hz 交流頻率十分穩定，所以在歐美等國常用此方式做成鬧鐘收音機(電影中常可見)；而此方式唯一的缺點為──當各國電源頻率(50Hz 或 60Hz)不同時，就不能一體適用。

另一種常見的 1Hz 時脈電路是擷取石英晶體振盪頻率十分穩定精確的優點，如圖 7-6(a)所示為其電路，而(b)圖則為 MM5369 IC 的接腳圖，該 IC 為 Motorola 公司之產品，專為產生 60Hz 時基電路而用，而與其配合的石英

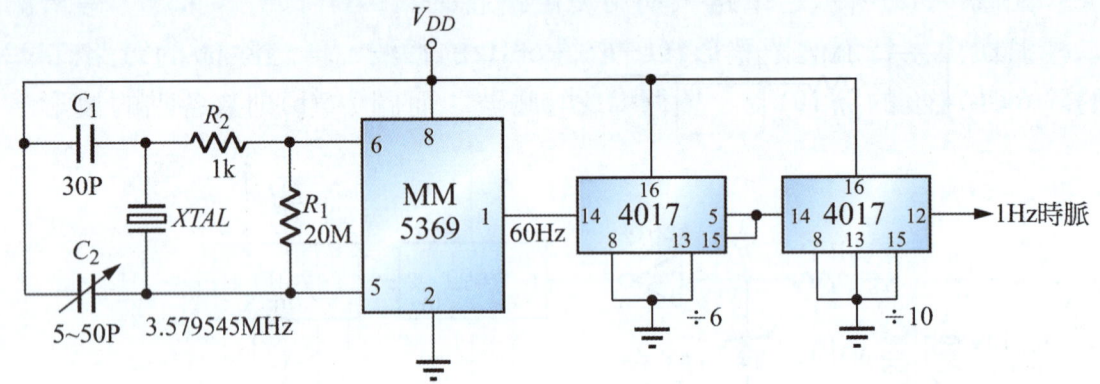

(a)利用 5369 與 4017 之 IC 產生 1Hz 脈波

接腳功用：
1. 60Hz 輸出　　5. XTAL
2. GND　　　　6. XTAL
3. NC　　　　　7. XTAL 頻率輸出
4. NC　　　　　8. V_{DD}(3～18V)

(b) MM5369 IC 接腳圖

● 圖 7-6　1Hz 時脈電路

晶體的振盪頻率需為 3.579545MHz(彩色 TV 之色副載波頻率)；該電路的工作原理如下：

適當地調整電容 C_2(5～50P)，可使 5369 IC 之第 1 腳獲得精準的 60Hz 脈波，再經除 60 的電路(兩顆 4017 分別除 6 與除 10，註)後，獲得 1Hz 的脈波。

有些 IC 製造商甚至設計出直接輸出 1Hz 的專用 IC(ASIC)，而且只使用 1.5V 的電源即可，此種專用 IC 的商業產品，常見於使用乾電池的鬧鐘與時鐘中。

註　有關 4017 IC 的資料，請參考附錄。

第七章　應用電路

習題七

Q 嘗試應用所學，簡述以下各個電路的工作原理。

1. 觸控開關(雙點式)

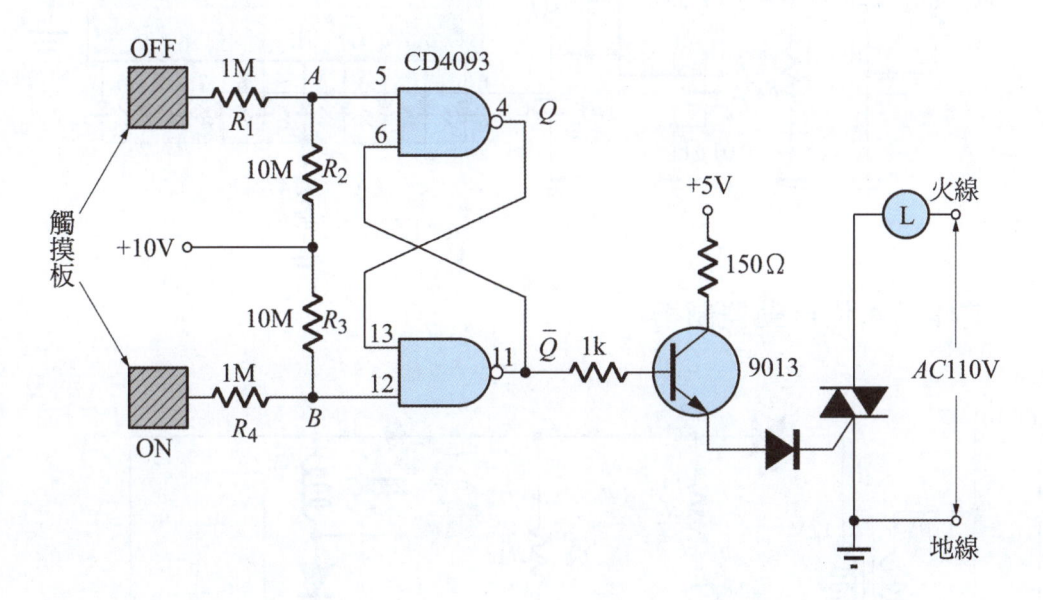

2. 觸控開關(單點式)

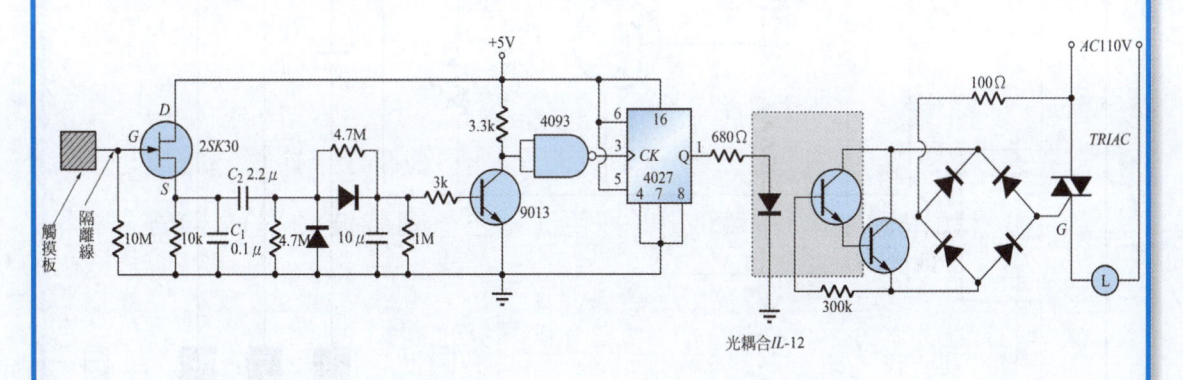

3. 電子輪盤

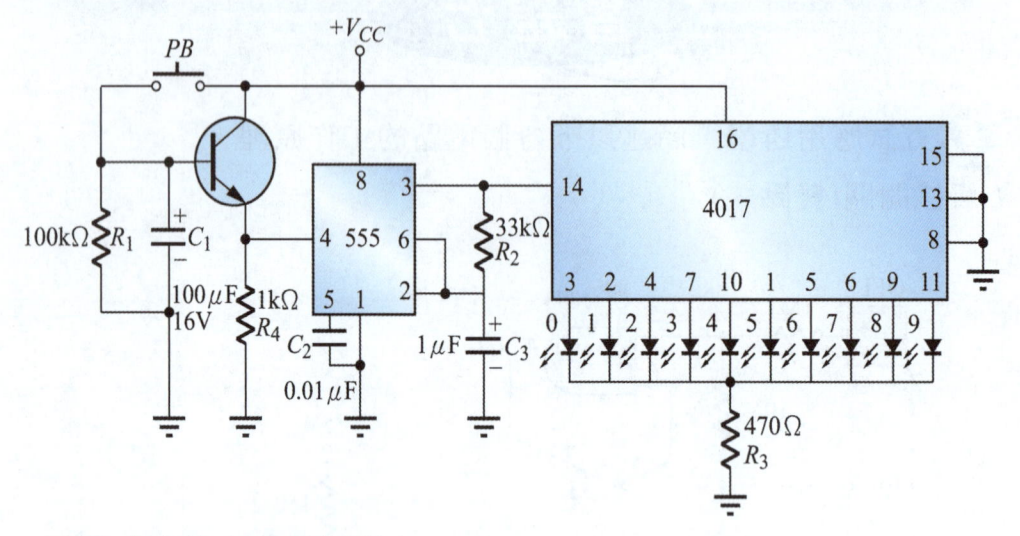

4. 電極式水位自動控制器

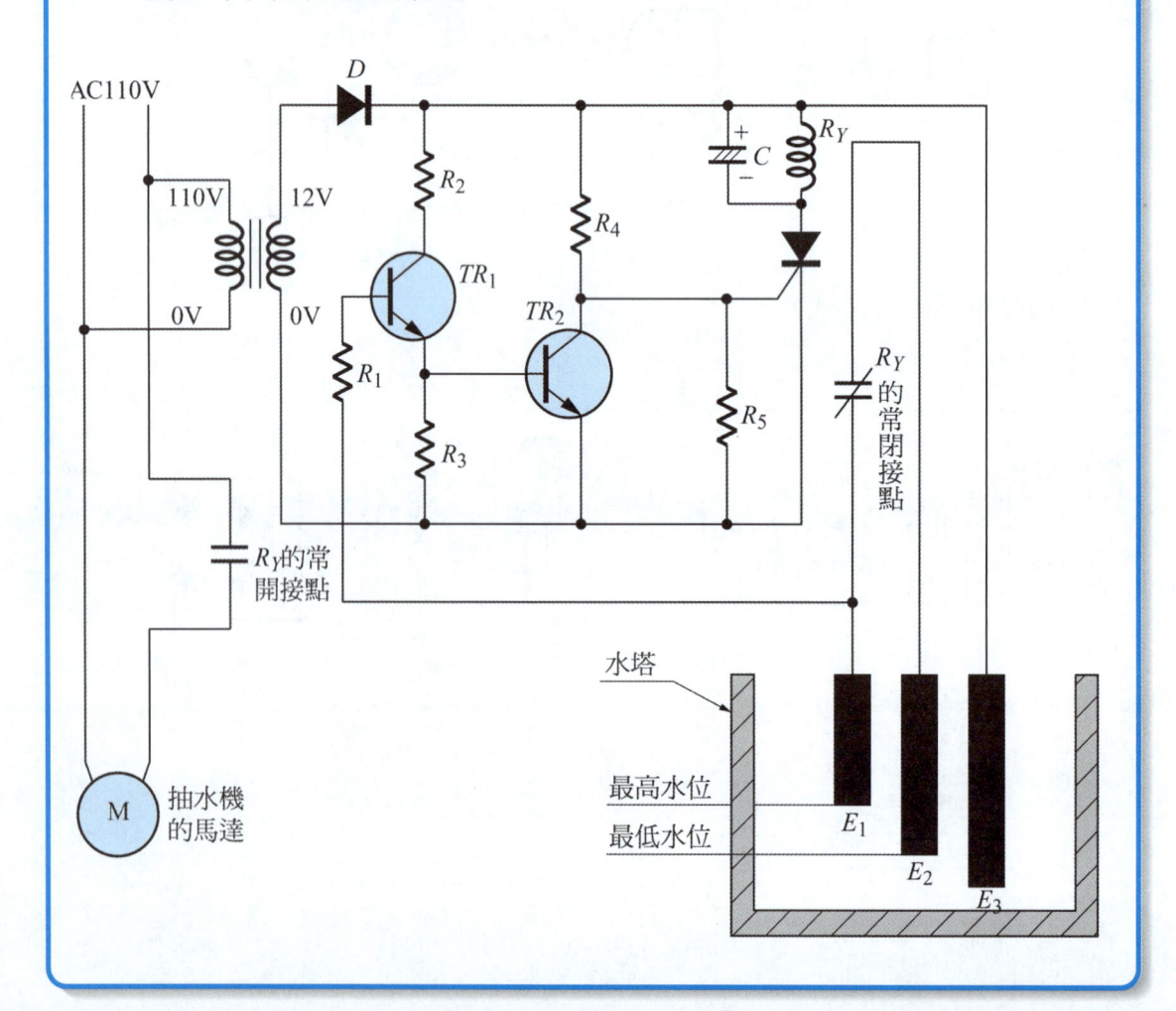

5. 電子碼錶

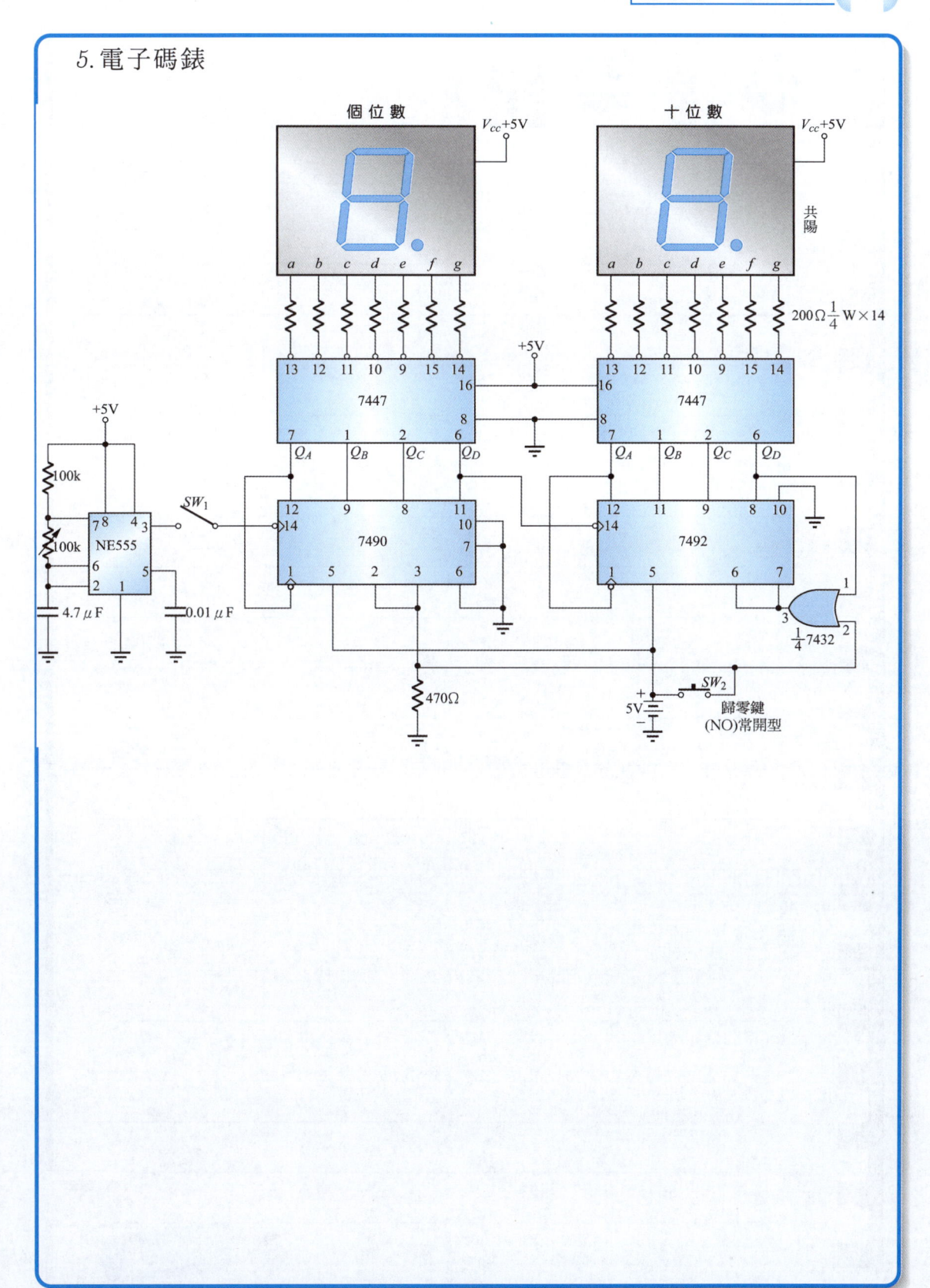

心得筆記

附錄一 公式證明部份

1. 韋恩電橋振盪

設 $X_1 = \dfrac{1}{\omega C_1}$，$X_2 = \dfrac{1}{\omega C_2}$，

當電橋平衡$(V_b = V_d)$時，

得

$$\begin{cases} I_1(R_1 - jX_1) = I_2 R_3 \cdots\cdots (1) \\ I_1 \times \dfrac{R_2(-jX_2)}{R_2 - jX_1} = I_2 R_4 \cdots\cdots (2) \end{cases}$$

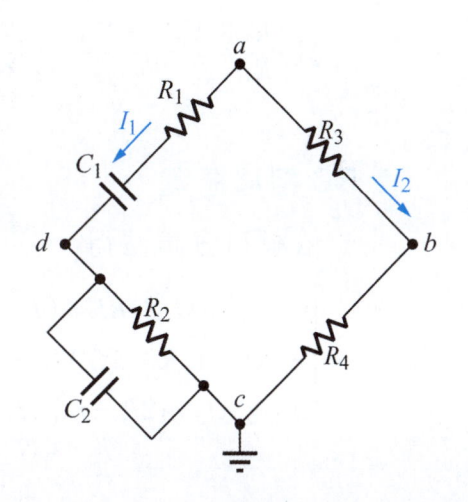

●圖(1)　韋恩電橋振盪器之電橋網路

將 $\dfrac{(1)}{(2)}$ 得

$$\dfrac{R_3}{R_4} = \dfrac{(R_1 - jX_1)(R_2 - jX_2)}{R_2(-jX_2)}$$

$$= \dfrac{X_1 R_2 + X_2 R_1}{R_2 X_2} + j\dfrac{R_1 R_2 - X_1 X_2}{R_2 X_2} \cdots\cdots (3)$$

由於 $\dfrac{R_3}{R_4}$ 為一實數，所以(3)式中虛數項為零，

即 $\dfrac{R_1 R_2 - X_1 X_2}{R_2 X_2} = 0$，

則 $R_1 R_2 - X_1 X_2 = 0$

$R_1 R_2 = X_1 X_2 = \dfrac{1}{\omega C_1} \times \dfrac{1}{\omega C_2} = \dfrac{1}{\omega^2 C_1 C_2}$

$\omega = \dfrac{1}{\sqrt{R_1 R_2 C_1 C_2}}$

240 電子電路

故振盪頻率為

$$f=\frac{1}{2\pi\sqrt{R_1R_2C_1C_2}} \quad 或 \quad f=\frac{1}{2\pi RC} \quad (當 R_1=R_2=R，C_1=C_2=C 時)$$

且 $\dfrac{R_3}{R_4}=\dfrac{X_1R_2+X_2R_1}{R_2X_2}=\dfrac{X_1}{X_2}+\dfrac{R_1}{R_2}=\dfrac{\frac{1}{\omega C_1}}{\frac{1}{\omega C_2}}+\dfrac{R_1}{R_2}=\dfrac{C_2}{C_1}+\dfrac{R_1}{R_2}=2$

2. RC 相移振盪

依網目分析法得

$$\begin{cases}(R-jX_C)I_1 - RI_2 + 0I_3 = V_i \\ -RI_1 + (2R-jX_C)I_2 - RI_3 = 0 \\ 0I_1 - RI_2 + (2R-jX_C)I_3 = 0\end{cases}$$

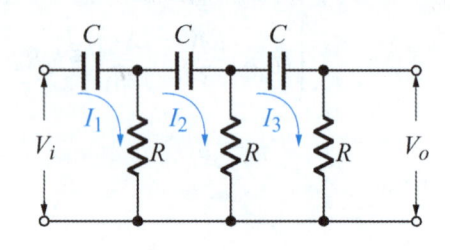

圖(2) 三節領前 RC 相移網路

依行列式法得

$$I_3 = \frac{\begin{vmatrix}(R-jX_C) & -R & V_i \\ -R & (2R-jX_C) & 0 \\ 0 & -R & 0\end{vmatrix}}{\begin{vmatrix}(R-jX_C) & -R & 0 \\ -R & (2R-jX_C) & -R \\ 0 & -R & (2R-jX_C)\end{vmatrix}}$$

$$= \frac{V_i R^2}{(R-jX_C)(2R-jX_C)^2 - R^2(R-jX_C) - R^2(2R-jX_C)}$$

$$= \frac{V_i R^2}{R^3 - 5RX_C^2 - j(6R^2X_C - X_C^3)}$$

$$\frac{V_o}{V_i}=\frac{I_3 R}{V_i}=\frac{1}{1-\dfrac{5}{R^2\omega^2 C^2}-j\left(\dfrac{6}{\omega RC}-\dfrac{1}{\omega^3 R^3 C^3}\right)}$$

由於 V_o 與 V_i 相差 180°(相移 180°)，所以虛數項為零，

即 $\dfrac{6}{\omega RC}-\dfrac{1}{\omega^3 R^3 C^3}=0 \quad 則 \quad \dfrac{6}{\omega RC}=\dfrac{1}{\omega^3 R^3 C^3} \quad \omega=\dfrac{1}{\sqrt{6}RC}$

故振盪頻率為

$$f = \frac{1}{2\pi\sqrt{6}RC}$$

另當相移 180° 時，RC 相移網路之回授因數

$$\beta = \frac{V_o}{V_i} = \frac{1}{1 - \frac{5}{\omega^2 R^2 C^2}} = \frac{1}{1 - \frac{5}{(\frac{1}{\sqrt{6}RC})^2 R^2 C^2}} = \frac{1}{1 - 30} = -\frac{1}{29}$$

3. LC 振盪

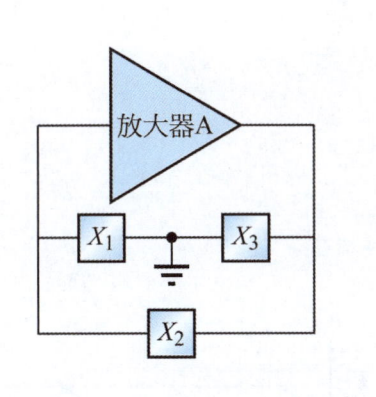

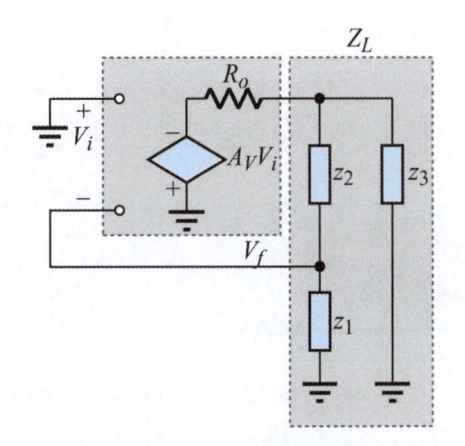

● 圖(3)　LC 振盪的基本組態　　● 圖(4)　LC 振盪的等效電路

$$Z_L = (Z_1 + Z_2) // Z_3 = \frac{(Z_1 + Z_2)Z_3}{Z_1 + Z_2 + Z_3}$$

$$A = \frac{V_o}{V_i} = A_v \frac{Z_L}{R_o + Z_L}$$

$$\beta = \frac{A_f}{A_o} = \frac{Z_1}{Z_1 + Z_2}$$

$$\beta A = A_v \frac{Z_L}{R_o + Z_L} \times \frac{Z_1}{Z_1 + Z_2}$$

$$= \frac{A_v Z_1 Z_3}{R_o(Z_1 + Z_2 + Z_3) + (Z_1 + Z_2)Z_3}$$

由於 LC 振盪器的回授網路是由純電抗所組成的
所以　$Z_1 = jX_1$，$Z_2 = jX_2$，$Z_3 = jX_3$，

故 $\beta A = \dfrac{A_v(jX_1)(jX_3)}{R_o(jX_1+jX_2+jX_3)+(jX_1+jX_2)jX_3}$

$= \dfrac{-A_v X_1 X_3}{jR_o(X_1+X_2+X_3)-(X_1+X_2)X_3}$

因為βA是實數，所以上式分母的虛部必須等於零，即$X_1+X_2+X_3=0$

則 $\beta A = \dfrac{A_v X_1 X_3}{(X_1+X_2)X_3} = -A_v \dfrac{X_1}{X_3}$ $(\because X_1+X_2=-X_3)$

為了滿足$\beta A=1$的情況，所以X_1必須與X_3同號，意即X_1與X_3必須是相同的元件。

故 $X_2=-(X_1+X_3)$，即表示X_2與X_1及X_3不屬於同類型的元件，因此當Z_1及Z_3是電感器，Z_2就是電容器，這種LC調諧振盪電器稱為哈特萊(Hartley)振盪器；若Z_1與Z_3是電容器，Z_2是電感器則稱為考畢子(Colpitts)振盪器。

4. OPA無穩態多諧振盪器

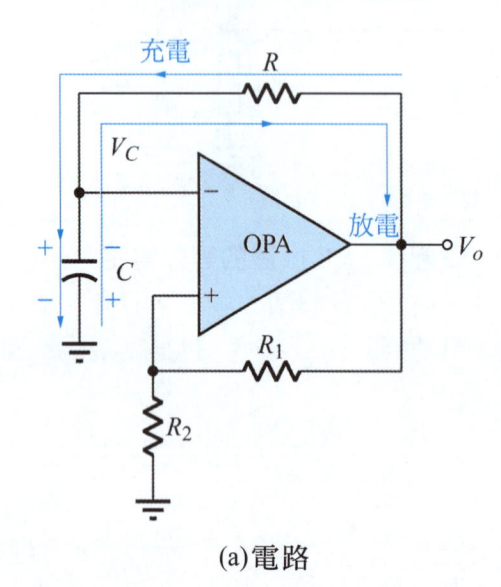

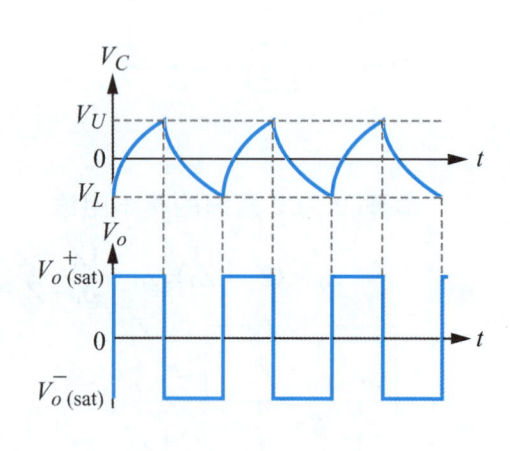

(a)電路　　　　　　　　　(b) V_C與V_o的相關時序波形

● 圖(5)　OPA無穩態多諧振盪器

設 $V_U = \dfrac{R_2}{R_1+R_2} \times V_o^+{}_{(\text{sat})} = \beta V_o^+{}_{(\text{sat})} = \beta V_{CC}$

$V_L = \dfrac{R_2}{R_1+R_2} \times V_o^-{}_{(\text{sat})} = \beta V_o^-{}_{(\text{sat})} = -\beta V_{CC}$

RC 電路中電容器 C 之充電公式為

$$V_c(t) = V_i + (V_f - V_i)(1 - e^{\frac{-t}{RC}})$$

其中　$V_c(t)$：電容器的瞬間電壓

　　　V_i：電容器的初值電壓

　　　V_f：電容器的終值電壓

　　　t：充電時間

　　　RC：時間常數

由圖(5)(b)中，電容器的初值電壓 $V_i = V_L = -\beta V_{CC}$，電容器的瞬間電壓 $V_C(t) = V_U = \beta V_{CC}$，而電容器的終值電壓 $V_f = V_o^+{}_{(sat)} = V_{CC}$，充電時間 $t_1 = \dfrac{T}{2}$，故可得

$$\beta V_{CC} = -\beta V_{CC} + (V_{CC} + \beta V_{CC})(1 - e^{\frac{-T}{2RC}})$$

$$\frac{2\beta}{1+\beta} = 1 - e^{\frac{-T}{2RC}}$$

$$T = 2RC \, \ell n \frac{1+\beta}{1-\beta}$$

$$f = \frac{1}{T} = \frac{1}{2RC \, \ell n \dfrac{1+\beta}{1-\beta}}$$

5. 史密特觸發閘的穩態多諧振盪

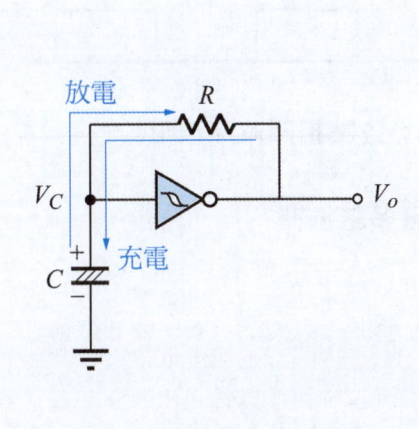

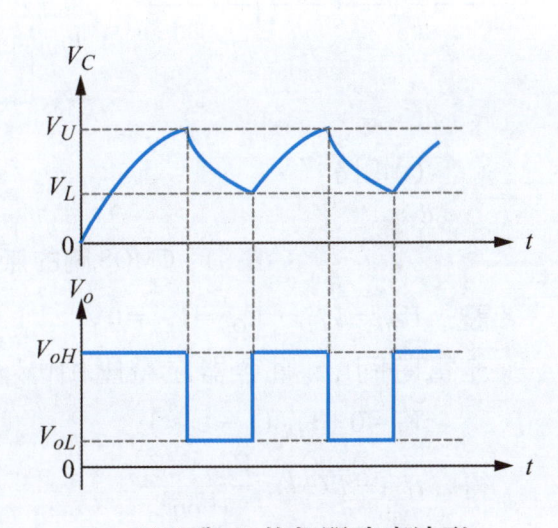

(a)電路　　　　　　　　(b)V_C 與 V_o 的相關時序波形

● 圖(6)　史密特觸發閘的穩態多諧振盪

充電之時間設為 t_1，電容器之電壓由 V_L 充至 V_U

$$V_U = V_L + (V_{DD} - V_L)(1 - e^{\frac{-t_1}{RC}})$$

得　$t_1 = -RC \ln \dfrac{V_{DD} - V_U}{V_{DD} - V_L}$

放電之時間設為 t_2，電容器之電壓由 V_U 放電至 V_L

$$V_L = V_U\, e^{-\frac{t_2}{RC}}$$

得　$t_2 = -RC \ln \dfrac{V_L}{V_U}$

故　$T = t_1 + t_2 = -RC \left(\ln \dfrac{V_{DD} - V_U}{V_{DD} - V_L} + \ln \dfrac{V_L}{V_U}\right)$

$\quad = RC \ln \left[\dfrac{V_U(V_{DD} - V_L)}{V_L(V_{DD} - V_U)}\right]$　（秒）

6. CMOS 閘的無穩多諧振盪

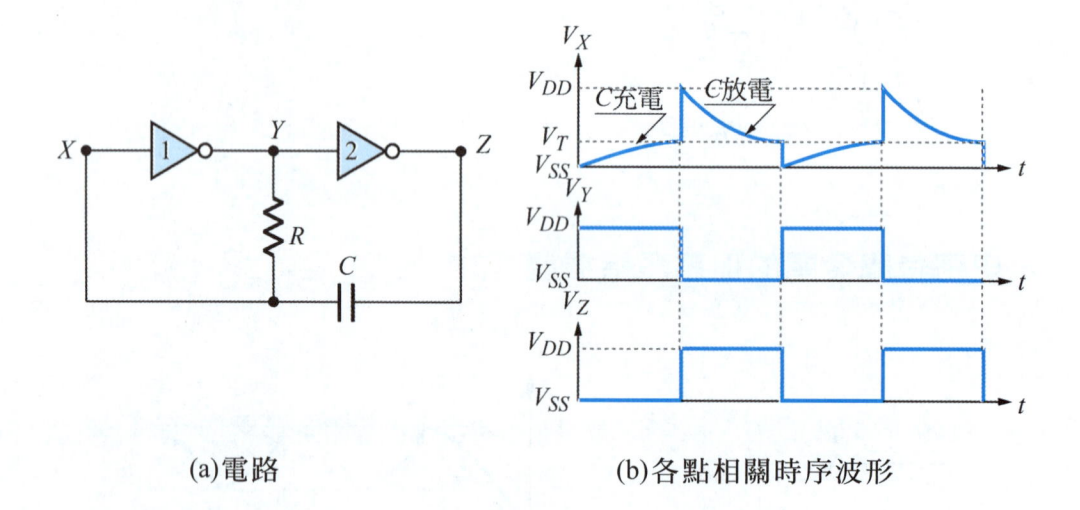

(a)電路　　　　　　　　(b)各點相關時序波形

●圖(7)　CMOS 閘的無穩多諧振盪

設　$V_{OH} = V_{DD}$，$V_{OL} = V_{SS} = 0V$

充電時間 t_1，電容器之電壓由 0V 充至 V_T

$$V_T = 0 + V_{DD}(1 - e^{-\frac{t_1}{RC}})$$

得　$t_1 = -RC \ln \dfrac{V_{DD} - V_T}{V_{DD}}$

放電時間為 t_2，電容器之電壓由 V_{DD} 放至 V_T

$$V_T = V_{DD}\, e^{-\frac{t_2}{RC}}$$

得　$t_2 = -RC\,\ell n\dfrac{V_T}{V_{DD}}$

故　$T = t_1 + t_2 = -RC\,(\,\ell n\,\dfrac{V_{DD}-V_T}{V_{DD}} + \ell n\,\dfrac{V_T}{V_{DD}}\,)$

　　　　$= RC\,\ell n\left[\dfrac{V_{DD}}{(V_{DD}-V_T)}\times\dfrac{V_{DD}}{V_T}\right]$

> **註** 由於 CMOS IC 的輸入端皆有防靜電保護電路，所以即使V_{SS}為負電壓，但其輸出波形電壓範圍仍只為$0V\sim V_{DD}$

7. 555 無穩多諧振盪

(a)電路　　　　　　(b) V_C 與 V_o 波形

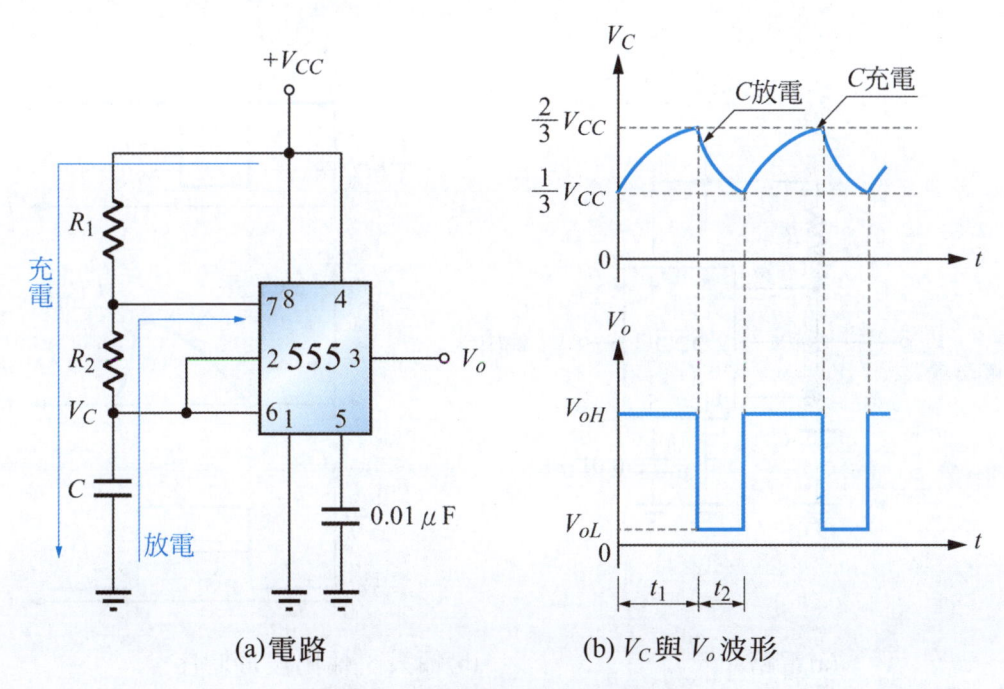

圖(8)　555 無穩多諧振盪電路

(1) 充電時間 t_1 （電容電壓 V_C 由 $\dfrac{1}{3}V_{CC}$ 充至 $\dfrac{2}{3}V_{CC}$）

$$\dfrac{2}{3}V_{CC} = \dfrac{1}{3}V_{CC} + (V_{CC} - \dfrac{1}{3}V_{CC})(1 - e^{\frac{-t_1}{RC}})$$

$$\dfrac{2}{3} = \dfrac{1}{3} + (1 - \dfrac{1}{3})(1 - e^{\frac{-t_1}{RC}})$$

$$-e^{\frac{-t_1}{RC}} = \dfrac{1}{2}$$

所以　$t_1 = -RC\,\ell n\,\dfrac{1}{2} = RC\,\ell n2 \fallingdotseq 0.7RC$

由於充電時 $R = R_1 + R_2$　故 $t_1 \fallingdotseq 0.7(R_1 + R_2)C$

(2)放電時間 t_2（電容電壓 V_{CC} 由 $\frac{2}{3}V_{CC}$ 放至 $\frac{1}{3}V_{CC}$）

$$\frac{1}{3}V_{CC} = \frac{2}{3}V_{CC}\, e^{\frac{-t_2}{RC}}$$

$$\frac{1}{3} = \frac{2}{3} e^{\frac{-t_2}{RC}}$$

$$e^{\frac{-t_2}{RC}} = \frac{1}{2}$$

所以　　$t_2 = -RC\, \ell n \frac{1}{2} = RC\, \ell n 2 \fallingdotseq 0.7RC$

由於放電時 $R = R_2$，故 $t_2 \fallingdotseq 0.7 R_2 C$

8. 555單穩多諧振盪

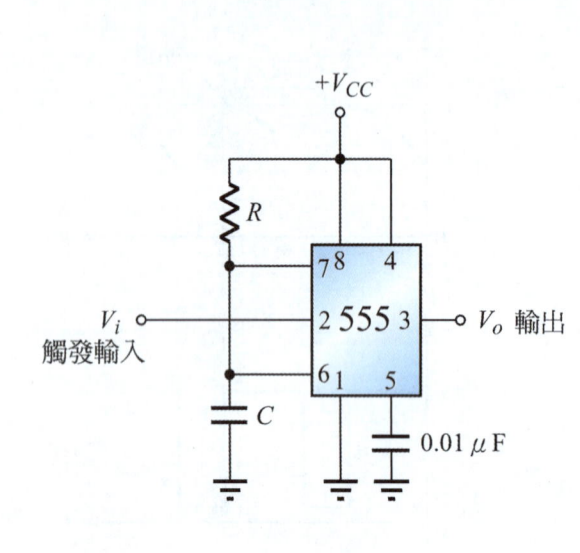

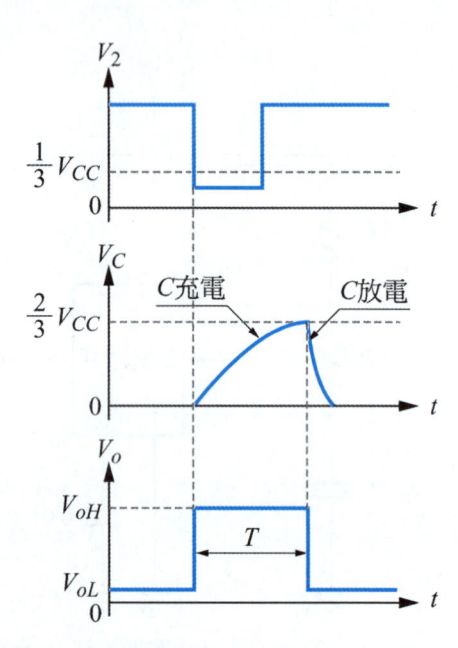

(a)電路　　　　　　　　(b)輸入、輸出波形時序

圖(9)　555單穩多諧振盪

充電時間 T　（電容電壓 V_C 由 0V 充至 $\frac{2}{3}V_{CC}$）

$$\frac{2}{3}V_{CC} = 0 + (V_{CC} - 0)(1 - e^{-\frac{T}{RC}})$$

$$\frac{2}{3} = 1 - e^{-\frac{T}{RC}}$$

$$e^{-\frac{T}{RC}} = \frac{1}{3}$$

所以　　$T = -RC\, \ell n \frac{1}{3} = RC\, \ell n 3 \fallingdotseq 1.1RC$

附錄二　BCD 碼的減法運算

BCD 碼的減法運算，基本上也是利用"補數"的觀念，再藉 BCD 碼的加法器來執行其減法運算；由於 BCD 碼為一種 10 進位碼，所以其補數有 9 的補數與 10 的補數兩種。首先介紹 9 補數方式的 BCD 碼減法。

9 補數方式的 BCD 碼減法

如表(1)所示為 BCD 碼 9 補數產生器的真值表，假設 9 補數產生器之輸入端為 D、C、B、A(D 為 MSB，A 為 LSB)，輸出端 BCD 碼的 9 補數分別為 W、X、Y、Z(W 為 MSB，Z 為 LSB)，利用卡諾圖將表(1)化簡獲得各個輸出端的布林函數與電路，如圖(10)所示。

表(1)

BCD 碼				BCD 碼 9 補數			
D	C	B	A	W	X	Y	Z
0	0	0	0	1	0	0	1
0	0	0	1	1	0	0	0
0	1	0	0	0	1	1	1
0	0	1	1	0	1	1	0
0	1	0	0	0	1	0	1
0	1	0	1	0	1	0	0
0	1	1	0	0	0	1	1
0	1	1	1	0	0	1	0
1	0	0	0	0	0	0	1
1	0	0	1	0	0	0	0

$W = \overline{D}\,\overline{C}\,\overline{B}\,\overline{A} + \overline{D}\,\overline{C}B\overline{A} = \overline{D}\,\overline{C}\,\overline{B} = \overline{D+C+B}$

$X = \overline{C}B + C\overline{B} = C \oplus B$

$Y = B$

$Z = \overline{A}$

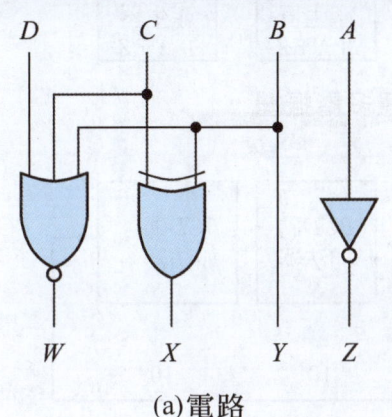

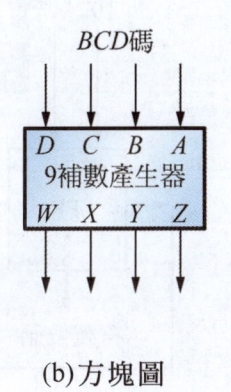

(a)電路　　　(b)方塊圖

● 圖(10)　BCD 碼 9 補數產生器

其實，在一般數學的演算上，皆以 9 減去該 BCD 碼 10 進值，即可求得其補數，例如：

1. $36_{(10)}$ 之 9 補數為　　$99_{(10)} - 36_{(10)} = 63_{(10)} = 0110\ 0011_{(BCD)}$
2. $705_{(10)}$ 之 9 補數為　$999_{(10)} - 705_{(10)} = 294_{(10)} = 0010\ 1001\ 0100_{(BCD)}$

如圖(11)所示為一位數BCD碼(4bit)9補數減法器的方塊圖，而圖(12)所示則為 N 位數 BCD 碼 9 補數減法器的方塊圖；由於 BCD 碼的最高有效位元(MSB)不能作為正、負符號使用，所以必須多加一符號位元的運算，若符號位元＝0，表示運算結果是正數，若符號位元＝1，表示運算結果是負數(以 BCD 碼 9 補數的形式表示)。

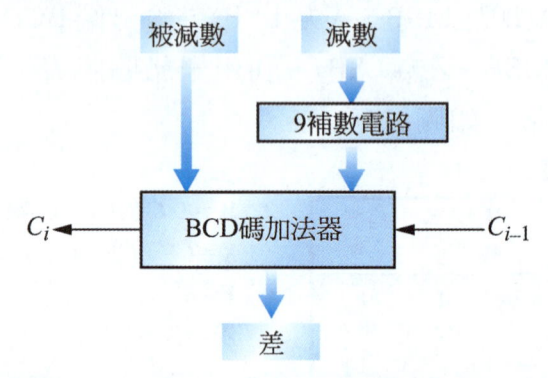

● 圖(11)　一位數 BCD 碼 9 補數減法器的方塊圖

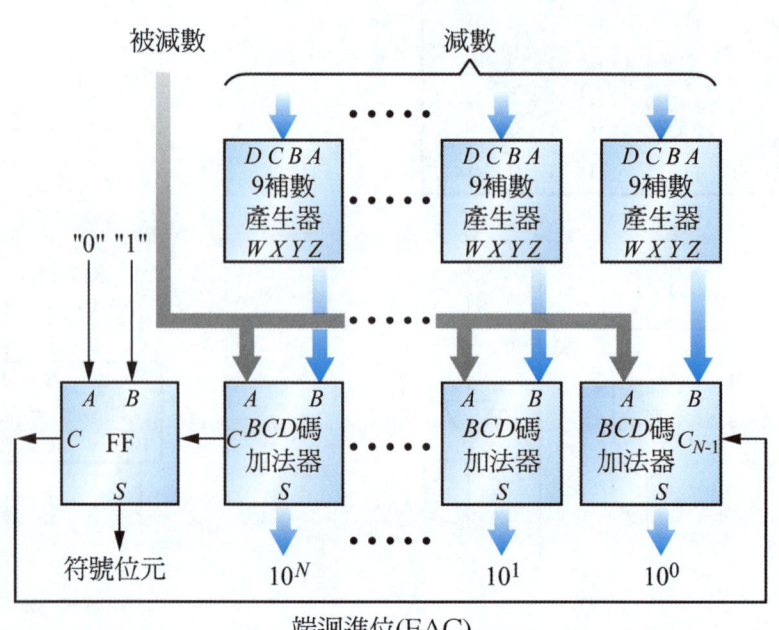

● 圖(12)　N 位數 BCD 碼 9 補數減法器的方塊圖

例題 1 試利用 BCD 碼 9 補數的方法計算 $825_{10} - 273_{10}$

解 $825_{(10)} = 1000\ 0010\ 0101_{(BCD)}$

$273_{(10)}$ 之 9 補數為 $999_{(10)} - 273_{(10)} = 726_{(10)} = 0111\ 0010\ 0110_{(BCD)}$

其運算過程如下

	符號位元	百位	拾位	個位
825	0	1000	0010	0101
$-273 \Rightarrow +$	1	0111	0010	0110
552 1	1	1111	0100	1011
	1	0110	0000	0110	←校正補償
	0	0101	0100	0001
			1	1	←端迴進位
		0101	0101	0010

由於符號位元＝0，表示運算結果為正數，

即　$0101\ 0101\ 0010_{(BCD)} = 552_{(10)}$

例題 2 試利用 BCD 碼 9 補數的方法計算 $137_{(10)} - 628_{(10)}$

解 $137_{(10)} = 0001\ 0011\ 0111_{(BCD)}$

$628_{(10)}$ 之 9 補數為 $999_{(10)} - 628_{(10)} = 371_{(10)} = 0011\ 0111\ 0001_{(BCD)}$

其運算過程如下

	符號位元	百位	拾位	個位
137	0	0001	0011	0111
$-628 \Rightarrow +$	1	0011	0111	0001
-491	1	0100	1010	1000
		0000	0110	0000	←校正補償
		0100	0000	1000
		1		
		0101	0000	1000	$= 508_{(10)}$

由於符號位元＝1，表示運算結果為負數，故將 $508_{(10)}$ 取 9 補數得 $491_{(10)}$，即 $137_{10} - 628_{(10)} = -491_{(10)}$

10補數的方式的BCD碼減法

如同二進位數中1補數與2補數的關係,只要將某數的1補數的 LSB (最低有效位元)加1,即成為某數的2補數;所以,只要在某數的9補數的 LSD(最低有效數位)加1,即成為某數的10補數,例如:

1. $36_{(10)}$之10補數為　　$99_{(10)} - 36_{(10)} + 1 = 64_{(10)}$
2. $705_{(10)}$之10補數為　$999_{(10)} - 705_{(10)} + 1 = 295_{(10)}$

如圖⒀所示為 N 位數 BCD 碼 10 補數減法器方塊圖,由於減數採用10補數,所以在最右邊 BCD 碼加法器的 C_{N-1} 固定輸入為 1 ($M=1$),配合9補數產生器,獲得減數的10補數;另外,如同2的補數運算方式,BCD 碼 10 補數減法器亦不用執行端迴進位(EAC,End Around Carry)作用,所以,符號位元的進位捨去不用。

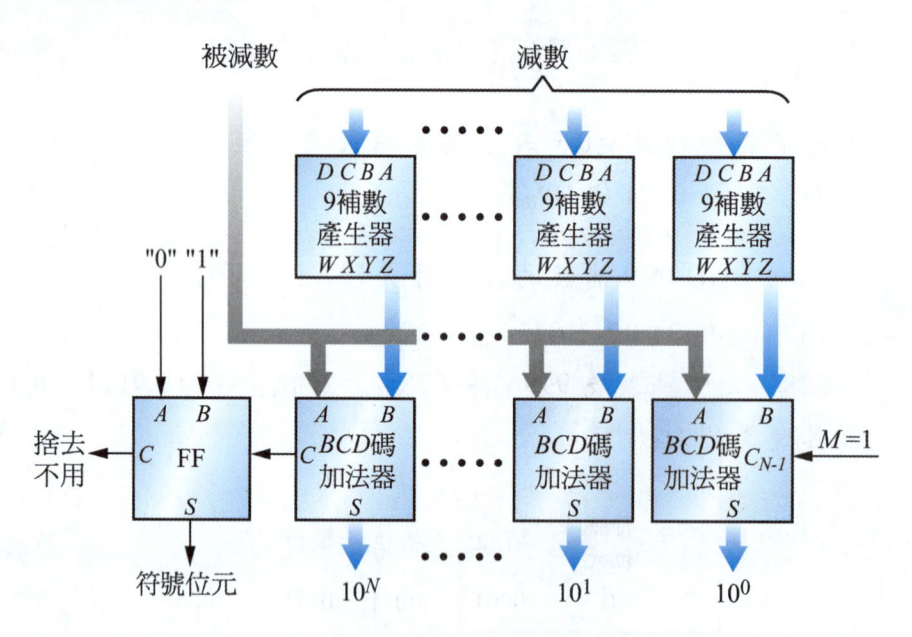

圖⒀　N 位數 BCD 碼 10 補數減法器方塊圖

附錄三　SRAM、DRAM 的動作原理

1. 圖(14)為 1 位元的SRAM，圖中$Q_1 Q_2 Q_3 Q_4$構成正反器為儲存的主體(記憶細胞)，$Q_3 Q_4$為Q_1與Q_2的負載，當Q_2飽和(Q_1截止)時，表示儲存資料為 "0"；反之，當Q_2截止(Q_1飽和)時，表示儲存資料為 "1"。其寫入與讀出動作如下：

   寫入：要讀寫任一記憶體，必須先選到該記憶體，即位址線X和Y均應為 "1"，使其$Q_5 Q_6 Q_7 Q_8$均導通，此時讀／寫控制線($R/\overline{W}$)為 "0"，資料自資料輸入線輸入，經過緩衝器1和緩衝器2以及$Q_7 Q_8 Q_5 Q_6$送到$Q_1 Q_2$儲存。假若D_{in}為 "1" 時，緩衝器 2 的輸出為 "1"，此 "1" 經$Q_8 Q_6$送到Q_2的汲極，造成Q_1導通，Q_2截止，這種狀態會持續到電源被切除或再寫入新資料為止。由於$R/\overline{W}$為 "0"，感測放大器呈現高阻抗狀態，所以記憶細胞的資料無法輸出。

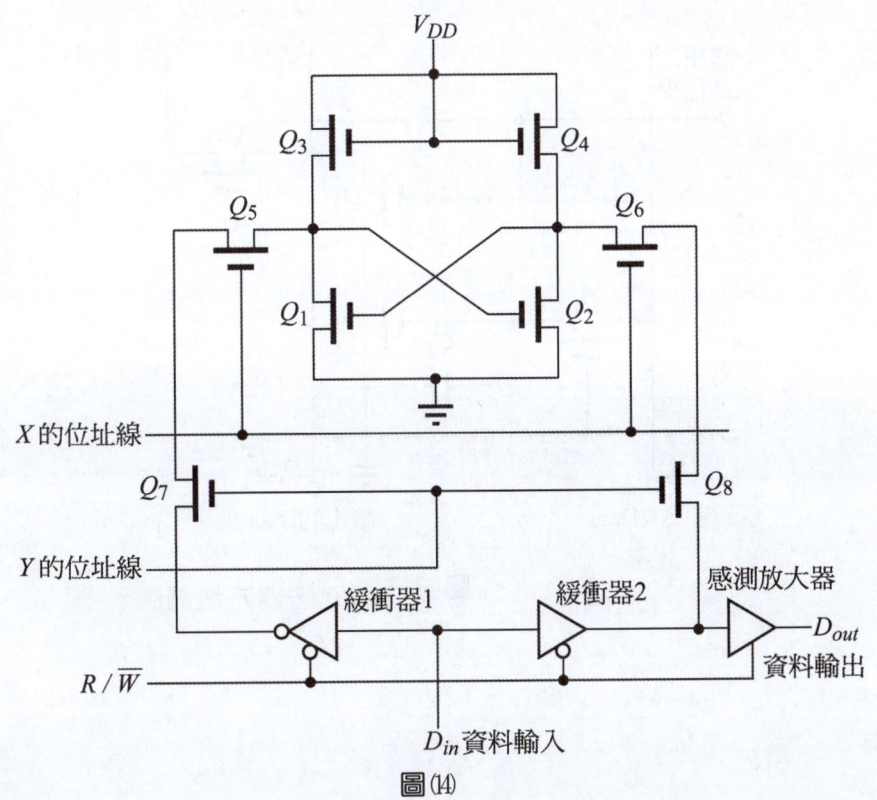

圖(14)

   讀出：如同寫入方式，當要讀取某位址資料時，除了位址線X和Y均為 "1" 外，讀／寫控制線($R/\overline{W}$)應為 "1"，此時兩個緩衝器均呈高阻抗狀態，Q_2的汲極電壓(即記憶細胞的資料)經$Q_6 Q_8$及感測放大器送到資料輸出端。

2. 圖(15)為 1 位元的 DRAM，其記憶細胞是利用 MOSFET 的閘極與地間的雜散電容 C_g 來儲存電荷，有電荷時為 "1"，無電荷時為 "0"，其讀寫動作如下：

寫入：要寫入資料到記憶體時，必須先令寫入選擇線為 "1"，Q_1 導通，再將資料從 D_{in} 加入，當 D_{in} 為 "1" 時，C_g 充電到高電位(有電荷)；當 $D_{in}=$ "0" 時，C_g 無電荷(若 C_g 原為高電位時，將由 Q_1 放電而成為無電荷 "0" 的狀態)。

讀出：要讀取記憶體內資料時，先在預先充電接腳加一正脈衝，使 C_R 充電，再令讀出選擇線為 "1"，則 Q_3 導通，此時，若 C_g 充有電荷時，致使 $Q_2 Q_3$ 同時導通，C_R 放電使輸出為 "0"，即 $D_{out}=$ "0"；反之，當 C_g 沒有電荷時，Q_2 不導通，C_R 沒放電而使輸出為 "1"，即 $D_{out}=$ "1"。

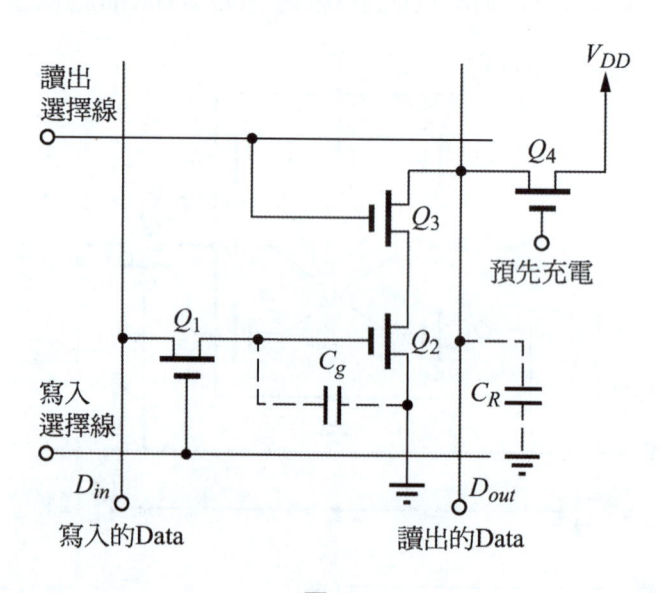

圖(15)

附錄四　IC時序資料

1. 74164

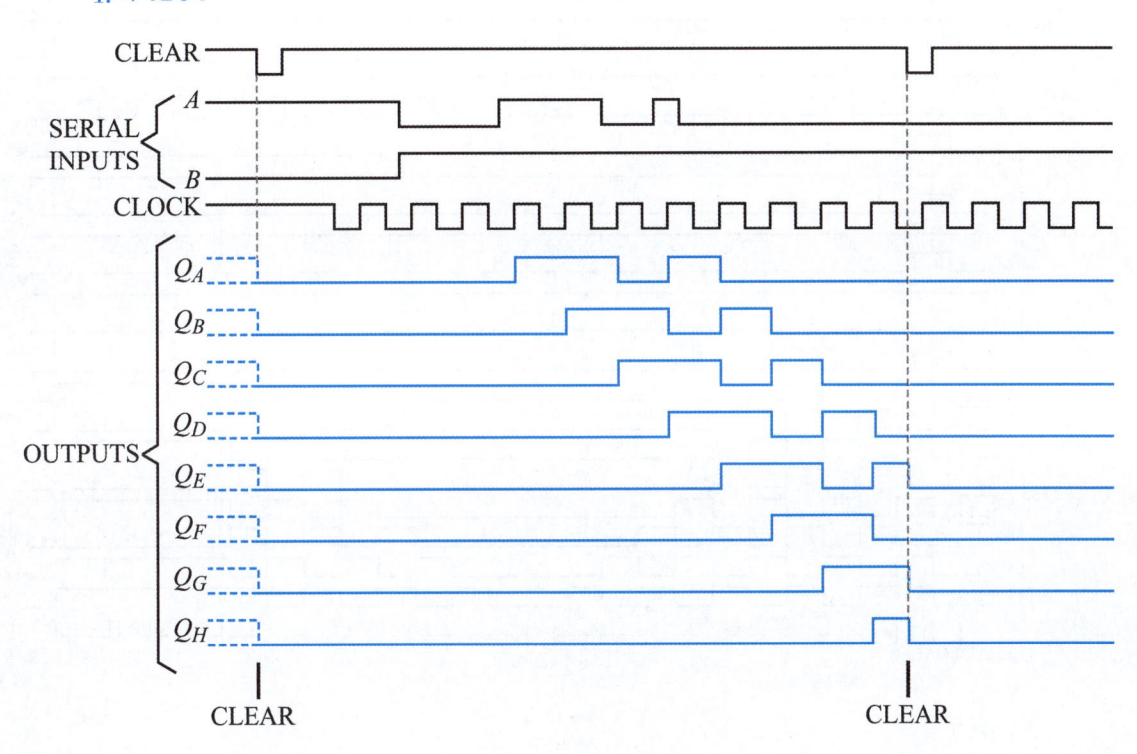

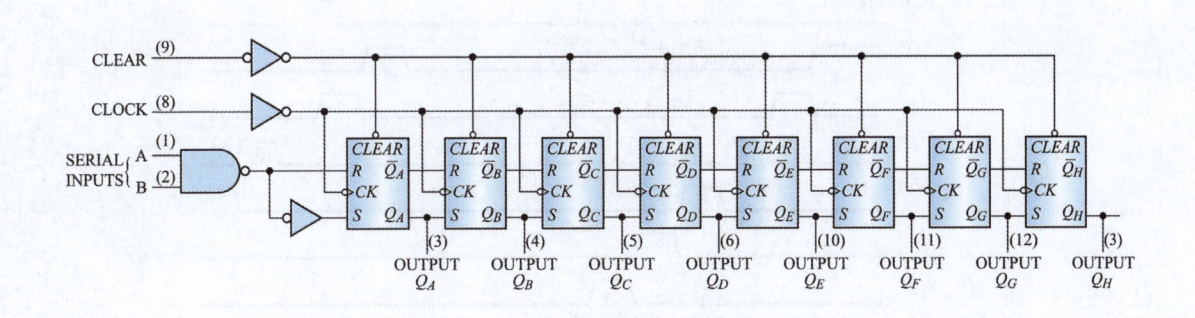

2. 74198

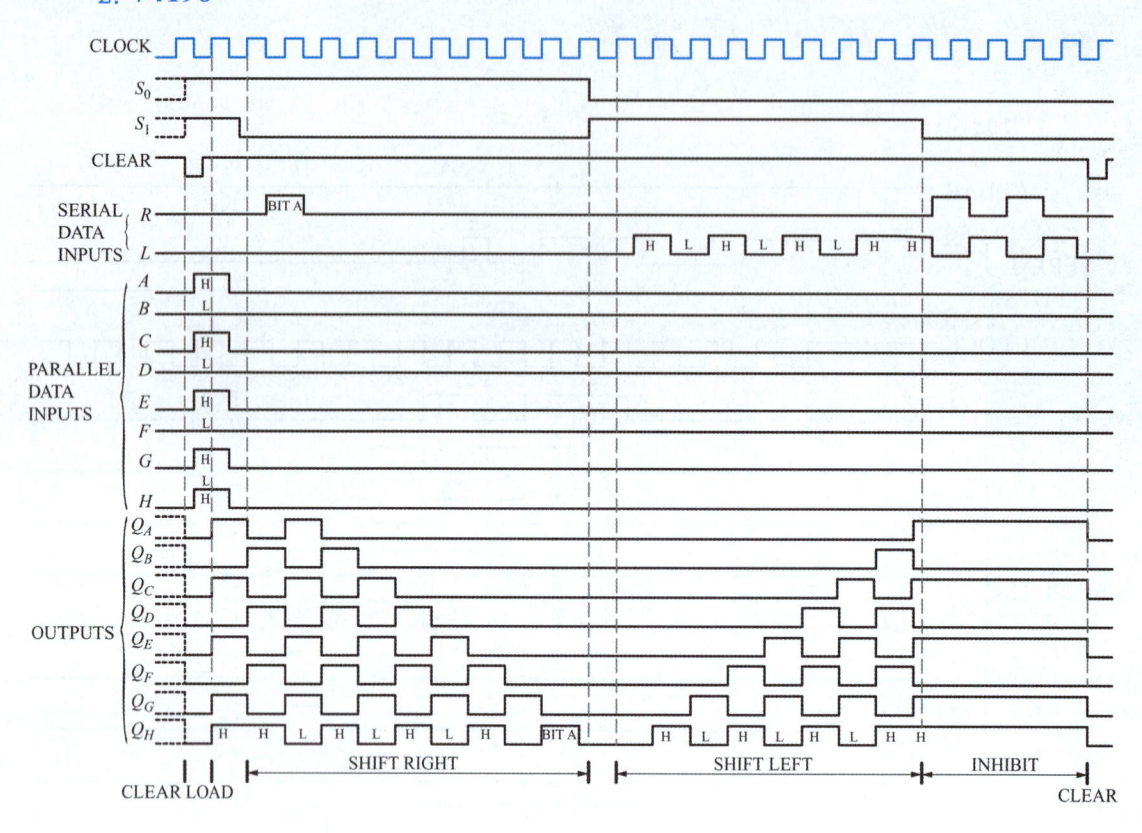

3. 4017

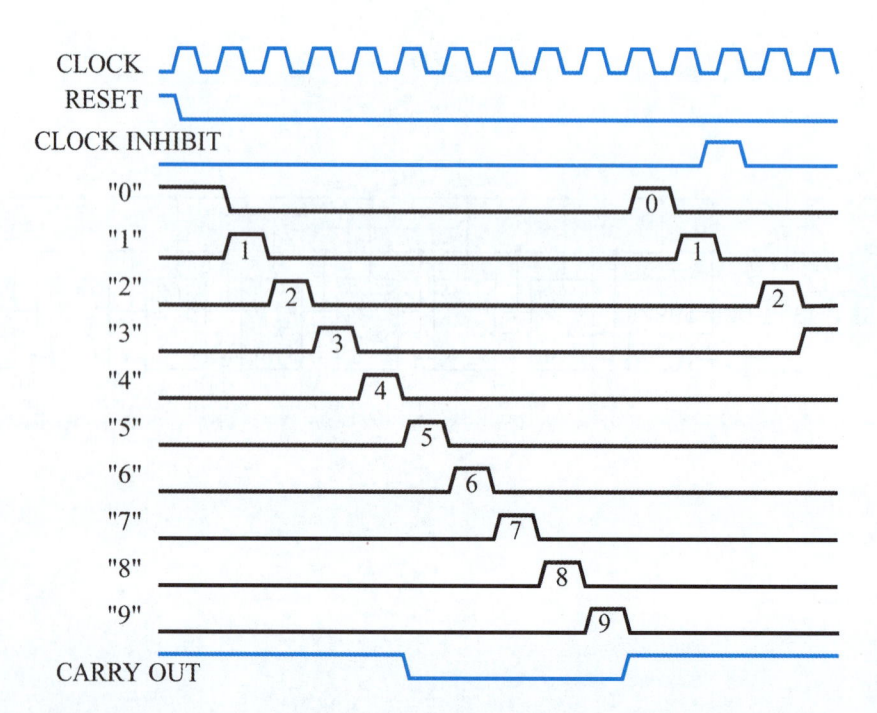

書　　　名	電子電路
書　　　號	AB03603
版　　　次	2009年8月初版 2025年8月四版
編　著　者	黃慶璋
責任編輯	郭瀞文
校對次數	8次
版面構成	顏彣倩
封面設計	林伊紋

國家圖書館出版品預行編目資料

電子電路 / 黃慶璋
— 四版. — 新北市：台科大圖書, 2025. 8
面；　公分
ISBN 978-626-391-613-5（平裝）
1. CST：電子工程　　2. CST：電路

448.62　　　　　　　　　　　　114011213

出　版　者	台科大圖書股份有限公司
門市地址	24257新北市新莊區中正路649-8號8樓
電　　　話	02-2908-0313
傳　　　真	02-2908-0112
網　　　址	tkdbook.jyic.net
電子郵件	service@jyic.net
版權宣告	**有著作權　侵害必究** 本書受著作權法保護。未經本公司事前書面授權，不得以任何方式（包括儲存於資料庫或任何存取系統內）作全部或局部之翻印、仿製或轉載。 書內圖片、資料的來源已盡查明之責，若有疏漏致著作權遭侵犯，我們在此致歉，並請有關人士致函本公司，我們將作出適當的修訂和安排。
郵購帳號	19133960
戶　　　名	台科大圖書股份有限公司
	※郵撥訂購未滿1500元者，請付郵資，本島地區100元 / 外島地區200元
客服專線	0800-000-599
網路購書	勁園科教旗艦店　蝦皮商城 博客來網路書店　台科大圖書專區 勁園商城
各服務中心	總　　公　　司　02-2908-5945　　台中服務中心　04-2263-5882 台北服務中心　02-2908-5945　　高雄服務中心　07-555-7947

線上讀者回函
歡迎給予鼓勵及建議
tkdbook.jyic.net/AB03603